Apple Pro Training Series

苹果专业培训系列教材

苹果
Aperture 3
摄影后期全解析（第2版）

Aperture 3，Second Edition
Organize，Perfect，and Showcase Your Photos

[美]迪奥·斯科佩托洛（Dion Scoppettuolo） 编著
黄 亮 郭彦君 译
飞思数字创意出版中心 监制

电子工业出版社
Publishing House of Electronics Industry
北京·BEIJING

内容简介

本书适合苹果计算机用户、苹果计算机专家、苹果设计爱好者及摄影师后期修图使用。

版权贸易合同登记号 图字：01-2014-0789

图书在版编目（CIP）数据

苹果Aperture 3摄影后期全解析：第2版 / (美) 斯科佩托洛 (Scoppettuolo,D.) 编著；黄亮，郭彦君译.
北京：电子工业出版社，2014.3
书名原文：Apple pro training series:aperture 3, Second Edition
（苹果专业培训系列教材）
ISBN 978-7-121-22510-9

Ⅰ.①苹… Ⅱ.①斯… ②黄… ③郭… Ⅲ.①图像处理软件 – 技术培训 – 教材 Ⅳ.①TP391.41

中国版本图书馆CIP数据核字（2014）第031836号

责任编辑：田 蕾
特约编辑：李新承
印　　刷：北京市大天乐投资管理有限公司
装　　订：北京市大天乐投资管理有限公司
出版发行：电子工业出版社
　　　　　北京市海淀区万寿路173信箱　邮编：100036
开　　本：787×1092 1/16　印张：23.25　字数：595.2千字
印　　次：2014年3月第1次印刷
定　　价：118.00元（含光盘1张）

凡所购买电子工业出版社图书有缺损问题，请向购买书店调换。若书店售缺，请与本社发行部联系，联系及邮购电话：（010）88254888。
质量投诉请发邮件至zlts@phei.com.cn，盗版侵权举报请发邮件至dbqq@phei.com.cn。
服务热线：（010）88258888。

准备开始

欢迎进入苹果公司官方软件授权培训系列之 Aperture 教程。Aperture软件是苹果公司的一款强大的照片编辑与管理软件。本书通过多个真实的摄影项目，从实际工作的导入、管理、编辑和输出的多个阶段，清晰地表现了Aperture操作的典型方法。

无论您已经是一名专业摄影师，还是在日常工作中需要不时地处理一些照片，或者是摄影爱好者，本书都为您提供了从入门到提高的完整的Aperture工作流程。

学习方法

本书是通过动手操作练习来学习Aperture的。课程设计展示了实际工作中导入、整理、评价、编辑、导出、打印、发布和归档图像的方法，包含了照片拍摄后的所有需要的工作内容。项目中的照片也涵盖了多种摄影工作的类型，因此，无论您从事哪个领域的摄影工作，都会在本书中找到对应的技术。

Aperture具有丰富的键盘快捷键，有多种操作界面元素和菜单的方法。本书介绍了很多用于提高工作效率的常用键盘快捷键，以及针对不同工作流程的界面主题。当然，如果需要，在Aperture帮助菜单中则可以查阅所有键盘快捷键的信息。

课程结构

本书通过13个项目，循序渐进的操作，结合对应的媒体文件，为读者讲解Aperture的使用技巧。在每次进行下一个章节的学习之前，首先要完成前一章的练习。因为练习步骤前后关联，其内容的变化影响到了后续操作的步骤。本书主要分为以下几个部分：

创建和管理照片资料库

第1课至第5课主要讲解如何创建和管理照片资料库。首先是对Aperture软件的一个快速的介绍，您将了解如何从不同存储介质中导入照片，如何高效率地排序、比较和评价，为照片配制关键词和元数据，在资料库中进行照片搜索，定义GPS位置数据，基于面孔识别对照片建立索引，通过文件夹和项目整理照片，将照片归档的方法等。

修饰图像和创意图像编辑

第6课至第10课涵盖了Aperture中基本的图像编辑，以及一些高级的图像处理特性。您将学习基本的调整技术，包括曝光、白平衡与裁剪。之后会了解色调修正、色彩修正，以及图像局部的修饰、克隆、加亮、压暗等方法。最后是学习Aperture处理RAW文件的相关方法。

分享照片

第11课至第13课专注在任何一个项目的最后阶段：创建最终的照片作品。您将学习如何利用多种不同的方法将照片展示给客户，包括打印、定制相册、Web相册，结合照片、视频和音乐制作幻灯片等。

最终，附录A涵盖了一些自动处理、脚本化工作流程、联机拍摄和多屏幕配置的信息。附录B涵盖了通过第三方插件来调整图像和分享照片的方法。

系统使用要求

为了能够使用Aperture的高速处理照片的性能，需要电脑系统具备一定标准的软件和硬件。

最低系统要求：

▶ 具备Intel Core 2 Duo、Core i3、Core i5、Core i7或者Xeon处理器的苹果电脑。至少2 GB内存（Mac Pro需要4 GB）。

▶ OS X 10.8.2或者更高版本。

▶ Aperture 3.4或者更高版本。请注意，针对不同版本的软件，本书中拍屏截图的模样可能会有些不同。

▶ iPhoto 9.3或者更高版本。

推荐的系统要求是最新的能够买到的硬件和软件，请参考www.apple.com/aperture/specs 获得最准确的信息。

在阅读学习本书之前，您需要学会掌握苹果电脑和 Mac OS X 操作系统的工作要领。确保会使用鼠标、标准菜单和命令，以及掌握如何打开、存储和关闭文件。如果要复习这些技术，可参见随系统自带或联机的说明书文件。

复制Aperture课程文件

为了跟随本书的介绍进行练习，您需要将DVD光盘中的课程文件和资料库复制到硬盘上。这大约需要4 GB的硬盘空间。

1 将光盘插入到DVD光驱中。

一个新的Finder窗口会打开，显示出DVD的内容。如果没有发现这个窗口，那么双击APTS Aperture3 DVD图标，打开它。

2 将文件夹APTS Aperture book files拖到硬盘的文稿文件夹中。

NOTE ▶ 该文件夹的位置很重要。本书中需要使用的Aperture资料库和iPhoto资料库都在这个文件夹中。您也可将照片导入到这个文件夹中。

3 在数据复制完毕后，退出光盘。

4 在硬盘的文稿文件夹中，双击刚刚复制进来的APTS Aperture book files文件夹，打开显示其内容。

5 双击其中的APTS iPhoto library，以确保使用了正确的iPhoto资料库。

6 如果电脑提示您需要更新资料库，那么就选择进行更新。

7 如果碰到询问您在连接数码相机的时候是否启动iPhone，那么选择"不"。如果被询问定位照片位置，选择"不"。如果碰到MobileMe被断开的对话框，单击"好"按钮。

8 在第1课中，您将会根据练习中的步骤来使用APTS Aperture Library。

NOTE ▶ 在完成本书的全部练习后，您可以恢复使用自己原来的iPhone和Aperture资料库。在这两个资料库默认的位置放置，也就是图片文件夹中，双击它们即可。

关于苹果专业培训系列

本书既适合自学，同时又是一本苹果公司官方培训和认证专用教材。

本教材由该领域的专家完成开发，经苹果公司官方认可和授权，作为全球苹果官方培训中心发放的正式教材，确保苹果产品培训体系的完整。课程设计根据个性化的学习要求，进度安排遵循因人施教的原则。每一课结尾都提供了复习题、参考答案和学习小结，这些对于苹果专业认证考试的复习备考大有帮助。

苹果公司专业技术认证

苹果公司专业培训和认证计划是为了保持苹果公司数字媒体技术就业者们的领先性而设计的，增强证书持有者在如今技术日新月异的人才市场中的竞争实力。不论剪辑师、图形图像设计师、音响设计师、特技师或是教师，这些培训技术都意味着能助您扩展技能。

完成了本书的课程学习后，可以参加由苹果公司授权的培训中心举办的苹果公司专业 技术认证考试，通过后获得苹果专业证书。证书的种类有：Aperture、Final Cut Pro、Motion和 Logic Pro 等。苹果公司专业技术证书提供苹果公司官方的认可，表明您达到苹果公司专业技能的水平，允许您对雇主或客户表明您是苹果公司产品的熟练的专业级用户。

苹果公司在全球范围都设有苹果公司授权培训中心,给喜欢有老师在现场指导的学生们开设培训课程。这些课程使用苹果公司专业培训系列图书为教材，由苹果公司认证的培训师授课，做到理论指导与实践操作相辅相成。专业产品的苹果公司授权培训中心是经过精心挑选的，在各方面都达到苹果公司的最高专业水准，包括教学设施、主讲教师、课堂教学和组织架构。这些课程的目标是提供给苹果用户（从初学者到最熟练的专业人士）以高质量的培训体验。

想要查找最近的授权培训中心,可以查看网址 : training.apple.com。

参考资料

本书并非一本综合参考指南,也不能取代软件自带 的文件说明。如果要透彻了解程序性能方面的信息,请参照以下资料。

▶ Aperture帮助手册：http://support.apple.com/zh_CN/manuals/#professionalsoftware。您也可以通过软件的帮助菜单来启动帮助文档。

▶ 如果需要了解更多的资源，请访问苹果网站：www.apple.com/aperture。

目 录

第1篇　创建和整理您的照片库

第2篇　修复性和创造性的图像编辑

第3篇　共享您的照片

第1篇
创建和整理您的
照片库

1

第1课
快速了解Aperture

数码摄影可以让我们更容易获得漂亮精彩的照片，而且是大量的精彩照片。从大量的照片中筛选出最值得保留的照片，也会为您带来极大的乐趣。

尽管iPhoto的功能已经很强大了，但是，如果您的需求更多的话，比如，希望在存储文件的时候获得更大的灵活性，在管理照片的时候可以追踪更多的元数据信息，可以更加巧妙地调整颜色和色调，通过多种途径（印刷成书、发布在Web上、播放幻灯片）来共享和展示您的照片；最重要的是，您不希望花费更多的精力去学习多种软件的使用方法。

Aperture是苹果公司推出的一款照片编辑和管理的软件，它提供了专业摄影师所需要的一切关键性工具，而且是在单一的一个软件中。Aperture可以轻松地导入、管理、编辑和修饰您的照片，同时也令共享与归档照片的工作变得非常简单。

熟悉Aperture最好的方式就是尽快开始尝试一下它的功能。在本课中，将会为您介绍Aperture的主要窗口布局和常用工具。您可以将一些照片导入到Aperture中，执行一些基本的照片编辑功能，并将它们导出到最流行的在线共享的网站上。

启动Aperture

启动Aperture的方法共有5种：

▶ 在"应用程序"文件夹中双击Aperture软件的图标。

▶ 将Aperture设定为默认的图像处理应用程序，在电脑插入存储卡、或者连接一部照相机的时候，自动启动Aperture软件。

▶ 在Dock中单击Aperture图标。

▶ 在Launchpad中单击Aperture图标。

▶ 双击任何一个Aperture资料库。

好，我们双击从DVD中复制过来的APTS Aperture3资料库，在这个资料库中包含了学习本书所需要的所有图像文件。

NOTE ▶ 在开始使用Aperture之前，请先阅读"准备开始"部分。此外，还需要确认您的电脑配置是否符合运行Aperture的基本需求，是否已经将课程文件和APTS Aperture3资料库复制到了您的硬盘上。

1 在Finer中打开"文稿"文件夹，或者是包含了APTS Aperture3资料库的那个文件夹。

NOTE ▶ 如果使用Aperture 3打开了您自己的照片资料库，您就不能使用旧版本的Aperture软件再打开该资料库了。如果您希望能够继续使用旧版本的Aperture软件打开某个资料库，那就请预先备份整个资料库文件。

2 双击"APTS Aperture3资料库"图标，即可启动Aperture，同时打开该资料库。

如果是第一次打开Aperture软件，会先出现一个注册信息的表格，之后会出现欢迎窗口。

3 单击"好"按钮，如果需要，可输入注册信息，然后单击"继续"按钮。

NOTE ▶ 如果之前打开过Aperture软件，那么这个欢迎窗口就不会再出现了。此外，如果被要求更新资料库的话，进行更新即可。

这时会出现一个设置信息窗口。

在该窗口中，您可以设定在连接一部数码相机的时候自动启动Aperture软件。

4 单击"使用Aperture"按钮。

NOTE ▶ 如果之前启动过Aperture软件，而且不能确认Aperture是否是默认的图像捕捉软件，可在启动Aperture软件后，在菜单栏中选择"Aperture" > "偏好设置"命令。在"偏好设置"对话框中单击"导入"按钮，针对在连接相机时打开这个菜单，选择Aperture软件。然后关闭"偏好设置"对话框。

最后，Aperture将会询问您是否希望在地图上显示照片。如果照片中已经嵌入了GPS位置数据，那么Aperture就可以利用这个数据在地图上显示您是在哪里拍摄的照片。在第4课中将会学习有关GPS标记图像的知识。

5 单击"是"按钮。

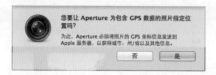

NOTE ▶ 如果之前启动过Aperture软件，并在这个对话框中单击了"否"按钮，那么在后续的练习中，Aperture将不会考虑GPS位置信息。如果希望更改这个设定，可在菜单栏中选择"Aperture" > "偏好设置"命令，在"偏好设置"对话框中单击"高级"按钮，然后在"查找地图"菜单中选择"自动"选项。

识别重要的界面元素

在Aperture中，窗口布局和界面可以按照您正在执行的操作任务进行最大的优化。比如，在导入照片的时候，在界面上会显示"导入"对话框，其中包含有与导入操作有关的所有控制。相对的，如果在全屏的模式下进行图像编辑，软件就会隐藏一些与当前操作无关的用户界面，以方便您专注在图像处理的工作空间中。

好，下面我们来快速地熟悉一下Aperture的用户界面。

工具栏——工具栏中会显示出最常用的多功能按钮，以及主要窗口的控制按钮。

检视器——当您在浏览器中选择了一个或多个图像后，这些图像就会出现在检视器中。检视器主要用于在比较大的显示面积中检查图像细节，或者是并排比较不同的图像。

工具条——工具条包括了多个工具按钮，以及用于控制检视器和浏览器的显示控制按钮。如果将Aperture设定为拆分视图的模式，那么工具条就会位于检视器与浏览器之间。

浏览器——浏览器中会显示资料库中、或者项目中照片图像的缩略图，在资料库中选择的图像就会显示在浏览器中。您可以按照连续画面、网格与列表视图这三种方式来浏览图像。

检查器窗格——检查器窗格中有三个标签，分别是资料库、信息和调整。单击标签的名称即可在不同的标签之间进行切换。

在资料库检查器中，您可以整理存放在Aperture资料库中的项目、相簿和图像。

在信息检查器中可以观看图像的文本信息，包括关键词、标题、描述以及拍摄照片时的相机设定参数。此外，您也可以为照片添加非文本的元数据，比如颜色标签、评分和旗标。

在调整检查器中可以进行编辑，或者移除已经对图像进行过的调整和添加过的效果。

好，下面我们先将一些照片导入到Aperture中。

在iPhoto中，照片图像是被导入到一个事件中，并存储在一个资料库中的。在Aperture中，照片图像是被导入到一个项目中，然后存储在一个资料库中。

1 在资料库检查器的顶部，选择项目。

Aperture的项目视图与iPhoto的事件视图非常相似。在这里，每个缩略图都代表一个项目。

2 将光标放在"iPhone Images"这个项目的缩略图上，然后缓慢地向右边移动光标。

可以看到，这个操作可以扫视包含在项目中的所有照片图像的缩略图。

3 双击项目"iPhone Images"项目的缩略图。

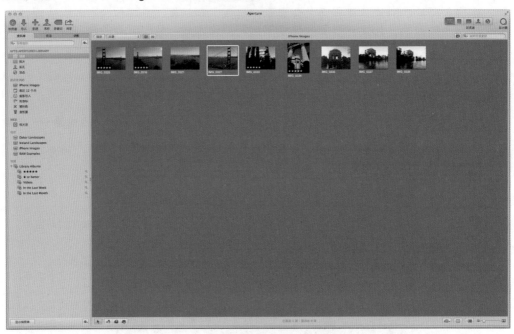

双击项目缩略图会打开该项目，并显示其中包含的所有图像。

4 在资料库检查器中，单击项目。

如果您使用过iPhoto，那么在资料库检查器中就会看到很多熟悉的界面元素。您可以观看所有项目中的照片，或者某一个项目中的照片。

更多信息 ▶ 在第5课中将会介绍有关资料库和项目的更多知识。

从存储卡中导入图像

多数摄影师最初都是从存储卡中将图像导入Aperture的资料库的，可以是使用读卡器，还可以将电脑直接连接在照相机上。

 通常，读卡器的速度会比照相机的传输速度快一些。

在本练习中，将会使用一个磁盘映像，用来模拟将读卡器或者照相机连接在电脑上的情景。

1 在Dock中单击"Finder"的图标，切换到"Finder"窗口中。

2 在"Finder"的窗口中，找到"APTS Aperture book files" > "Lessons" > "Lesson 01"。

3 双击磁盘映像"Memory_Card.dmg"，即可将其加载到系统中。

存储卡加载到系统中后，在桌面上会出现一个虚拟磁盘的图标，其名称为"NO_NAME"（是否显示虚拟磁盘的图标，取决于Finder的偏好设置）。

Aperture将会自动切换到前台，界面上会显示"导入"对话框，并开始读取和显示出在存储卡上的所有照片图像。

▶ **使用其他导入方法**

在本书中还会讲解其他几种导入图像的方法：

▶ 从Finder中导入存放在文件夹中的图像——第2课

▶ 通过iPhoto资料库导入——第4课

▶ 导入参考文件——第5课

▶ 从另外一台计算机将项目迁移过来——第5课

▶ 线控拍摄——附录A

导入到一个新项目中

在"导入"对话框的右侧是"导入设置"的菜单项目。针对所有选择导入的图像，这些设置都是有效的。比如，第一个设置是有关Aperture资料库的设置，它定义了将会把照片导入到哪个项目中。您可以创建一个新的项目，或者选择使用一个现有的项目。

Aperture可以使用项目来整理已经导入到资料库中的照片。项目与iPhoto中的事件是类似的，主要用于容纳和管理照片文件。如果需要，项目可以包含无数张照片。在导入的时候，第一步工作就是确定被导入的照片是放到一个现有的项目中，还是为这些照片新建一个项目。在本次练习中，将创建一个新的项目，用于导入在圣迭戈动物园拍摄的这些照片。

> **TIP** 当照片数量越来越多的时候，您可以逐渐使用文件夹、项目和相簿来整理这些照片。您可以创建无数个项目，但要为它们起好容易识别的名称。接着，还可以在项目中创建相簿，实现对照片的更准确的分类整理。

1 在"导入图像"窗格中，在"项目名称"栏目中输入"San Diego Zoo"。

在安装Aperture软件的时候，软件会自动在"图片"文件夹中创建一个资料库。该资料库是图像的项目、相簿和所有对图像调整的一个容器。

> **TIP** 您可以创建多个资料库，但是在Aperture中，一次只能观看一个资料库中的照片。使用菜单栏中的"文件" > "切换资料库"命令，可以选择打开不同的资料库。

在默认情况下，储存文件的菜单中是设定为Aperture资料库，这会将照片从存储卡上复制到资料库中。将照片图像文件存放在Aperture资料库中，不仅有助于查找和管理这些照片，也非常容易进行备份。稍后，将会学习到其他的一些方法。

> **TIP** 您可以指定Aperture资料库文件的存放位置（比如放在外置硬盘上）。在Aperture的"偏好设置"的"通用"中，单击"更改"按钮可以修改资料库的位置，或者在Finder中显示出资料库。

好，现在可以导入照片了。

在浏览器中，每张照片的左下角都会有一个复选框，打上对勾的就表示是要导入资料库的。

2 在"导入"对话框的上部有两个按钮："全部选中"和"取消全选"。单击"全部选中"按钮，可以导入所有的照片。

NOTE ▶ 在默认情况下,所有的照片是自动被选择的。因此,第二步的操作仅仅是保证不要无意中取消了某张照片的选择。

3 在"导入"对话框的右下方,单击"导入所选"按钮。

此时,在资料库检查器中将会创建出"San Diego Zoo"项目。在"项目名称"的旁边会出现一个小的时钟图标,形象地表示出了照片导入的进度情况。当导入完成后,Aperture会显示出一个对话框,允许用户弹出存储卡,删除或者保留存储卡中的原始照片文件。

4 选择弹出,并单击"保留项目"按钮。

TIP 最好在照相机上使用"格式化"命令来删除所有的照片,而不是在Aperture这里,或者也可以在其他软件中删除存储卡上的照片。有些存储卡的格式比较特殊,因此,使用相机的格式化或者删除功能,比通过某个软件删除更加可靠。

完成导入后,Aperture会开始创建被导入照片的预览图。有关预览图的信息,将会在第3课中进行讲解。

在浏览器中查看图像

Aperture的浏览器是一个灵活的、可以使用多种方法来选择和观看图像的区域。

1 在工具栏中,依次单击"浏览器"、"分拆视图"和"检视器"三个按钮,可以在这三种不同的显示模式之间循环切换。最后,请单击"浏览器"按钮。

TIP 您也可以按【V】键,在这几种主要的窗口模式之间循环切换。最后,请停留在浏览器的模式下。

2 在浏览器的右下角,轻轻地拖曳预览图大小的滑块可以改变窗口中照片预览图的大小尺寸。将滑块尽量向左拖动,以便能够在浏览器中同时看到尽可能多的照片。

3 双击名称为"IMG_0731"的照片图像,这是一张鬣狗的照片。

此时,检视器中会显示这幅照片图像。

4 在检视器中，双击图像。

这样就返回到了浏览器视图中。

您可以单击选择任何图像"命令，或者按左右方向键，迅速地浏览不同的图像。

5 按上、左和向右方向键，找到"IMG_0650"照片图像。这是一张火烈鸟的照片。

NOTE ▶ 如果您在使用苹果笔记本电脑，并且具有多点触控的手势功能，或者在使用苹果的 Magic鼠标，那么就可以使用两个手指在浏览器窗口中上下滑动。

在浏览器中对图像进行排序

浏览器中的图像是按照日期从左到右进行排列的，您可以在"排序"菜单中选择其他排序方法。

1 在浏览器顶部的"排序"下拉菜单中，选择"方向"选项。

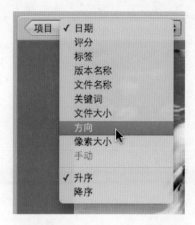

　　浏览器中的照片进行了重新排序，所有横幅的照片都排在了前面，所有竖幅的照片则排在了后面。

　　另外一个排序的控制就是升序和降序。在横幅或者竖幅的照片中，它们还依据了时间的顺序进行排列。

NOTE ▶ 不同项目在浏览器中的排序设定是可以不一样的。

2　单击"列表视图"按钮。

　　列表视图会显示每个照片文件的缩略图，以及它的元数据。

TIP ▶ 您可以定制列表视图中元数据栏目的显示，可在菜单栏中选择"显示"＞"元数据显示"＞"自定"命令。请参考第2课。

3　单击日期栏目的标题。

　　这样浏览器将会按照日期来整理排布照片图像。

4　单击"网格视图"按钮。

NOTE ▶ 浏览器会自动切换到单排的连续画面视图，无论是拆分视图还是全屏模式。

手工排布图像

　　您可以自定图像的排布方法。

1　确认您可以在浏览器中看到所有的图像，左上角第一张是奔跑的火烈鸟，右下角最后一张是骆驼。如果不能看到全部图像，可以向左拖曳窗口右下角的控制缩略图大小的滑块。

2　在浏览器中，将"IMG_0063"照片图像拖曳到浏览器的左上角。这是一张长尾猴的照片，稍后需要对其进行调色的操作。

拖放的时候，在图像旁边的浏览器灰色背景上会出现一个细细的绿色竖线。这个绿线的位置表示当您松开鼠标后，图像会被放置的位置。

3 当绿线位于浏览器最左边的时候，松开鼠标键。

现在，长尾猴的照片就是浏览器中第一张照片了。"排序"的下拉菜单也变为了"手动"。即使您切换到其他排序的方式，也可以在菜单中再次选择手动返回当前的排序方式。这样，在Aperture中就可以方便地保留一个您自己定义出来的排序方法了。

删除图像

在导入图像之后，将会筛选图像，以便挑选出最喜欢的照片。而一般的情况是您不得不浏览和检查成百上千张照片。在这个过程中，提高工作效率的方法之一就是删除那些不喜欢的照片，比如那些在拍摄的时候没有摘下镜头盖的照片。

1 选择"IMG_0083"照片图像（奔跑的火烈鸟的照片）。

拍摄这张照片的时候，镜头盖虽然没有盖上，但是也没有拍到什么内容。因此，干脆删除这张照片吧。

2 按【Command-Delete】组合键，删除这张照片。

与iPhoto一样，这张照片的文件不会立刻从硬盘的资料库中被移动到计算机的"废纸篓"中。被删除的图像会首先放在Aperture的"废纸篓"中，在这里会暂时存放所有被删除的照片。这样，假设您又不希望删除某些照片了，就可以直接将照片从Aperture的"废纸篓"中拖曳回到某个项目中就可以将照片恢复了。

3 在资料库检查器中，选择"废纸篓"选项。

在资料库检查器中选择"废纸篓"后，就会显示出所有已经从项目中删除掉的照片。下面，我们将Aperture"废纸篓"中的照片再移动到计算机"废纸篓"中。

4 在菜单栏中选择"Aperture" > "清倒Aperture废纸篓"命令。

在弹出的对话框中，确认您希望清倒废纸篓。

5 单击"删除"按钮。

此时，照片文件仍然没有被彻底删除，因为在计算机的"废纸篓"中还存放着这些照片。如果需要，还可以将照片从废纸篓中再移动回到硬盘的某个文件夹中。

6 在Dock中，单击"废纸篓"的图标。

7 选择"清倒废纸篓"命令。

8 如果出现对话框，单击"清倒废纸篓"按钮。

此时，奔跑的火烈鸟的照片文件就被彻底删除了。

9 单击Aperture界面上的任何位置，即可返回到Aperture软件中。

10 在资料库检查器中选择项目"San Diego Zoo"。

在彻底删除了火烈鸟的一张照片后，让我们继续检查其他的照片。

选择和旋转图像

多数数码相机都内置了方向传感器，可以感知相机是被横着拿着的，还是竖着拿着的。这个信息会被作为元数据嵌入到图像文件中，这样，Aperture就可以自动地调整图像的方向了。但是，如果照片是通过扫描仪扫描的，或者是数码相机没有相应的功能，那么就只能通过Aperture的工具来旋转图像的方向了。

1 选择"IMG_0665"照片图像。这是一张熊猫卡在树杈之间的特写照片。

2 在工具条上单击"旋转"按钮。

图像按照逆时针方向旋转了90度。

3 选择"IMG_0664"照片图像（白眉猴在树上睡觉的照片）。

4 按住【Command】键单击"IMG_0690"照片图像（萨基猴的照片）。

NOTE ▶ 按住【Command】键可以选择那些不并排放在一起的照片。

使用键盘快捷键也可以同时旋转这两张照片。

5 按【] 】键将选择的照片按照顺时针旋转90度。

> **TIP** 您可以按【 [】键令被选择的照片按照逆时针旋转90度。如果忘记了这些键盘快捷键，也可将光标放在工具条的"旋转"按钮上等待一下，就会在提示条上看到有关的信息了。

6 拖曳一个矩形区域，框选住两张倒着的袋狼的照片。

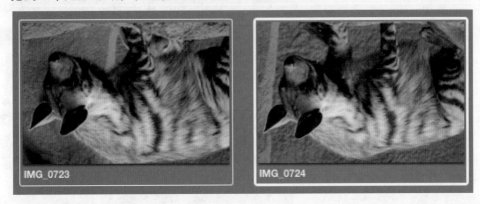

7 按【 [】键两次，将它们按照逆时针方向旋转180度。

好，现在袋狼的照片已经旋转到合适的角度了。

为图像添加旗标

现在，项目中留下的照片都是值得保存的了。其中有一些非常不错的照片，您可能会希望调整它们的幅面、颜色、色调或者其他内容。因此，您需要找到一种方法，能够非常方便地识别和找到这些需要更多的调整工作的照片。因为在一个比较大的项目中，您根本无法单独依靠记忆力来完成这样的任务。

附加在图像上的旗标可以起到一定的标识的作用。您可以为即将发送电子邮件的图像加上一个旗标，也可以为需要进一步调整的图像加上旗标。

1 确认显示模式是浏览器视图。如果需要，可按【 V 】键几次，直至切换到浏览器视图。

2 在浏览器中，将光标放在长尾猴照片缩略图的右上角。

此时，在缩略图上会出现一个很小的虚的旗标。

3 单击这个旗标，这样在图像上就标记好一个旗标了。

在浏览器中，有一些照片需要同样的操作，我们可以使用键盘快捷键来为它们添加旗标。

4 按【Command–A】组合键，选择浏览器中的所有照片图像。

5 按【/】键，即可为所有图像都分配一个旗标。

接着，再次检查一下这些照片。在浏览器中第二排的第二张和第三张照片，也就是"IMG_0664"（白眉猴）和"IMG_0665"（熊猫的特写）照片图像，看上去还不错，所以暂时把旗标从这2张照片上移除掉。

6 在浏览器中，单击"IMG_0664"（白眉猴）和"IMG_0665"（熊猫的特写）照片图像缩略图上的旗标。

您也可以用光标拖曳出一个矩形框，框选住需要修改的图像，然后按快捷键为被选择的图像添加或者移除旗标。

7 在浏览器中拖曳矩形框，选择四张照片：两张袋狼的（IMG_0723和IMG_0724）、一张鬣狗的特写（IMG_0731），以及一张骆驼的特写照片（IMG_0738）。

8 按【/】键，将旗标从被选择的图像上移除。

查看和使用元数据

在浏览器的列表视图中可以观看到照片的一些元数据信息，而在检查器中则会显示出图像所有的元数据，而且是可以自定显示模式的，因此，您可以看到那些您想看到的数据。在本次练习中，我们将对元数据进行一次概述，更多的细节请参考第2课的内容。

在信息检查器中修改元数据视图

1　单击浏览器中灰色的地方，取消对所有图像的选择，或者按【Command- Shift-A】组合键。

2　选择"IMG_0079"（熊猫趴在树杈上的近景照片）照片图像。

3　按【V】键，切换到拆分视图，可以同时看到检视器和浏览器。

4　在检查器窗格中，单击"信息"标签。

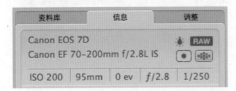

　　"信息"标签会显示出正在观看的照片的大量信息。标签最上部的界面类似于数码相机的液晶显示屏，因此被称为照相机信息窗格。

5　将光标放在"自动对焦点"按钮上。

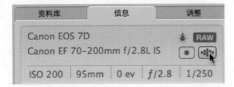

　　将光标放在"自动对焦点"按钮上后，在图像上将会叠加显示出相机的AF对焦点的位置。粗边的矩形点表示被对焦点。

　　在信息检查器中也可以启用或者禁用旗标，以及其他标记的方式。

　　"颜色"标签与旗标类似，便于实现对某些照片图像的识别。下面，我们把某些带旗标的图像再标记上颜色，用来表明它们需要多少附加的编辑工作。

　　熊猫的照片仅仅需要一点点编辑调整即可。

6　在信息检查器中，单击"颜色"标签的下拉菜单。

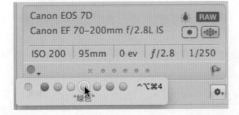

7 选择"绿色"，用来表示这个图像并不需要太多的编辑工作。

8 在连续画面的视图中，拖曳卷动条，找到"IMG_0073"（猫鼬的照片）照片图像。

9 单击猫鼬的照片，选择它。

10 从信息检查器的"颜色"标签菜单中选择"红色"。红色表示该照片急需调整。

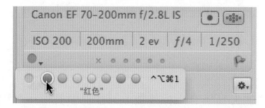

11 在连续画面视图中，选择"IMG_0063（长尾猴）"照片图像。

12 在信息检查器的"颜色"标签的下拉菜单中选择"黄色"。这张照片仅仅需要一些基本的调整，所以用黄色来表示。

> **TIP** 每个颜色标签都可以伴随一个文字说明，以表示这个颜色代表的含义。比如，红色标签代表需要尽快调整的，黄色表示需要在本周完成，而绿色则表示不着急。在Aperture的"偏好设置"中，可以为每个颜色定义这样的文字说明。

　　有关照片的主要的元数据都会显示在窗格中靠下的部分。在"元数据视图"下拉菜单中可以选择希望显示的元数据。

13 在信息检查器中，单击"元数据视图"下拉菜单，选择"EXIF信息"选项。

NOTE ▶ 在第2课中将会讲解更多有关EXIF信息的知识。

您也可以按照信息检查器中显示出来的信息，对图像进行搜索、筛选和排序。也可以根据任何您自己输入的描述信息进行这样的工作。

在浏览器中进行过滤

现在，您已经为一些图像添加了旗标。下面，将对浏览器的显示进行一下过滤，仅仅显示那些需要编辑的图像。

1 按两次【V】键，在主要窗口布局中仅仅显示检视器。

2 再按一下【V】键，在浏览器的搜索栏中，单击"放大镜"图标，从下拉菜单中选择"有旗标"选项。

Aperture会仅仅显示出带有旗标的图像。

在第2课中将会更深入了解有关输入元数据和基于元数据过滤图像的方法。

调整图像

在找到需要调整的图像之后，就可以开始使用Aperture的工具来编辑图像了。

在Aperture的调整检查器中分布着几乎所有调整工具，而其中某些常用的工具也可以在工具条上找到。

理解版本的含义和非破坏性编辑

从图像文件导入到Aperture中开始，Aperture在操作过程中就会完整地保留最原始的图像文件。从照相机导入的原始文件绝不会在Aperture中被修改。当文件导入的时候，您看到的其实是该文件的另一个版本，每一个像素都是从原始照片中复制而来的。但是该版本并不是原始照片文件的一个复制出来的文件，它仅仅占用了非常少的存储空间。您可针对原始图像文件创建出无数个版本，但并不会因此而填满整个硬盘。通过该版本，可以裁剪图像、修改颜色、调整色调，但是却不会修改原始文件。此外，还可以随时添加或者删除对图像的调整，同时，任何对照片的调整都不会导致对原始文件的修改。

在本课中将会对图像进行一些简单的调整。更多的技术将会在第6课到第11课中进行讲解。

自动修正白平衡

不同的光源（阳光、白炽灯泡、荧光灯管）具有不同的色温，在不同光源下拍摄的照片也会具有不同的色温，比如暖色或者冷色。即便是阳光，在不同的天气下也会具有不同的色温，比如晴天、多云、日出或者日落的时间段。

数码相机可以设定白平衡，以便抵消实际光线带来的色彩偏差。但是很多拍摄者都会忘记或者忽略这个细节，此时，您就可以利用Aperture的白平衡调整功能来修正图像中过度的暖色调或者冷色调。

1 在浏览器中，选择长尾猴的照片（IMG_0063）。

2 按【V】键几次，将主要窗口的布局切换到拆分视图。

3 在检查器窗格中单击"调整"标签。

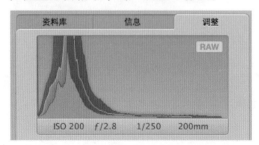

在"调整"标签中显示了针对当前被选择的图像可以进行的调整项目。

4 单击"白平衡"中的"吸管"按钮。

　　为了更容易观看照片细节，可在图像上会显示出放大镜（放大镜用于放大显示照片的某个位置）。在默认情况下，显示的比例为100%。

　　在选择作为白平衡参考点位置的时候，不要考虑图像中最亮、最白的部分，因为它可能是在色调偏差的基础上显示出来的白色。白平衡调整的不是亮度，而是图像中的颜色，您需要选择的本来应该是中性灰的位置。

> **TIP** 如果需要，您还可以提高放大镜的放大比例。在放大镜右下角的"比例"下拉菜单中可以选择其他比例的参数数值。

5　将光标放在长尾猴下颌下方的白毛上。

　　请注意在放大镜中显示的RGB数值。这些数值表示了吸管所在的位置上的像素的红色、绿色和蓝色的数值。在本例中，蓝色数值高于红色和绿色。这与整幅照片都偏于冷色调是一致的。因此，如果降低蓝色的数值，就会得到更偏于中性的色调。在放大镜中显示的L数值表示亮度。

6　单击一下，对光标的位置进行采样。

　　白平衡会根据您单击的位置的颜色数值进行调整。在本例中，色温会向暖色进行调整，以便抵消原始画面上强烈的冷色调。

> **TIP** 在Aperture中，调整白平衡是使用RAW格式拍摄照片的一个优势。如果是JPEG或者TIFF格式的图像，虽然也可以调整白平衡，但是其色彩范围将会受到很大的限制。如果调整幅度过大，JPEG或者TIFF的图像就会得到很不自然的效果。

调整图像角度

虽然很多相机都内置了方向传感器，但是多数相机却没有水平传感器，因此在拍摄的时候，您可能无法断定相机是否端得非常平，拍摄得到的照片就可能略有一些倾斜。而用Aperture的"拉直"工具就可以调整这样的倾斜的照片。"拉直"工具与"旋转"工具不同，前者是微调图像的角度，而后者则是进行以90度为增量的旋转。

1　确认选择长尾猴图像（IMG_0063）。

　　在图像中，没有明显的水平或者垂直的物体可以帮助您确定旋转的方向与角度数值。因此，可以使用Aperture的网格功能。

2　在工具条中单击"拉直工具"。

3　将光标放在长尾猴的脸上。

4　轻轻地向左拖曳光标。

　　此时，当图像顺时针旋转的时候，图像上面叠加显示出了网格。向右边拖曳光标，逆时针旋转图像。

　　在这里，可以将网格当作参考线，令长尾猴的瞳孔对齐在一条水平线上。

　　在拉直图像的时候，Aperture会自动裁剪图像。请不要与缩放图像混淆，拉直图像并没有改变图像的实际比例。它仅仅是裁剪了图像的四边，将编辑后的图像框在一个矩形中，以防止四边出现黑色的边缘。

5　在对齐长尾猴瞳孔的时候，停止拖曳光标，松开鼠标键。

裁剪图像

Aperture的"裁剪"工具非常灵活，最棒的是即使在裁剪后，只要再次使用该工具，还可以看到整幅图像，然后就可以精细地修改调整的参数了。

1 如果需要，可在浏览器中选择"IMG_0063"照片图像。

2 单击"裁剪工具"命令，或者按【C】键。

3 从图像左上部开始拖曳出一个矩形，到图像右下方结束，令其包住长尾猴的头部。

在选择了"裁剪"工具后，在界面上会浮动出一个小窗口，被称为HUD（heads-up display，平视显示器）。裁剪的HUD可以方便您迅速地控制一些常用的参数，比如宽高比。

4 将光标放在裁剪矩形的中央。

5 将矩形的中央拖曳到长尾猴的脸上。

6 单击"应用"按钮，裁剪图像，并关闭"裁剪"HUD。

如果再次单击"裁剪工具"，那么就会进入重新裁剪的界面。此时会显示完全没有裁剪过的照片，允许您随时使用或者禁用当前的裁剪调整。

7 单击"裁剪工具"。

此时显示出整幅照片，便于您重新调整裁剪的范围。

8 在"裁剪"HUD中，勾选"显示参考线"复选框。

三分之一的构图法是摄影中的黄金构图法，它建议您假设图像被分成平均的九份，如果希望画面取得更好的平衡，更加吸引观众，可将图像中最重要的部分放在中间的水平与垂直线形成的4个交叉点上，或者从交叉点延伸出来的水平与垂直线上。

9 将光标放在裁剪矩形的中央。

10 将矩形的中央拖曳到长尾猴的脸上，令其眼睛位于上面的一条水平线上，嘴巴位于下面的一条水平线上。

11 如果需要，可在裁剪矩形框的边角上拖曳，以修改裁剪矩形框的大小。

12 单击"应用"按钮，关闭"裁剪"HUD。

应用自动曝光

　　目前，这张照片整体上比较暗。由于这是本书的第1课，所以需要使用自动曝光功能快速地修正这个问题。但是通常来讲，在Aperture中使用自动曝光功能，如同在数码单反相机上使用全自动功能——对于一张普通照片来说，一般够用了，但是如果手工加以控制的话，则会得到更加理想的效果。在第6课中将会讲解更多有关曝光的调整技术。

1　如果需要，在连续画面视图中选择长尾猴的图像（IMG_0063）。

2　在"调整"对话框中的"曝光"调整区域，单击"自动"按钮。

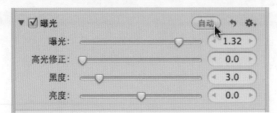

　　现在，图像已经变得清晰明确，并且不再需要进行其他调整了，因此，可以将旗标去掉了。

3　在连续画面视图中，找到长尾猴照片的缩略图，在其右上角的旗标上单击一下。

4　按向右方向键，选择下一幅照片。

　　在连续画面视图中，因为去掉了旗标，而浏览器本身又设定为仅仅显示带有旗标的照片图像，所以长尾猴的照片就消失了。

5　在工具条的右边，单击"还原"按钮（在搜索栏中的"X"图标）。

　　现在，浏览器中又显示出所有的照片图像了。

评分和拒绝图像

　　在Aperture中处理图像的时候，您一定会不断地对图像的质量进行评估。在此基础上，您可以为每幅照片做出相应的评分，比如将很一般的照片评为1星，非常好的照片评为5星。您也可以不对照片做出任何评分，或者干脆给图像一个拒绝的评分。

由于带有旗标的图像表示需要调整的照片，因此，可以通过"过滤器"在浏览器中显示出那些不带有旗标的图像。

1 按【V】键，令主要显示界面上仅显示出浏览器。

2 在浏览器中单击"过滤器HUD"按钮，或者按【Command-F】组合键。

3 勾选"有旗标"复选框。

4 在其下拉菜单中选择"否"选项。

5 关闭"过滤器"HUD。

现在观看到的照片都是不需要进行调整的了。下面，我们使用Aperture的评分功能为这些照片标记上相应的评分。首先，将窗口布局切换到拆分视图。

6 按【V】键，切换到拆分视图。

7 在浏览器的连续画面视图中，选择长尾猴的照片（IMG_0063）。

8 按【Command-4】组合键，即可将照片评分为4星。

9 按向右方向键，选择下一张照片。

10 按【Command-5】组合键，将照片评分为5星。

IMG_0664

11 按向右方向键，选择下一张照片。

12 按【Command-3】组合键，将照片评分为3星。

继续选择后面的照片，按照您自己的喜好，为照片做出评分。但不要对最后一张照片做评分，因为我们将要在稍后处理它。

好，现在选择的照片应该就是最后一张照片了，它是骆驼的照片。这张照片虽然评为1星都不够资格，但是目前也不想删除它。所以，我们将它评分为拒绝。

13 确认骆驼的照片是被选中的，按数字键中的【9】键。

IMG_0738

被拒绝的照片的左下角会出现一个小叉子的图标。当您选择下一张照片的时候，过滤器会去除该照片的显示。但这张照片并没有被扔到废纸篓中，也没有星级的评分。

TIP 如果希望修改对某一张照片的评分，可直接选择照片图像，重新进行评分即可。如果按数字键中的【0】键，就可以去掉任何已有的评分。

将照片通过电子邮件发送出去

您可能会需要将照片发送给您的客户、家人或者朋友。Aperture有多种分享照片的方式，在本课中，我们将体验几个最常见的分享方式。

配置电子邮件的设置

电子邮件是人们分享照片的主要方式之一。Aperture具有一种非常简单而直接的方式就可以将照片通过电子邮件进行分享。考虑到不经过任何压缩的照片图像可能比较大，难以通过电子邮件进行发送，Aperture还提供了三种导出的预置，方便您创建优化的JPEG文件，以便于快速地发送照片。如果需要，您也可以自定义电子邮件的预置。

在设置完成后，Aperture将会直接将图像文件传递给电子邮件程序。在默认情况下，电子邮件程序是苹果的Mail。如果需要，您可以按照自己的实际情况修改这些设置。

在Aperture中，设定电子邮件导出预置的方法如下：

1 在菜单栏中选择"Aperture" > "偏好设置"命令，或者按【Command-，】组合键。

2 单击"导出"按钮，查看导出的偏好设置信息。

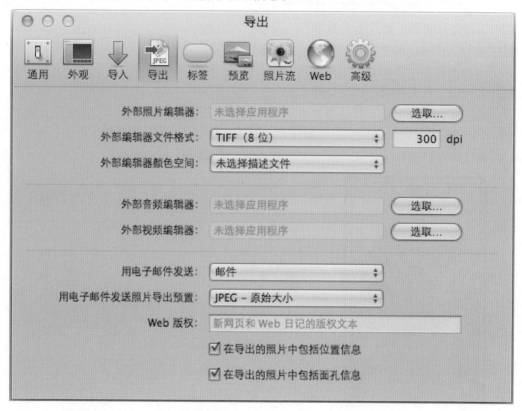

3 在"用电子邮件发送"的下拉菜单中选择一个电子邮件程序，比如选择"邮件"。

您可以选择Aperture预先设定好的格式发送图像，也可以定义自己的预置。

4 在用电子邮件发送照片的"导出预置"中选择"编辑"。

5 在"预置名称"栏中选择"电子邮件（中）– JPEG"。

6 在"调整为"菜单中选择"原始的百分比"。

7 在"数值"栏目中输入"25"。

Aperture可以为图像加上水印，可以起到对图像的一些版权上的保护作用。

NOTE ▶ 您可以使用某个图形图像软件制作自己的水印。请确认水印文件的格式为PSD（Photoshop）或者是TIFF，其背景需要是透明的。

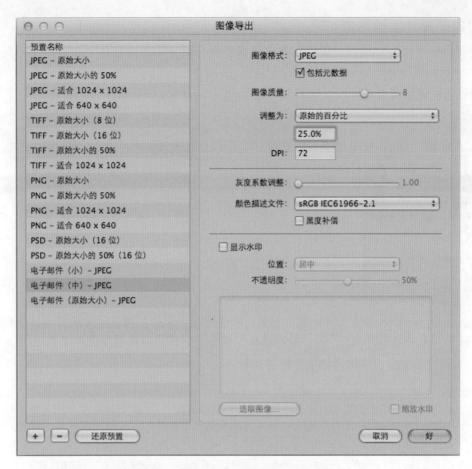

8　勾选"显示水印"复选框，然后单击"选取图像"按钮。

9　在"Lesson 01"文件夹中找到文件"Watermark.psd"。

10　选择该图像，单击"选取图像"按钮。
　　现在预置已经设定完成，可以存储了。

11　单击"好"按钮。

12　关闭"偏好设置"对话框。

通过电子邮件发送图像

在设置好电子邮件的偏好设置后，发送图像的操作就变得非常简单了。实际上，仅仅需要单击几下，就可以完成发送的任务了。

1 在浏览器的连续画面视图中，选择长尾猴的照片（IMG_0063）。

> **TIP** 您可以按【Command】键的同时选择多个照片。

2 单击"共享"按钮，在下拉菜单中选择"电子邮件"选项。

此时，Aperture会对图像进行处理。如果为图像添加上水印，那么处理的时间就会稍微长一些。在菜单栏中选择"窗口" > "显示活动"命令，这样可以监看图像导出的进程。

带有水印的图像会直接传递给电子邮件的程序。

> **NOTE** ▶ 在通过电子邮件发送图像之前，需要确认该软件，以及您自己的电子邮件账户最大支持多大的文件。您可能还需要考虑收件人，比如您的客户，到底能接收多大的文件（作为电子邮件的附件）。实际上，您也可以分批次地发送电子邮件，以便减小每封电子邮件附件的大小。

3 在邮件中，输入收件人的电子邮件地址、主题等信息，单击"发送"按钮。

> **TIP** 您必须事先设置好邮件程序的相关设置（包括账户和收发服务器的设定）。在邮件中，您还可以选择作为附件的图像，然后进一步通过菜单命令调整它的大小，以便令其尽可能地符合您的要求。

通过Facebook、Flickr和照片流共享照片

在社区网站和图片网站上发布照片是另外一种最流行的分享方式。通过共享菜单可以方便地将照片发送到Facebook和Flickr上，我们将在第12课讨论其细节。

Aperture也支持照片流。照片流是通过苹果的iCloud服务上传与存储您最近30天的照片，并自动推送到您的iOS设备和计算机上。在启用照片流后，不需要同步的操作，就可以在您所有的设备上观看最新的照片了。相关内容，我们将在第12课中进行讨论。

课程回顾

1. Aperture资料库的作用是什么？
2. 有哪三种主要的窗口布局，使用什么快捷键可以在不同布局之间切换？
3. 如何能够彻底地从Aperture资料库中，并从计算机的硬盘上删除一张照片？
4. 如何为图像添加或者删除旗标？

5. 如果在Aperture"搜索栏"的下拉菜单中选择"*****"，会发生什么？

6. 在哪里可以找到Aperture的"调整控制工具"？

答案

1. Aperture的资料库是存放照片文件的一个容器，并存放着所有的项目、相簿，以及对图像的调整信息。资料库检查器中按照层级方式显示其包含的内容，包括项目、相簿、文件夹、相册、网页和Web日记。

2. 三种主要的窗口布局是浏览器、检视器和拆分视图。按【V】键可以在不同的布局之间切换。

3. 在Aperture中按【Command–Delete】组合键删除被选择的照片，然后清倒Aperture的"废纸篓"，接着在Finder中清倒计算机的"废纸篓"，这样就可以彻底删除一个照片图像的文件了。

4. 单击一下图像缩略图的右上角即可为其添加旗标，再单击一下旗标就可以取消这个旗标。

5. Aperture会对照片进行筛选，仅仅在浏览器中显示那些评分为5星的照片。

6. 在"调整"标签中，以及"检查器"HUD的"调整"窗格中可以找到"调整控制工具"。

2

课程文件： APTS Aperture book files > Lessons > Lesson 02
完成时间： 本课大概需要75分钟的学习时间
目标要点： ⊙ 从Finder上导入图像
⊙ 重新命名版本和原始文件
⊙ 在导入的时候修改时区
⊙ 定义和整理关键词
⊙ 成批更改元数据
⊙ 修改元数据视图
⊙ 使用元数据预置自动填写元数据栏目
⊙ 创建相簿和智能相簿

第2课
添加和管理元数据

　　如果不能迅速地找到需要寻找的照片，那么将它们都存放在一个资料库中就失去了重要的现实意义。大量数码单反相机都可以在拍摄照片的同时记录有关的技术信息——比如当前的日期、ISO设定、快门速度——并将它们嵌入到照片中。Aperture可以利用这些被称为EXIF的信息对资料库中的照片进行筛选、排序和搜索。

　　在任何时候都可以添加定制的信息，以便您可以迅速找到一个或者多个图像。EXIF和IPTC都被称为是元数据。

　　您也可以随时添加定制的信息，之后，通过限定搜索条件，可以方便您找到这些照片。EXIF信息，以及自定的描述信息（IPTC）都可以被称为元数据。

　　在本课中，将会使用多种方法为照片添加元数据，比如在导入照片的时候通过导入设置来添加和修改元数据。接着会体验多种为资料库中的照片添加元数据的方法。最后，将会利用智能相簿的功能更好地整理照片。

从Finder上导入图像文件

　　除了从照相机的存储卡中导入图像之外，硬盘也是一个常见的照片数据的来源。在本课中，您将从一个文件夹中导入照片图像文件。

1　在工具栏中单击"导入"按钮。

　　这时弹出了"导入"对话框。

> **NOTE ▶** 在第1课的练习中并不需要单击"导入"按钮，因为在系统识别并加载存储卡的时候就会自动打开"导入"对话框了。

2 在对话框的下方，找到 "APTS Aperture book files" > "Lessons" > "Lesson 02" > "Day 01"。

3 拖曳缩略图大小的滑块，以便能够看到全部照片。

> **TIP** 您可以向下拖曳分隔栏，将文件位置的显示区域缩小一些，以便看到更多的照片缩略图。

4 在 "导入设置" 中，"目的位置" 保持为默认的 "新项目"。

5 在 "项目名称" 栏中输入 "People of NW Africa"。

与第1课相同，Aperture会将所有文件都存放在Aperture资料库中。此时，您还可以在导入前为图像添加一些元数据，并自定文件的名称。

定制导入设置

虽然在任何时候都可以添加和修改元数据，但是在导入的时候进行这项工作可以节省很多时间。在导入的时候可以为图像添加元数据并定义好文件名称，这比后期在资料库中查找相应的照片，再进行类似工作要有效得多。

在第1课中，从一个模拟读卡器的虚拟磁盘宗卷上导入照片。在本课中，您将从Finder上导入照片，通过导入设置添加元数据和改变文件的名称。

在导入中显示文件信息

在修改任何元数据之前，应该首先检查文件现有的信息。

1 从"导入设置"的下拉菜单中选择"文件信息"选项。

2 选择浏览器中的第一张照片。

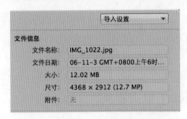

在文件信息中会显示出该照片的基本元数据信息。如果导入设置修改了这部分信息，那么相应的条目就会变成红色。

重新命名图像

在为图像命名或者重新命名方面，Aperture提供了极为灵活的方法。在第1课中，Aperture直接使用文件的原始名称作为图像的版本名称。但是，通过照相机分配的原始文件名称通常不具备任何参考意义。在Aperture中不仅可以将图像的版本名称修改为更容易识别的名字，还可以直接利用这个新的名字替换图像文件在硬盘上的名字。

在本次练习中，您将创建新的版本名称，并用它替换原始文件的名称。在Aperture中，有很多命名方法的模版可以令您迅速地完成这个工作。但是在本课中，将创建一个新的预置，自定义图像命名的方法。

1 在"导入设置"下拉菜单中选择"给文件重新命名"选项。

在"项目名称"的菜单中罗列出了所有重新命名的预置。在本课中，您需要创建自己定义的一个预置。

2 在"项目名称"的下拉菜单中选择"编辑"选项。

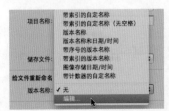

3 在"文件命名"的窗格中，单击左下角的"加号"按钮，基于"带索引的自定名称"创建一个新的预置。

4 输入"Custom Name Date and Time"，作为预置的名字，按【Return】键。

5 在"格式"栏中，单击右边的索引"#"，按【Delete】键，删除这个命名规则。

6 将图像存储日期拖放到"格式"栏中，放在"自定名称"的右边。按向右方向键，按空格键，添加一个空格。

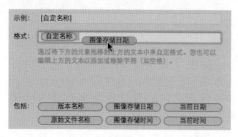

7 输入"at"，然后再按一次空格键。

8 将图像存储时间拖放到"at"和空格的右边。

在"示例"栏中可以看到名字的效果。

"自定名称"一栏不用填写任何字符。如果这里有字符，那么就会在文件名上显示出来。

9 单击"好"按钮，即可存储当前自定的预置。

最新的预置就会自动生效了，它会显示在"项目名称"的菜单中。

10 在"名称文本"栏中输入"Senegal"。

11 勾选"给原始文件重新命名"复选框。

这个预置将会创建一个新的版本名称，包含您输入的名称文本和照片拍摄的日期与时间，而且它还会直接修改原始文件的名称。接下来，您将输入一些在导入时要添加的元数据信息。

调整时区

大多数摄影师会将他们的照相机的时区设定为摄影师生活和工作的所在地区。当摄影师出差或者旅行到其他时区的时候，很少有人会主动修改照相机时区的设定，因为那很容易忘记再调整回来。即使记得，在多个时区之间穿梭的时候就显得很麻烦了。在Aperture导入照片的时候，您可以直接修改照片的时区设置，就可以准确地反映出照片拍摄地点的时间。

1 在"导入设置"的下拉菜单中选择"时区"选项。

在默认情况下，Aperture将本地时区设定为相机时间。由于照片的摄影师住在洛杉矶，所以相机时间设定为美洲/洛杉矶。而导入照片的拍摄地点在塞加内尔，所以实际时间可以设定为塞内加尔的首都。

2 在"相机时间"的下拉菜单中选择"美洲/洛杉矶"。在"实际时间"的下拉菜单中选择"非洲">"达喀尔"选项。

添加描述性的元数据

在之前的练习中，您仅仅涉及到了相对技术型的EXIF元数据。接下来，将为照片添加被称为IPTC的描述性元数据。IPTC是国际出版电讯委员会（International Press Telecommunications Council）的缩写，但是仅仅通过这个缩写完全不可能知道它代表了什么样的元数据。

国际出版电信委员会是一个主流新闻机构的组织，定义了一套可以应用到图像中的描述元数据的标准。IPTC的核心规范包括了很多元数据项，其中有很多项目很少或者从来不会被摄影师所使用。Aperture支持IPTC核心规范的全部数据项，但是它也提供了一些预置，方便您选择那些最常用的数据项，而不用浏览冗长的列表。下面，我们来自定一个预置，仅仅选择那些您需要的数据项。

1 在"导入设置"下拉菜单中选择"元数据预置"选项。

2 在"元数据"下拉菜单中选择"编辑"选项。

3 在元数据部分中，从"操作"按钮（小齿轮图标）菜单中选择"新建预置"。

新的预置将仅包括版权信息和一些有关图像的关键词，因此，可根据这个要求为预置命名。

4 在"预置名称"栏中输入"Keywords and Copyright"，按【Return】键。

5 在"IPTC内容"中勾选"关键词"复选框，将其添加到预置中。

6 在"IPTC状态"中，勾选"版权"复选框，将其添加到预置中。

7 单击"好"按钮。

> **TIP** IPTC的核心规范是一套数据项的标准，Aperture可以将其输出为一个附加的（sidecar）XML文件，或者嵌入在图像中。任何可以读取IPTC元数据的应用程序都可以读取嵌入在图像中的信息。您必须通过菜单命令才能将IPTC元数据嵌入到原始文件中：执行菜单栏中的"元数据">"将IPTC写入原件"命令。

8 在"元数据预置"的"关键词"栏中输入"Africa"。

　　关键词可以方便您通过其描述来查找类似的图像。在导入中输入的关键词信息会应用到所有被导入的图像中。稍后，将会为照片添加更多的关键词，在这个时候可以一次性地将"Africa"这个关键词添加给所有的照片。

9 在"版权"栏中，按【Option-G】组合键，插入一个版权符号，然后输入摄影师的名字"Don Holtz"。

10 单击"导入所选"按钮，即可使用这些导入设置导入照片。

11 在导入完成后，在对话框中单击"好"按钮。

从项目中导入图像

　　在本次练习中，您将从项目文件People of NW Africa中将第二天拍摄的照片导入到资料库中。这些照片可以使用类似的，但不是完全一样的导入设置，因此需要注意一下对照片的选择。

1 在工具栏中单击"导入"按钮，打开"导入"对话框。

　　Aperture会显示出上次导入的时候所使用的导入设置。针对本例来讲，最好的事情就是您仅仅需要再多添加一点信息即可。如果未来您处理其他的项目，一定要检查导入设置，确保其符合新的项目的情况。

2 找到"APTS Aperture book files">"Lessons">"Lesson 02">"Day 02"。

3 在"导入设置"对话框中，在"目的位置"中选择"People of NW Africa"选项。

4 由于第二天的照片是在Mauritania（毛里塔尼亚）拍摄的，所以在"重新命名"部分中，在"名称"栏中输入"Mauritania"。

5 在"时区"部分中，确认"实际时间"为"非洲/达喀尔"，该时区与毛里塔尼亚的相同。

6 在"元数据预置"的"关键词"栏中，输入"A"（Africa的第一个字母）。Aperture会立刻自动补齐后面的字符。按【Tab】键，切换到下一个栏目。

7 在"版权"栏中，按【Option-G】组合键插入一个版权符号。此时，摄影师的名字Don Holtz会自动出现，按【Tab】键。

至此，您将会导入所有显示在导入浏览器中的照片。但在单击"导入"按钮之前，还需要取消几张不希望导入的照片。

8 向下拖曳卷动条，直到您看到最后4张举着相片的男孩的照片。

9 取消对最后这四张照片的勾选（IMG_060258.jpg、IMG_060260. jpg、IMG_060278. jpg和IMG_060280.jpg）。

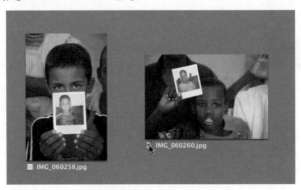

10 单击"导入所选"按钮，即可开始导入被选择的照片。

11 导入完成后，在弹出来的对话框中单击"好"按钮。

在浏览器和检视器中显示元数据

在Aperture中有多种观看元数据的方法。在默认情况下，Aperture会在浏览器和检视器中仅仅显示一部分元数据。您可以修改这个状态，以便只显示那些您所关心的元数据信息。在浏览器和检查器中也可以快速地打开或关闭元数据的显示。当显示元数据信息的时候，还可以在基本视图与扩展视图之间进行切换。

1 在检查器窗格的"资料库"标签中，确认当前选择的项目是"People of NW Africa"选项。

2 使用拆分视图的方式，可以同时看到浏览器和检查器。如果需要，按【V】键，可在不同显示模式中循环切换，直到进入拆分视图。

3 在浏览器中选择第一张照片"Senegal 2006-11-03 at 06-53-44"。

如果图像中已经具有了关键词，那么在图像和它的缩略图的右下角就会显示出一个小徽章的标记。

4 按【Y】键，可在检视器中关闭元数据的显示。

此时，关键词和徽章都从检视器的图像上消失了。

> **TIP** 在检视器中打开和关闭元数据显示的方法还有：执行菜单栏中的"显示" > "元数据显示" > "（检视器）显示元数据"命令。

5 按【U】键，可在浏览器中关闭元数据的显示。

可以看到，在浏览器和检视器中可以单独控制元数据的显示。

> **TIP** 在浏览器中打开和关闭元数据显示的方法还有：执行菜单栏中的"显示" > "元数据显示" > "（浏览器）显示元数据"命令。当浏览器是全屏或者是连续画面的视图的时候，也可以显示元数据信息。

6 按【Y】键，再按【U】键，可打开检视器和浏览器上的元数据的显示。

7 按【Shift-Y】组合键，可在检视器中显示元数据扩展视图。

8 按【Shift-U】组合键，可在浏览器中显示元数据扩展视图。

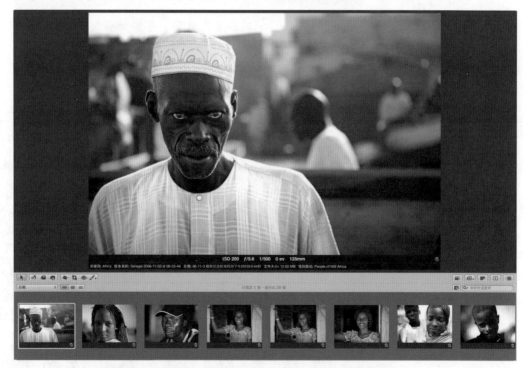

这个视图的效果不是特别明显，因为还没有为照片添加评分或者其他元数据。下面，让我们先创建一个自定的元数据视图。

9 在菜单栏中选择"显示" > "元数据显示" > "自定"命令，或者按【Command-J】组合键。

这时会弹出"浏览器和检视器元数据"对话框。在这里可以分别设定检视器、浏览器网格视图和浏览器列表视图的两套视图，以及"元数据工具"提示条。让我们先设定检视器的内容。

10 在对话框的"视图"菜单中选择"（检视器）视图" > "基本视图"命令。

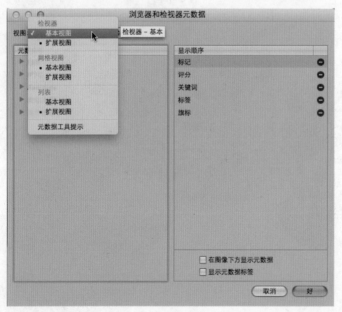

11 在元数据栏中，单击Aperture旁边的三角形，展开其内容，然后勾选"版本名称"复选框。

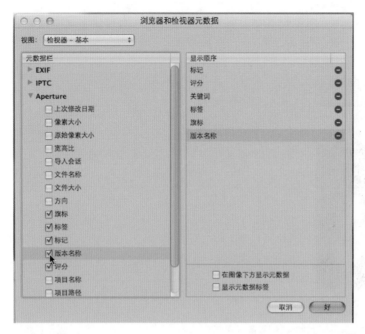

12 单击"好"按钮。

现在，在检视器中的元数据信息将会显示版本名称。

13 按【Shift–U】组合键，然后按【Shift–Y】组合键，返回到默认的视图模式下。

元数据的显示可以方便您随时检查照片的具体信息。此外，还有一个在浏览器和检视器中显示图像的元数据的方法就是"图像帮助"标签。

14 将光标放在主检视器的图像上，按【Control–T】组合键。

此时，在图像上会出现"元数据工具"提示条。如果光标不移动，那么提示条会在30秒后自动消失。

15 在浏览器中，将光标放在第二个缩略图上。

此时"元数据工具"提示条会更新显示当前光标对准的照片的情况。

16 按【T】键隐藏"元数据工具"提示条。

NOTE ▶ "元数据工具"提示条可以在Aperture界面上的任何地方显示图像信息。在"浏览器和检视器元数据"对话框中可以修改工具条所显示的信息项，就如同您调整检视器显示元数据的方法一样。

使用关键词

在导入的时候，您可以为所有照片统一添加一个关键词。这比单独选择每张照片，再输入关键词要省事得多。当然，并不是所有照片的关键词都是相同的，您仍然需要为不同照片输入不同关键词，以方便日后的搜索。

使用信息检查器分配关键词

在信息检查器的"关键词"栏中输入关键词是为一张照片添加关键词的最简单的办法。

1 如果需要，可按【V】键，直到浏览器和检视器切换到拆分视图的模式下。

2 按【W】键，直到检查器的标签切换到"信息"标签。

3 在连续视图中，选择第四张照片"Senegal 2006–11–03 at 07–34–25"。

4 在"信息"标签中，在下拉菜单中选择"通用"。在"关键词"栏中，在"Africa"后输入一个逗号，然后按空格键。

NOTE ▶ 不同的关键词之间依靠逗号分隔开。

5 输入"smile"，然后按【Tab】键。

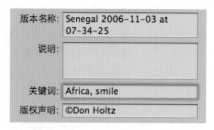

NOTE ▶ 针对不同的图像，"信息"标签的显示内容也是不同的。针对某个图像添加的元数据仅仅会显示在该图像的信息中。在本课稍后部分，您将学习如何为多个图像分配关键词。

在关键词HUD中定义关键词

在一个项目中分配关键词的时候，第一步要做的就是决定使用哪些关键词。添加关键词的作用是为了方便您在项目范围内，或者整个Aperture资料库中进行快速的搜索。因此，您要考虑到如何进行这样的搜索。

假设随着新的项目和照片，Aperture资料库变得越来越庞大，而您恰好需要在整个资料库的范围内搜索People of NW Africa中的某些人物的照片。

在当前项目中，有男人、女人和小孩的照片，也有特写和全景的照片。可将为照片分配不同的关键词，以便区分这些信息。

幸运的是，您并不需要为每张照片都逐字地输入关键词。Aperture的"关键词"HUD中包含了超过100个常用于描述照片的关键词。这些关键词是按照不同类别排列的，您可以轻松地找到需要使用的，然后将其分配给指定的照片。如果需要，当然也可以为照片分配多个关键词。

拖曳关键词

从"关键词"HUD中可以直接将某个关键词拖曳到一张或者多张照片图像上。

1 打开"关键词"HUD，在菜单栏中选择"窗口" > "显示关键词HUD"命令。

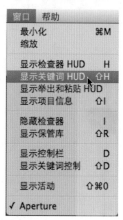

"关键词"HUD包含了许多预先设定好的关键词，它们分布在不同的类别中，比如Wddding（婚礼）。在这里也可以看到之前添加过的两个关键词Africa和smile。

2 在浏览器中选择第一张照片"Senegal 2006-11-03 at 06-53-44"。

在"导入设置"对话框中，您已经为所有照片分配了关键词"Africa"。现在，将使用"关键词"HUD为照片添加其他关键词。

3 在"关键词"HUD的"搜索"栏中输入"Portrait"。

您也可以单击三角图标，展开每一个类别，寻找需要的关键词。但是，显然"搜索"栏是找到指定关键词的最快捷的方法。

4 在HUD的"Image Type"（图像类型）中将关键词"Portrait"拖放到检视器的图像上。

现在，被选择的图像就具有了关键词"Portrait"。

NOTE ▶ 同样的关键词可能会出现在不同的分类中，这仅仅是为了便于整理这些关键词。

5 单击"浏览器"按钮，或者按几次【V】键，可切换不同的浏览器视图。

6 当浏览器是被激活的时候，选择资料库中的第二张照片。

7 按【Command–A】组合键，选择所有图像。

NOTE ▶ 如果忽略了步骤6，那么您将会选择上"关键词"HUD中的所有内容，而不是浏览器中的所有图像。

现在，为剩下的照片都添加上Portrait关键词。

8 从"关键词"HUD中将"Portrait"拖放到检视器的任何一幅图像上。

在"信息检查器"中，可以看到关键词已经被分配给了被选择的图像。

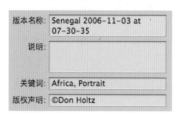

NOTE ▶ 如果分两次将同一个关键词拖放到同一幅照片上，如同您刚刚对浏览器中的第一幅照片进行的操作，并不会为这张照片添加两次该关键词。

9 在"关键词"HUD中，单击"搜索"栏右边的"还原"按钮，即可清空搜索栏。

在关键词HUD中可以看到所有添加的关键词，以及Aperture提供的所有关键词。在经过几个项目的工作后，如果不进行任何整理，HUD中的关键词列表可能会变得很冗长。为此，最好在添加更多的关键词之前，就想好应该如何整理这些关键词。

在关键词HUD中使用分组

使用"关键词"HUD可以为关键词建立不同的分组。注意，在关键词Africa的旁边没有三角图标，表示它不包含下级关键词。在本次练习中，您将为Africa添加下级关键词，然后将它们作为下级关键词一起放在另外一个现有的关键词中。

1 保持关键词"Africa"处于被选择的状态，在"关键词"HUD的下方单击"添加下级关键词"按钮。

Africa就变成了一个关键词组，它包含一个下级关键词未命名。

NOTE ▶ 单击"添加关键词"按钮会在与当前被选择的关键词同级别的层次下添加一个新的关键词。单击"添加下级关键词"按钮则会在当前被选择的关键词下添加一个新的关键词。

2 将未命名关键词改名为"West Africa"，用以注明地点的具体区域。

3 按【Tab】键，然后单击Africa左边的三角按钮，展开其中的内容。

4 向下拖曳卷动条，找到"Stock categories"，并单击它左边的三角按钮。

5 将 "Africa" 拖曳下来，放到这个分类中的 "Travel" 中。注意，当拖曳的时候，光标一旦接近HUD的边缘，卷动就会变得非常快。

6 松开鼠标，即可将 "Africa" 放置在 "Travel" 中。

7 在弹出的提示框中，单击 "合并关键词" 按钮。

好，现在 "Africa" 和 "West Africa" 都变成了 "Travel" 的下级关键词。

NOTE ▶ 这个提示信息表示关键词已经被分配给了某些图像。在移动了关键词的位置后，这些版本的图像中的关键词不会发生变化。

8 关闭HUD。

NOTE ▶ 在关键词HUD中的分类仅仅是为了方便对关键词的整理工作。关键词本身并不与其他任何关键词具有任何从属关系。如果为一张照片添加了一个下级关键词，该关键词的上级关键词并不会自动分配给照片。

下面，您可以使用批处理改变的方法来为所有照片图像添加上新的 "West Africa" 关键词。

成批更改元数据

由于所有照片中的人物都是非洲西部的，所以关键词"West Africa"可以分配给这些照片。如果在导入的时候忘记了分配某个关键词，而拖曳的操作又显得过于烦琐，那么您还可以使用另外一个方法为项目中的所有照片都添加上某个关键词。"成批更改"就是一个很实用的命令，它不仅可以添加关键词，还可以替换被选择图像中的关键词。

1 在浏览器中按【Command-A】组合键，选择所有图像。

2 在菜单栏中选择"元数据">"成批更改"命令，或者按【Command-Shift-B】组合键。

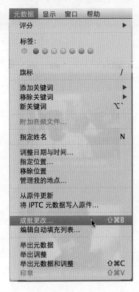

3 在"关键词"栏中，输入"West Africa"，并勾选复选框。

4 确认选择了"追加"单选按钮，这样当前的关键词就会添加到图像上，而图像中原有的关键词也不会被改变。

> **TIP** ▶ 如果希望替换当前图像中的所有关键词，那么就需要选择替换。但是请注意，如果勾选了"版权声明"复选框，由于这个栏目是空的，那么未来照片的版权栏的内容也就会被替换为空。

5 单击"好"按钮。

在检查器的"信息"标签中，在"关键词"栏中可以看到在原有关键词"Portait"的后面，增加了一个逗号和空格，并追加上了新的关键词。

使用"关键词"按钮

如果仅仅需要为几张照片添加关键词，那么从"关键词"HUD中拖曳关键词到照片上也是一种比较简单的办法。如果需要处理的照片非常多，而它们又需要分配不同的关键词的话，那么使用"关键词"按钮就会显得更有效率一些。

1 按【Command-Shift-A】组合键，取消对浏览器中图像的选择。

2 按【V】键切换到拆分视图。

3 在连续视图中选择第一张照片。

4 在菜单栏中选择"窗口">"显示关键词控制"命令，或者按【Shift-D】组合键。

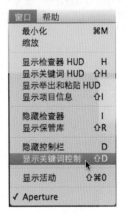

此时，控制栏上会显示出"关键词"按钮和相关控制界面。

单击一下，或者通过键盘快捷键，即可使用"关键词"按钮为照片分配关键词。Aperture会按照默认的关键词设定来定义"关键词"按钮的含义，如果这里没有您所需要的关键词，那么您也可以自定义一套"关键词"按钮的设定。

> **NOTE** ▶ 无论在浏览器中打开了什么图像，或者使用什么样的显示界面，您都可以编辑"关键词"按钮。

5 在控制栏上的"选择预置组"下拉菜单中选择"编辑按钮"选项。

在"编辑按钮集"对话框中可以创建组，或称为一个"关键词"按钮的集。您可以定义任意多个关键词的组合，并在不同组合之间切换。

当前选择的是最上面的"Photo Descriptors"选项。这个组合中的内容出现在对话框中间的内容一栏中。在最右边的栏目中则显示了所有定义过的关键词。

6 单击"加号"按钮，即可创建一个新的关键词预置组。

7 将新的关键词预置组命名为"Portraits"，按【Return】键。在对话框中间的"内容"栏中是空的，那是因为现在还没有放进去任何一个关键词。

> **TIP** 不要让预置组的名称变得很长，否则在控制栏上会变得不容易识别。

从右边"关键词资料库"中将关键词拖放到中间的"内容"栏中，就可以为预置组添加关键词了。

8 在"关键词资料库"栏中，单击"Stock categories"旁边的三角。

9 找到"People"，再单击它旁边的三角。

10 按住【Command】键单击"Children"、"Man"和"Woman"，选择这三个关键词。

> **NOTE** ▶ 您可以通过编辑"按钮集"右边栏目下方的一些按钮编辑关键词资料库的内容。这4个按钮——"锁定/解锁关键词"、"添加关键词"、"添加下级关键词"和"移除关键词"——与"关键词"HUD中按钮的使用方法是完全一样的。

11 将三个关键词拖曳到"内容"栏中。

> **TIP** ▶ 在"内容"栏中，上下拖曳关键词，可以重新安排关键词的顺序。如果需要删除某个关键词，选择它，单击"移除关键词"按钮即可。

12 在"关键词资料库"中找到"Photo Specs"，单击它左边的三角，展开其内容。

13 在"Image Type"下面，按【Command】键单击"Close-up"和"Group"。

14 将这两个关键词拖曳到"内容"栏中。

15 单击"好"按钮。

> **NOTE** ▶ 在不同的组中，您可以使用同样的关键词。这样就方便在不同的关键词组中选择使用某个很常用的关键词了。

现在已经创建好了"关键词"按钮，下一步就该将它们分配到图像上了。

使用按钮应用关键词

在控制栏上的"关键词"按钮还没有发生变化，控制栏上仍然显示的是"Photo Descriptors"的关键词。为了使用新设定的关键词，您必须首先选择该关键词组。

1 在"选择预置组"的下拉菜单中选择"Portraits"选项。现在，"Portraits"的关键词按钮就会显示在控制栏上了。

2 选择浏览器中的第一张照片"Senegal 2006-11-03 at 06-53-44"。

> **TIP** 如果在浏览器中不能看到照片的版本名称，那么在信息检查器（选择了通用视图的时候）的上方也可以看到照片的版本名称。

3 在控制栏中单击"Man"按钮，将该关键词分配给被选择的图像。

在检视器中显示元数据的区域中将会出现这个关键词。

4 单击"Close-up"按钮，再将这个关键词分配给图像。

5 按向右方向键，选择浏览器中的下一张照片。

6 在控制栏中单击"Woman"按钮，将这个关键词分配给被选择的图像。

7 单击"Close-up"按钮，再将这个关键词分配给图像。

8 按向右方向键，选择浏览器中的下一张照片。

9 在控制栏中单击"Man"和"Close-up"按钮。

10 按向右方向键，选择浏览器中的下一张照片。

11 按两次【Shift-右方向】组合键，选择3张妇女的照片。

12 在控制栏中单击"Woman"和"Close-up"按钮。

所有妇女站在门口的照片都被分配了这两个关键词。

TIP▶ 如果您希望添加其他预置组中的关键词，可以按【.】键切换到下一个预置组。

使用键盘快捷键分配关键词

现在我们使用另外一个方法来分配关键词：键盘快捷键。实际上，在很多情况下，键盘操作比鼠标要快速得多。

1　保持上个练习中被选择的3张照片仍然处于选中状态，按向右方向键移动到下一张照片 "Senegal 2006-11-03 at 09-59-29" 上，照片中的妇女戴着淡蓝色的头巾。

2　将光标放在控制栏的 "Woman" 的按钮上。

此时，会显示出一个提示条，说明该按钮的键盘快捷键。按【Option-3】组合键将会添加关键词 "Woman"，按【Shift-Option-3】组合键将会移除 "Woman" 关键词。

3　按【Option-3】组合键，添加该关键词。

键盘快捷键是根据按钮的排布进行分配的，从上到下，从左到右：

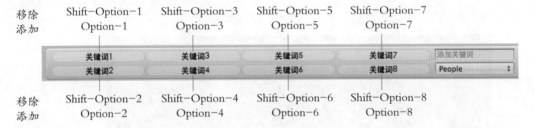

最多可以分配8个键盘快捷键。

4　按【Option-4】组合键分配关键词 "Close-up"。

NOTE ▶ 如果你使用一个带有小数字键盘的键盘，那么这个小数字键盘上的按键可能不支持上述快捷键的设定。因此，请使用主键盘上的数字按键。

5　按向右方向键选择照片 "Senegal 2006-11-03 at 15-40-52"，接着按【Shift-右方向】组合键选择右边3张男孩的照片。

6　按【Option-1】组合键，分配关键词 "Children"。

7 按【Option-4】组合键，分配关键词"Close-up"。

8 按两次【.】键，切换到"People"组，然后按【Option-5】组合键分配关键词
"Boy"。

Man	Adults	Boy	Children	添加关键词
Woman	Couple	Girl	Baby	People

9 按两次【,】键，切换回到"Portraits"组。

> **NOTE ▶** 在本次练习中，界面上显示出了控制栏。实际上，即使隐藏了控制栏，这些键盘快捷键也是可以随时使用的。

10 使用其他照片来练习键盘快捷键分配关键词的操作如下：

"Mauritania 2006-11-06 at 07-42-27"：Woman, Close-up。

接下去的3张毛里塔尼亚的照片：Woman, Group。

"Mauritania 2006-11-06 at 07-49-03"：Woman, Close-up。

Mauritania 2006-11-06 at 07-50-31：Woman, Close-up。

接下去的5张毛里塔尼亚的照片：Children, Group。

接下去的3张毛里塔尼亚的照片：Woman, Close-up。

接下去的2张毛里塔尼亚的照片：Woman, Group。

"Mauritania 2006-11-06 at 15-48-14"：Woman, Close-up。

关键词是整理和快速查找图像的基础信息，使用键盘快捷键则可以迅速地为图像分配不同的关键词。

使用举出和印章工具分配关键词

您可能发现，许多图像都会被分配了相同的关键词。因此，在您为第一个图像分配了关键词后，就可以使用举出和印章工具将关键词复制并粘贴给其他图像。举出工具将会从图像中复制元数据和调整，而印章工具则是将这些信息粘贴给其他图像。

1 按【V】键，切换到浏览器视图中。如果需要，可拖曳浏览器缩略图大小滑块，以便显示出所有的图像。

2 选择第四张照片"Senegal 2006-11-03 at 07-34-25"。

这是站在门口微笑的妇女的第一张照片。在本课的前面部分，使用了"信息检查器"为它分配了关键词"smile"。现在，您将使用举出和印章工具将该关键词从这张照片中提取出来，然后复制给其他图像。

3 在浏览器的左下角，单击"举出工具"按钮，或者按【Command-Shift-C】组合键。

在弹出的"举出和粘贴"HUD中，每个从被选择图像上提取出来的信息都会被勾选上。如果需要，您可以取消对某个项目的选择，这样，相应的信息就不会复制给其他图像了。

4 在"举出和粘贴"HUD中，单击"关键词"旁边的三角，展开其中的内容。

在本例中，您将仅仅把关键词"smile"粘贴给其他图像。

6 选择"Close-up"，按【Delete】键将其从列表中删除。

7 同样的，将"Portrait"和"Woman"删除，留下"Africa"、"Smile"和"West Africa"。

> **NOTE ▶** 关键词"Africa"和"West Africa"已经分配给了项目中的所有图像。如果粘贴这两个关键词，并不会为图像再次添加新的关键词。印章工具仅仅是为图像添加新的关键词，它不会替换或者复制图像中现有的关键词。

8 选择站在门口的妇女的下一张照片"Senegal 2006-11-03 at 07-35-14"。

9 在"举出和粘贴"HUD中，单击"粘贴所选图像"按钮。或者在工具条上单击"印章工具"。

此时，在信息检查器的"关键词"栏中显示除了"smile"。

10 选择"Senegal 2006-11-03 at 07-36-09"——站在门口的妇女的第三张照片。

11 按【Command】键单击浏览器中任何带有微笑的人物的照片。

如果不算上微笑的小孩的照片，您可能会选择4张照片。但是，在本次练习中，是否全部选择它们并不重要。

12 单击"粘贴所选图像"按钮，或者按【Command-Shift-V】组合键，将关键词复制给被选择的图像。

13 关闭"举出和粘贴"HUD。

现在，被选择的图像上都具有了新的关键词。举出和印章工具可以将某个关键词分配给其他图像，在第6课中，您还将了解使用这两个工具如何将一幅照片的调整复制给其他照片。

编辑元数据视图和预置

在检查器的"信息"标签中显示出的数据取决于元数据视图中的设置。Aperture内置了10余种视图预置，您也可以迅速地定义自己喜欢的预置。好，下面我们就先看一下现有的预置的视图。

1 如果需要，按【W】键，直到在检查器中显示了"信息"标签。

2 在浏览器中选择照片"Senegal 2006-11-03 at 06-53-44"。

3 在"信息"标签的上部，从"元数据视图"的下拉菜单中选择"编辑"选项。

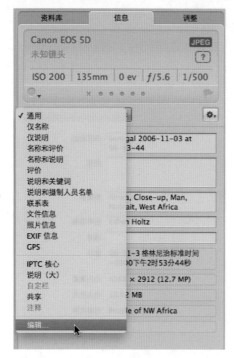

　　"元数据视图"对话框分成两个栏目。在左边的"元数据视图栏"中罗列了当前的所有视图的名称，在右边的"元数据栏"中则罗列了所有在被选择的视图中可用的数据项。勾选了复选框的都表示将会在被选择的视图中出现。

4　单击"EXIF"左边的三角，然后取消对"日期"复选框的勾选。

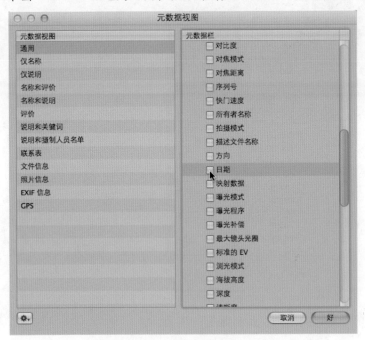

5　单击"EXIF"左边的三角，折叠起它所包含的内容。

6　单击"IPTC"左边的三角，再单击"状态"左边的三角。

7　取消对"标题"复选框的勾选。

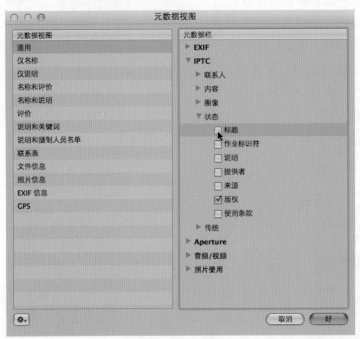

接下来，增加几个元数据信息。

8 单击"EXIF"左边的三角。

9 向下卷动，勾选"光圈"、"ISO"和"快门速度"复选框。

10 向上卷动，单击"EXIF"左边的三角，折叠起它的内容。

11 单击"好"按钮。

现在，新的元数据显示在了通用视图中。在"信息"标签中拖曳不同的元数据项目，可以上下移动它们的顺序。

12 在信息检查器中，将光标放在"项目路径"上。

此时，"项目路径"这一栏的背景会高亮显示。

13 将"项目路径"拖放到"版本名称"的下面。

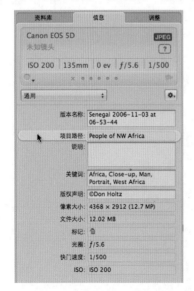

在多数情况下，Aperture的元数据视图会满足您的需要，尤其是当您进行了上述的调整之后。但有时，您也可能需要设置一个全新的视图。

创建一个元数据视图

有的时候，您可能觉得很难在一系列的数据栏中找到几个特定的信息。此时，您可以创建一个新的元数据视图，只显示那些您最希望直接看到的元数据。这样，元数据列表就可以变得短一些，便于您的检查。

1 在信息检查器中，从"元数据视图"下拉菜单中选择"编辑"选项。

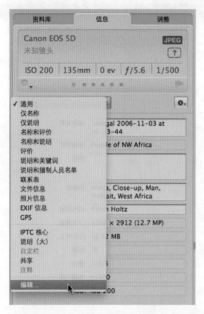

2 在"元数据视图"对话框中，在左下角的"操作"下拉菜单中选择"新视图"。

3 输入 "Photographer's Info" 作为视图的名称，然后按【Tab】键。

4 在 "IPTC" 的 "联系人" 中，勾选 "创建者"、"城市"、"州/省" 和 "网站" 复选框。

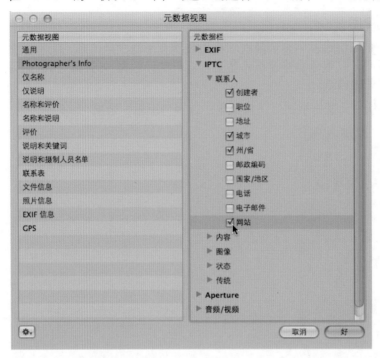

5 在 "IPTC" 的 "状态" 中，勾选 "版权" 复选框。

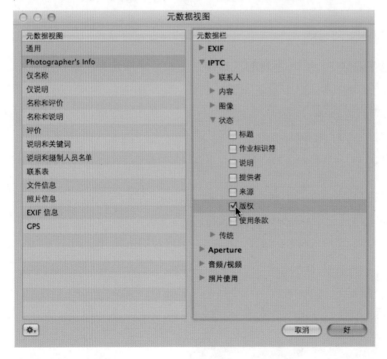

6 单击 "好" 按钮。

现在信息检查器显示了 "Photographer's Info" 的元数据视图。

元数据视图在菜单中的显示顺序也是可以调整的。

7 从"元数据视图"下拉菜单中选择"编辑"选项。

8 在"元数据视图"对话框中,将"Photographer's Info"拖曳到最下方,放在"GPS"的下面。

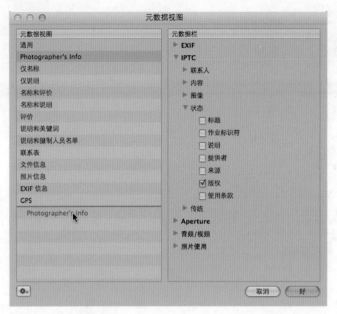

9 单击"好"按钮。

这样,您就有了一个单独的视图,专门用于显示摄影师的信息。下面,我们将输入需要显示的信息。

创建和应用元数据预置

在Photographer's Info视图中需要输入的元数据信息是一些很少会做出改变的数据,尤其是在当前这个资料库中。通过设定一个元数据预置,在"导入过程"中、在"成批更改"对话框中,或者在信息检查器中就可以自动化地输入这些数据了。

此前,您都是手动地为图像输入某些元数据信息。下面,将创建一个预置,包含有特定的元数据信息。之后,在"导入设置"中,或者在信息检查器中,就可以令Aperture自动填写相应元数据栏目中的信息了。

通过信息检查器可以看到,"版权"栏目中的信息已经是在"导入过程"中添加好的。您将输入其他栏目的信息,并将这些设定存储称为一个预置。

1 在浏览器中选择照片"Senegal 2006-11-03 at 06-53-44"。

2 在信息检查器中的"创建者"栏中输入"Don Holtz"。

3 在"联系人城市"栏中输入"Topanga"，在"联系人州/省"栏中输入"Ca"。

4 在"联系人网站"栏中输入"www.donholtz.com"。在"版权声明"栏中确认已经输入了"Don Holtz"。

5 按【Tab】键。

> **NOTE ▶** 不要按【Return】键，否则，您将会为栏目中的文本增加新的一行。

6 从"操作"下拉菜单中选择"从版本新建预置"选项。

由于是从当前视图中开始创建预置的，所以当前视图中的"元数据"栏目都会被包含在新的预置中。

> **TIP ▶** 如果您并不希望基于当前视图来创建新的预置，也可以在"操作"菜单中选择"管理预置"选项，然后再创建新的预置。

7 将新的预置命名为"Basic Credit Info"，单击"好"按钮。

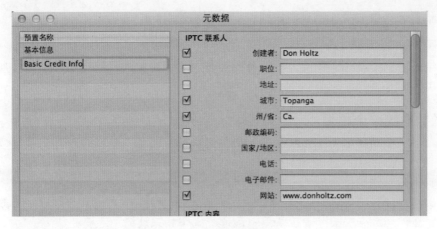

8 按【Command-A】组合键，选择所有图像。

9 在菜单栏中选择"元数据">"成批更改"命令，或者按【Command-Shift-B】组合键。
此时会弹出"成批更改"对话框。

10 从"添加元数据"下拉菜单中选择"Basic Credit Info"选项。

此时，相应的栏目会出现在对话框中，而且已经填写好了预定好的信息。

11 单击"替换"按钮。
如果选择"追加"，那么版权声明的信息将会出现两次。

12 单击"好"按钮。

好，现在预置已经生效了。让我们来检查一下它的效果。

13 按【Command-Shift-A】组合键，取消对任何图像的选择。

14 在浏览器中单击选择某几个图像，在信息检查器中验证相关的元数据信息是否添加上了，是否正确。

修改元数据中的一个栏目

在某些情况下，您可能需要为每张照片都输入不同的元数据，其过程会非常无聊。幸运的是，在您切换到新的照片的时候，Aperture会保持之前使用的元数据栏目处在活跃的状态。下面，我们为几张照片添加一下说明信息。

1 在浏览器中选择照片"Senegal 2006-11-03 at 06-53-44"。单击"信息检查器"按钮，然后在"元数据视图"下拉菜单中选择"说明和关键词"选项。

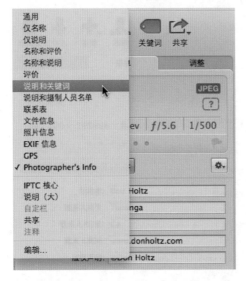

2 在"说明"栏中输入"A revered elder on the beach of St Louis, Senegal"。

3 按【Command-右方向】组合键。

当选择了新的图像后，"说明"栏仍然处在活跃状态，可以立即输入新的文本信息。

TIP 在按方向键选择图像的时候，按住【Command】键可以保持当前的输入栏的活跃状态。

4 在"说明"栏中，输入"In a small village, she watches over children"。

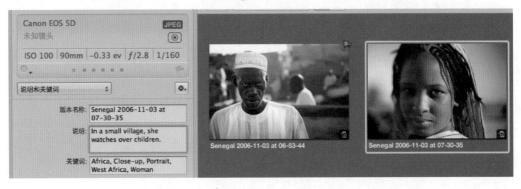

5 按【Command–右方向】组合键选择下一个图像。

6 在"说明"栏中,输入"A friendly man in a tiny soda shack"。

7 按两次【Tab】键,令光标移出文本框。

排序和过滤

尽管定制和输入元数据会花费不少时间,但是通过元数据对图像的排序和整理却会令您所有的付出都得到巨大的回报。

在浏览器中过滤数据

浏览器的搜索栏可以快速地控制哪些图像被显示出来。下面,我们搜索并只显示那些与塞内加尔有关的图像。

1 按【Command–Shift–A】组合键,取消对任何图像的选择。

2 按【 I 】键,关闭检查器窗格。

3 单击浏览器的"搜索"栏。

4 在浏览器的"搜索"栏中输入"Senegal",按【Return】键。

NOTE ▶ 浏览器的搜索栏可以搜索字母和特殊符号。

此时,只有版本名称中包含有"Senegal"的图像才会显示在浏览器中。

5 在浏览器的"搜索"栏中单击"还原"按钮。

即使退出Aperture,"搜索"栏中定义的搜索条件也不会被自动清除。因此,如果在"搜索"栏中随便添加一个字母,就有可能导致浏览器中不显示任何图像,令您觉得很困扰。所以在搜索完毕后,请记得清除现有的搜索条件。

TIP ▶ 如果搜索栏右边出现了"还原"按钮,那么就说明搜索条件是有定义的。

使用过滤器HUD

在浏览器的过滤器HUD中,您可以设定更多的搜索条件。

1 在浏览器"搜索栏"的左侧,单击"过滤器HUD"按钮。

TIP ▶ 尽管"过滤器"HUD的窗口出现在"过滤器HUD"按钮的下方，但是与Aperture的其他HUD一样，该窗口是浮动的，您可以将其放置在屏幕的任何位置上。

2 勾选"关键词"复选框。

在当前项目中用过的所有关键词都会以列表的方式显示出来。

3 勾选"Children"复选框。

这样，只有小孩的照片才会显示出来。

4 在"过滤器"HUD右上角的"添加规则"菜单中选择"EXIF"选项。

浏览器现在使用EXIF数据进行图像过滤。

5 从"EXIF"的下拉菜单中选择"日期"选项。

6 确认"EXIF"的值为"是"。

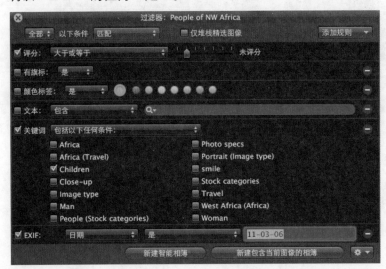

7 在输入栏中输入"11-03-06"，然后按【Tab】键。

浏览器会根据日期的限定找出小孩的照片。好，现在可以清除"搜索"栏中的设定了。

8 关闭"过滤器"HUD。

9 单击"还原"按钮，清除搜索条件。

由于图像包含有众多不同的EXIF数据和附加的元数据，在具有上千张照片的资料库中，您可以通过精确定义搜索条件而快速地查找到相应的图像。比如通过准确的日期，加上特定镜头的信息，或者某个快门速度加上小孩的关键词，您就可以迅速地找到对应的照片。当找到这些照片后，您就可以将它们放置到某个相簿中，这样以后就不需要通过搜索再找到这些照片了。

使用相簿

在相簿中可以手动对图像进行排序。相簿不会移动或者替换图像，仅仅是在相簿中将图像作为一个参考显示出来。预先选择希望包含在相簿中的照片，然后再创建相簿是最省事的方法。当然，您也可以先创建一个空的相簿，然后再将照片添加进去。

1 按【I】键，返回到检查器窗格。

2 按【W】键，直到切换到资源库标签中。

3 按【Command-Shift-A】组合键，取消对任何图像的选择。

4 选择项目"People of NW Africa"。

5 在浏览器中选择第一张照片"Senegal 2006-11-03 at 06-53-44"。

6 按住【Command】键在浏览器中选择第三张照片"Senegal 2006-11-03 at 07-32-27"。

7 从工具栏的"新建"按钮的下拉菜单中选择"相簿"选项，或者按【Command-L】组合键。

8 将相簿命名为"NW African Men"。确认勾选了"将所选项添加到新相簿"复选框。

这样，在项目"People of NW Africa"下就会出现新的相簿，其中就包含有两张刚才选择的照片。

9 在检查器窗格中，单击项目"People of NW Africa"。

注意，刚才选择的照片并没有被移出这个项目。同样的照片的版本既显示在了项目中，也显示在了相簿中。

使用智能相簿

在上一个练习中，创建了一个相簿，并添加了一些照片。在操作过程中，无论是为相簿添加照片，还是从相簿中移除照片都是手动进行的。

智能相簿则是可以根据您定义的搜索条件而动态地更新它所包含的照片的，这与使用过滤器搜索照片时候的浏览器非常相似。针对一个智能相簿，如果您更改了搜索条件，那么相簿的内容也会自动更新。

> **TIP** ▶ Aperture中有一些预置好的智能相簿，比如最近一年导入的照片，或者最新导入的，或者是有旗标的。在资源库检查器中可以找到这些预设好的智能相簿。智能相簿针对资料库中的所有项目都是有效的，当然您也可以随时添加新的搜索条件，以便缩小搜索范围。

创建智能相簿

下面，我们创建一个仅包含小孩照片的智能相簿，来初步了解一下这个功能。

1 选择项目"People of NW Africa"。

2 从工具栏中选择"新建">"智能相簿"命令，或者按【Command-Shift-L】组合键。

NOTE ▶ 首先选择项目People of NW Africa的目的是令智能相簿仅仅搜索在这个项目中的照片。

此时会出现一个新的智能相簿，旁边会显示"智能设置"HUD，以便您定义搜索条件。

3 将智能相簿命名为"NW African Children"，按【Return】键。

在"智能设置"HUD中可以设定搜索条件。智能相簿可以搜索项目、文件夹，甚至是整个资料库。在"过滤器"HUD的"来源"中会显示其搜索位置。当前这个例子显示的是在资料库中的项目"People of NW Africa"中进行搜索。您可以单击"资料库"按钮，将搜索扩展到整个资料库的范围内。

4 在"智能设置"HUD的"来源"中，确认选择了项目"People of NW Africa"（其背景颜色是深色的）。

5 勾选"关键词"复选框。

6 勾选"Children"复选框。

7 关闭"智能设置"HUD。

　　在浏览器中，符合搜索条件的照片将会显示出来。在智能相簿中操作和处理照片与在其他普通相簿中的照片没有什么区别。如果您改变了搜索条件，或者导出了新的照片正好符合这一套搜索条件，那么智能相簿就会进行更新，找出并显示符合搜索条件的照片。

使用浏览器过滤器创建智能相簿

　　浏览器的过滤器也可以创建相簿和智能相簿。这样做的优势是您首先会在浏览器中看到结果，然后再基于过滤器将结果创建为一个相簿或者智能相簿。当您调整了"过滤器"HUD中的设定后，还可以迅速地创建新的相簿或者智能相簿。

1 在资料库中选择项目"People of NW Africa"。

2 在浏览器的右上角，单击"过滤器HUD"按钮。

　　此时会弹出"过滤器"HUD窗口。

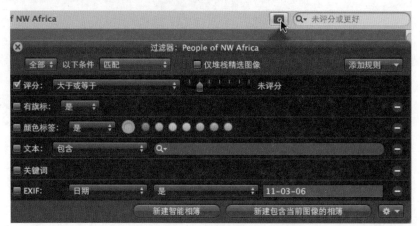

3 在"EXIF"栏的最右边，单击"减号"按钮，即可将EXIF搜索条件移除。

4 在"过滤器"HUD中勾选"关键词"复选框。

5 取消对"Children"复选框的选择。

6 勾选"Woman"复选框。

7 在"过滤器"HUD的底部,单击"新建智能相簿"按钮。

在资料库的检查器中,项目"People of NW Africa"下会出现新的智能相簿。

8 将智能相簿命名为"NW African Women",按【Return】键。

9 再次选择项目"People of NW Africa"。

10 单击"过滤器HUD"按钮。

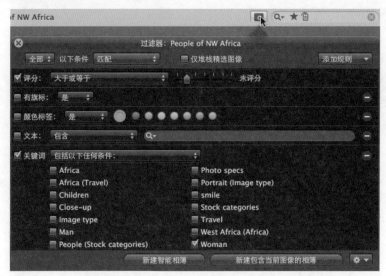

此时,"关键词"和关键词"Woman"复选框都仍然被勾选着。

11 从"以下条件"下拉菜单中选择"不匹配"选项。

此时，搜索出来的照片都是不包含这个关键词的。虽然这个搜索的方式很有意思，但是我们要建立的相簿需要使用其他的搜索条件。

12 将"以下条件"下拉菜单设定为"匹配"。

13 取消"关键词"复选框的勾选。

14 将评分的滑块拖曳到最右边的5颗星的位置。

此时，因为还没有对照片进行评分，所以浏览器中不会出现任何照片。您将在下一课中对照片进行评分。

15 单击"新建智能相簿"按钮，将其命名"为NW Africa Five Star Images"，按【Return】键。

16 在资料库中选择项目"People of NW Africa"。

啊！竟然没有照片了！不要紧张，深呼吸一下。好，现在我们先检查一下搜索栏的情况。

17 在浏览器中，单击"搜索"栏上的"还原"按钮，清除现有的搜索条件。

哈哈！所有的照片又都出现了。刚才仅仅是虚惊一场！在下一课中，您将评估、比较照片，并为它们评分。

> **TIP** ▶ 实际上，您可以搜索的数据内容是非常广泛的。除了描述信息之外，包含在相机中的特殊信息，比如相机型号、镜头型号、光圈大小，或者任何存储在EXIF中的信息都可以被设定为搜索条件。另外，也可以基于对图像的调整进行搜索，比如已经被调整过的照片，或者还没有进行过任何调整的照片。这样的搜索结果可以方便保持对图像状态的一种追踪，随时判断您是否有更多的工作需要完成。

课程回顾

1. 如何调整照片的时间？
2. 关键词有什么作用？
3. 如何设定Aperture不要导入某些指定的照片？
4. 如何让Aperture显示那些在特定日期拍摄的照片？
5. 相簿和智能相簿的区别是什么？

答案

1. 调整时间的时候会以相机时区为基准，根据时区计算出照片拍摄的时间。

2. 关键词可以用于标明照片内容中的特征，还可以方便使用搜索工具查找照片。

3. 在导入浏览器中，凡是被勾选的照片都是要导入的。取消对照片的勾选后，该照片就不会被导入了。

4. 在浏览器中使用"过滤器"HUD，针对照片的"IPTC"或者"EXIF"元数据中的日期信息进行过滤。

5. 相簿是静态的，您需要手动为其添加照片。智能相簿是动态的，它根据搜索条件自动包含符合条件的照片，并会根据照片的变化而自动更新智能相簿中的内容。

3

课程文件: APTS Aperture3 Library

完成时间: 本课大概需要90分钟的学习时间

目标要点:
- ⊙ 在全屏视图模式下评估图像
- ⊙ 使用放大镜检查细节
- ⊙ 比较图像并评分
- ⊙ 利用堆栈整理图像
- ⊙ 在看片台上整理图像

第3课
比较和评估图像

现如今，几乎每个人手里都会有一部照相机，无论是数字单反相机，还是卡片机，或者是一部可以拍照的手机。

当我们拥有了这样的设备后，照片的数量也比以前要多了许多。筛选照片，只保留那些需要保留的照片的工作也变得越来越耗费时间和精力。在Aperture中，有很多不错的功能可以帮助您高效率地找到和收集最精彩的照片，而且也使这一过程变得更加轻松。

在本课中，我们仍然会使用相簿"People of NW Africa"，利用快速预览模式加速图像的加载。在全屏模式下检查、比较图像，并进行评分。使用堆栈的功能加快图像整理和选择的进程。最后，您将使用灵活的看片台收集和整理照片。

生成Aperture预览

在默认情况下，Aperture会用可能的最高质量来显示图像。如果按照全分辨率的要求从硬盘中打开一幅图像会耗费不少系统的处理能力和时间，尤其是在解码显示一张高分辨率的RAW图像的时候。

此时，如果只是需要将照片发送给iMovie或者Keynote，或者是播放幻灯片，您可能完全不需要最高质量的图像文件。即便在审查项目中的图像，在某个合适的分辨率下也可以正常工作。因此，创建预览图就显得尤为重要了。

在导入过程中，软件可以创建文件尺寸比较小的JPEG格式的图像。或者，你也可以随时创建这样的文件。在Aperture的偏好设置中可以设定预览图的尺寸和质量。如果相机拍摄的时候同时拍摄了RAW和JPEG图像，你也可以将这些JPEG图像作为预览图。

> **TIP** 在导入后，您会在工具条上看到正在处理的旋转齿轮图标，这说明软件正在创建JPEG的预览图。

下面来设定一下Aperture创建预览图的方式。

1 在菜单栏中选择项目"People of NW Africa"。

2 在菜单栏中选择"Aperture"＞"偏好设置"命令。

3 单击"预览"按钮。

4 从"照片预览"下拉菜单中选择"带有星号的某个分辨率"。

该分辨率会是最符合当前您的显示器的分辨率的一个。

> **NOTE** 如果将预览图的分辨率设定为与显示器屏幕分辨率一致的话，既可以减小预览图文件的大小，也可以获得比较高的图像质量。考虑到您使用的显示器屏幕的分辨率，更大一些的预览图会为iMove或者Keynote这样的软件带来一些方便之处，因为它们不会使用原始图像文件，而是使用Aperture资料库中的图像的预览文件。

5 确认预览质量的滑块位于6。

将滑块设定为6会带来中等质量的图像，这样的图像的文件尺寸不会太大，而且画面质量也很不错。

6 关闭Aperture的"偏好设置"对话框。

在完成设置之后，Aperture在导入新的图像的时候都会自动创建预览图。由于项目"People of NW Africa"是已经导入的，所以该项目中图像的预览图仍然会按照原来的设置进行制作。

下面，我们删除旧的预览图，利用新的设置创建新的预览图。让我们先把旧的预览图存储下来，以便与新的进行比较。

7 在浏览器中选择第二张照片。

Senegal 2006-11-03 at 07-30-35

8 在菜单栏中选择"编辑"＞"从选择处到结尾"命令，或者按【Shift-End】组合键。

9 在菜单栏中选择"照片"＞"删除预览"命令。

此时会弹出一个警告对话框，要求您确认是否真的要删除预览图。

10 单击"删除"按钮。

11 在菜单栏中选择"照片">"更新预览"命令，创建新的预览图。

当Aperture在后台完成处理后，除了第一张照片之外，其他照片都会按照现有的设置获得新的预览图。

> **TIP** 如果Aperture提示您所有的预览都已经是最新的，也可以在打开照片菜单后，按下【Option】键，更新预览命名将会变成生成预览命令。选择"生成预览"命令，则可以强制创建新的预览图。

使用快速预览

通过预览图可以加速照片的浏览速度，以便更快地找到需要的照片。Aperture的快速预览模式就是在界面上显示图像的预览，而不是原始图像文件，以提高操作的效率。

> **NOTE** ▶ 在调整图像的时候是不能使用快速预览模式的。在调整操作中，图像处理的功能需要访问图像的原始数据。

下面，我们来检查一下浏览器中的第一张照片，它的预览图还没有使用新的设置进行更新。

1 选择浏览器中的第一张照片。

2 在工具栏中单击"拆分视图"按钮，或者按【V】键，直到窗口布局切换到拆分视图为止。

3 将光标放在图像中男人的鼻子尖上。

4 按【Z】键放大图像。

按【Z】键后会直接按照图像原始分辨率在屏幕上显示，相当于图像的一个像素对应屏幕上的一个像素。因此，有可能您的显示器仅仅能够显示出图像的一部分（在图像的分辨率尺寸大于显示器的情况下）。

5 在检视器的右下角单击"快速预览"按钮。按钮会变成黄色，表示这个功能被启用了。

现在，屏幕上显示的图像是按照旧的预览设置生成的。分辨率是原始JPEG图像的一半，质量是6。

下面，我们使用新的预览图设置来更新这张照片的预览图。

6 在菜单栏中选择"照片">"删除预览"命令，然后再选择"照片">"更新预览"命令。单击"好"按钮。

更新预览可能要花上一点时间，当它完成后，在观察器中可能不会发现什么明显的区别，但是新的预览文件占用的硬盘空间会小一些。

7 按向右方向键，选择下一张照片。

8　按住向右方向键不松手，可以快速地移动到后面的图像上。

9　单击"快速预览"按钮，即可关闭快速预览模式。

10　按【Z】键，在观察器中观看图像。

> **TIP** ▶ 无论是否打开快速预览模式，都可以按照1:1的方式观看图像。但是如果启用了快速预览，就会显著提高电脑的处理速度。

预览图像的方法适用于简单的检查或者回顾图像的工作。当您需要排除一切干扰、仔细审查图像的时候，就需要用到全屏模式了。

在全屏模式下评估图像

在Aperture中，进入全屏模式后可以减少界面上的其他元素对您的影响，令您可以全神贯注于图像处理工作，更适合于进行照片的评估与审核工作。在本次练习中，将在全屏模式下查看项目中的图像。

1　在资料库检查器中选择相簿"NW African Men"。

2　选择第一张照片"Senegal 2006–11–03 at 06–53–44"。

在主检视器中显示出该照片。

在关闭快速预览模式后，您可以使用全屏模式在全分辨率的模式下评估这个图像，而不是观看低分辨率的预览图。

3 在菜单栏中选择"显示">"全屏幕"命令,或者按【F】键。

4 将光标放在男人的鼻子上,按【Z】键。

此时,Aperture按照光标的位置放大显示图像。

NOTE ▶ 你可能会看到界面上出现正在加载的字样,这说明软件正在试图将高分辨率的图像显示出来。

按【Z】键可以令图像按照屏幕分辨率显示,相当于像素上的一一对应,这样图像就不是缩小后显示出来的。当图像超出了屏幕观察器的边界后,您可以摇移图像,以便检查被挡在外面的部分。

5 在检视器中拖曳图像。

在100%的像素比例下,您可以完整地感受到男子面孔的形状、色调。这是一张很有感染力的照片,因此我们使用第一张中学习到的评分方法给它一个最高的评价。

6 按【5】键,为图像评分为5星。

在图像左下角出现了5颗星星。

7 按【Z】键,再次显示整幅照片。

8 按向右方向键,选择下一张照片"Senegal 2006–11–03 at 07–32–27"。

9 将光标放在人物的鼻子上，按【Z】键。

10 在观察器中拖曳图像，检查不同的部分。

> **TIP** ▶ 如果鼠标上有滚动球，您可以上下滚动它，也可以实现摇移图像的效果。如果在多点触控的触控板或者苹果Magic鼠标上，您还可以用两个手指滑动，实现摇移的效果。

在摇移图像的时候，如果同时能知道当前显示的画面是在整幅图像中的哪个部分上，那么就更加顺畅了。

在观察器中，图像的右边有一个黑色的导航框，其中白色的矩形框表示当前在检视器中显示出来的部分。100%的数值表示当前图像缩放的比例。

11 将光标放在导航框中。

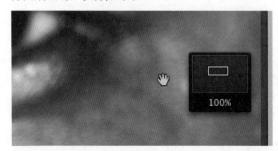

此时导航框会放大显示出整幅图像的缩略图。

12 拖曳白色矩形框也可以实现在观察器中摇移图像的效果。通过这个工具，可以更加精确地控制在观察器中显示的图像内容。

这张照片同样令人惊叹。考虑到极浅的景深，仅仅人物的鼻尖和上嘴唇是在焦点上，我们为它打4星。

13 按【4】键，给予4星的评分。

14 按【Z】键，返回显示全幅图像。

在全屏视图下切换到不同的项目

在全屏幕的模式中，您不仅可以在观察器中观看单独一张照片，也可以通过浏览器窗口在不同项目和相簿之间切换。

1 按【V】键切换到浏览器。

在浏览器的全屏模式中，缩略图缩放滑块位于右下方，而过滤器HUD则位于右上方。您也可以轻松地切换到其他任何一个项目或者相簿中。

2 在屏幕的左上角，单击项目"People of NW Africa"。

3 从下拉菜单中选择"NW African Children"选项。

4 按【V】键，在全屏模式中显示第一张照片。

5 将光标移动到屏幕的下方。

此时在屏幕下方会出现连续视图的窗口。如果将光标向上移动到连续视图之外，那么这个视图就会消失。

6 如果需要锁定连续视图，令其永远出现在界面上，可单击连续视图最右边的滑块图标。

这样，图像会缩小显示，并停留在连续视图窗口的上方。

在全屏模式下，您也可以用同样的方法锁定工具栏的显示。

7 将光标移动到屏幕的上方。

此时会出现工具栏。如果光标移动到工具栏下方，那么工具栏就会自动消失。

8 单击工具栏最右边的"滑块"图标，可令工具栏永远显示在界面上。

这样，图像会缩小显示，并停留在工具栏的下方。

使用放大镜工具

在Aperture中，通过放大镜可以观看图像的任何一个部分的细节。您并不需要放大整个图像之后再摇移图像，只需要将放大镜放在需要检查的图像的某个位置上，在放大镜中就可以看到放大后显示出来的影像了。放大镜有几种不同的设置方法，其默认的设置为聚焦于放大镜。

使用聚焦于放大镜模式

在使用聚焦于放大镜模式的时候，您只需要将放大镜拖放在需要放大显示的位置上，如同在传统的看片台上使用放大镜一样。

1 在工具栏中单击"放大镜"按钮，或者按【`】键。

2 拖曳放大镜的中央，将其对准人物左边的眼睛，松开鼠标键。

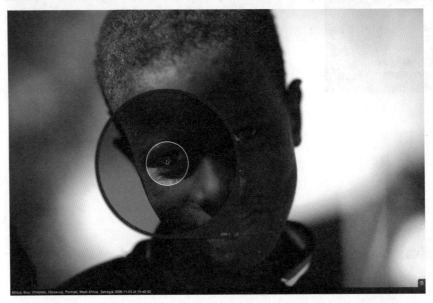

在拖曳放大镜的中央的时候，会出现一个白色的小圆圈。小圆圈的位置代表了当您松开鼠标键后将会放大显示的位置。

如果需要看到更多细节，就需要提高放大镜的放大比例。

3 从放大镜右下角的下拉菜单中选择"200%"。拖曳放大比例的数字的上方，可以重新放置放大镜的位置。

NOTE ▶ 在超过100%的显示比例后，图像的显示不会启用平滑效果，因此会看到一些锯齿，但是这正好可以方便您精确地检查像素的实际情况。

4 按两次【Command-Shift--（减号）】组合键，令放大比例变为50%。

TIP ▶ 切换到按照50%的比例显示图像后，您可以快速地观察到刚才在100%的比例下所观察的图像的周围的情况。

5 按【Command-Shift-+（加号）】组合键，令放大比例变回到100%。

使用聚焦于光标模式

聚焦于光标模式是将光标所在的位置作为放大显示图像的中心位置，而不是在聚焦于放大镜模式中放大镜的中心点。

1 将放大镜拖曳到屏幕的右侧，令其不要遮挡住观察器中人物的脸庞。

2 从放大镜右下角的下拉菜单中选择"聚焦于光标"选项。

3 将光标放在观察器的图像上。

如果放大镜太大了，占用了屏幕比较多的空间，您也可以将它变小一点。

4 按【Shift–Option––（减号）】组合键，将放大镜变小一点。

> **TIP** 按【Shift–Option–+（加号）】组合键，可以将放大镜变大一点。

放大镜也可以显示放大的像素的红、绿、蓝和亮度的数值。

5 在放大镜右下角的下拉菜单中选择"颜色值"选项。

6 将光标放在观察器中的图像上。

当放大镜的放大比例超过了400%的时候，还可以激活像素网格的显示，令您可以直接分辨出每个像素的位置。

7 按【Command–Shift–+】组合键，将放大镜显示比例提高到400%。

8 在放大镜右下角的下拉菜单中选择"像素网格"选项。

9 将光标放在图像上，观看在网格上的像素情况。

10 在放大镜右下角的下拉菜单中选择"颜色值"选项，显示RGBL的数值。

11 在放大镜右下角的下拉菜单中选择"像素网格"选项，关闭网格的显示。

12 按【`】键，隐藏放大镜工具。

无论如何使用这个放大镜工具，在显示比例高于100%的时候才能进行更准确的图像评估。

在浏览器中使用放大镜

不在全屏模式的时候，也可以使用放大镜工具，其使用方法完全一样。放大镜甚至可以放大显示浏览器中的缩略图。

1 按【F】键或者【Esc】键退出全屏模式。

2 按【`】键打开放大镜。

3 在放大镜右下角的下拉菜单中选择"聚焦于放大镜"选项，然后选择放大比例"200%"。

4 将放大镜的中央拖曳到浏览器的第三张照片"Senegal 2006–11–03 at 15–41–51"上。

5 在浏览器中，拖曳放大镜，观察图像"Senegal 2006-11-03 at 15-41-51"中的不同部分。

如果在浏览器中通过放大镜浏览图像，您可以快速地将该图像显示在观察器中。

6 在放大镜右下角的下拉菜单中选择"选择目标图像"选项，将放大镜观察的图像显示在观察器中。

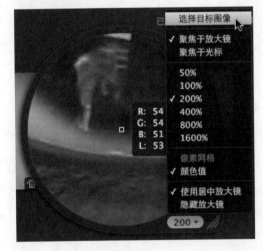

7 按【`】键隐藏放大镜。

NOTE ▶ 放大镜还有第三种形式：在放大镜右下角的下拉菜单中选择"隐藏放大镜"选项。这种放大镜是第一个版本的Aperture中使用的，它比上面两种放大镜要少一些功能，而且也没有下拉菜单。如果需要，可以按【Control】键单击（右击）放大镜，访问弹出菜单中的命令。

为图像评分

在第1课中，您使用键盘快捷键为图像进行了评分。如果您喜欢使用键盘或者触控板，那么您会发现下面这个为图像评分的方法也非常方便。在下面练习中，我们将使用控制栏来进行评分，而不是键盘快捷键。

1 在菜单栏中选择"窗口">"显示控制栏"命令，或者按【D】键，在浏览器下方显示出控制栏。

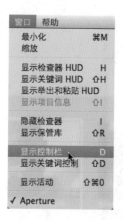

2 按【Shift-D】组合键，移除关键词的部分，仅仅显示控制栏。

在控制栏中包含了"评分"按钮，以及"导航"按钮——用于在浏览器中选择照片。

3 在控制栏中单击"将所选内容右移"按钮，直到选择了浏览器中有两个男孩的照片"Senegal 2006-11-03 at 15-42-20"。

照片中拍摄了两个好朋友，我们保守地将它评分为3星。

4 单击3次"调高评分"按钮，为图像评分3星。

NOTE ▶ 在浏览器缩略图和主观察器中图像的左下角都会看到3颗星星。如果没有的话，也可按【Y】键打开主观察器上的元数据叠层显示，按【U】键打开浏览器上的元数据叠层显示。

5 单击浏览器中的第一张照片"Senegal 2006-11-03 at 15-40-52"。

这张照片非常精彩，让我们为它评分为5星。

6 单击5次"调高评分"按钮，为图像评分5星。

7 在控制栏中单击"将所选内容右移"按钮，选择照片"Senegal 2006-11-03 at 15-41-30"。

这张照片很一般。

8 单击工具栏上的"拒绝"按钮。

"拒绝"按钮不会删除图像，它仅仅是浏览器中过滤器可以使用的一种筛选条件。或者说，它是一种评分，只不过是其评价比普通的一颗星还要低很多。

9 在控制栏中单击"将所选内容右移"按钮，选择下一张照片"Senegal 2006–11–03 at 15–41–51"。

这张照片已经远远超越了精彩的含义，如果可能，就应该评分为6星。但由于最高仅仅是5星，因此，我们将这张照片评分为5星，再返回到刚才的那张5星照片，将其降低为4星。

10 单击"选择"按钮（绿色对勾的按钮）能够立刻将图像评分为5星。

单击"选择"按钮比单击5次"调高评分"按钮要方便很多。

11 在控制栏中单击"将所选内容左移"按钮，回到浏览器中的第一张照片"Senegal 2006–11–03 at 15–40–52"上。

12 单击"调低评分"按钮，将图像评分调整为4星。

比较和评价一组图像

选择一组图像并对其同时进行评分，可以大大加快图像评估的过程。Aperture有一些巧妙的方法来满足这样的要求。

1 从左到右拖曳一个矩形选框，将浏览器中最后3张照片一起选择，Mauritania 2006–11–06 at 14–35–21、Mauritania 2006–11–06 at 14–35–38和Mauritania 2006–11–06 at 14–36–18。

NOTE ▶ 在观察器中应该会看到3张照片。如果仔细观察，您会发现这3张照片的排列顺序与它们在浏览器中的顺序是相反的。在观察器中排列的顺序与您拖曳矩形选框选择照片的顺序一致。

如果希望在观察器中评估这三张照片，我们需要将它们并排摆在一起，并为图像留出更多的显示空间。

2 在菜单栏中选择"窗口">"隐藏检查器"命令，或者按【I】键。

3 按【Z】键放大显示这3张照片。

此时，图像会按照全分辨率显示。在评估的时候，您需要观看每个图像中的特定部分。

4 在最左边的图像"Mauritania 2006-11-06 at 14-36-18"上，拖曳导航框，直到可以看到抱着小孩的女孩。

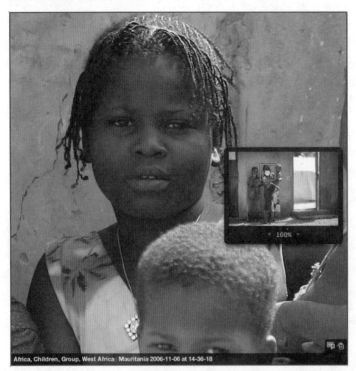

5 用同样的方法来显示另外两张照片，这样三个图像都显示出同样的内容。

当您观看到三张照片中相同位置的细节后，很容易发现中间的照片不是那么清晰。此外，如果摇移照片的话，三张照片也会同时产生摇移。

6 在最左边的图像"Mauritania 2006-11-06 at 14-36-18"上，按住【Shift】键拖曳导航框，令三个图像都显示出站在女孩前面的小男孩。

可以看到，左边和中间的照片中，小男孩是完全面向镜头的。

7 将导航框拖曳到最左边，这样三个图像上都显示出站在最左边的大男孩。

> **TIP** 如果您觉得另外一张照片上的导航框比较容易操作，按住【Shift】键拖曳即可。

此时可以发现，最左边的照片明显是最好的。而且，只有在这张照片上婴儿才是看着镜头的。那么，让我们将其评分为5星吧。

8 按【5】键。

在观察器中，每张照片的左下角都出现了5颗星星（以及在浏览器的缩略图上）。但是，您仅仅希望为最左边的照片评分为5星。

9 按【0】键，即可删除刚刚添加的评分。

下面，我们利用首选功能帮助您正确地为照片进行评分。

使用首选功能评分

Aperture有一个非常独特的功能——"仅首选内容"按钮，通过该功能可以修改一组图像中的首选图像的元数据，而保持其他图像不受影响。

1 在工具栏中单击"仅首选内容"按钮。

此时，在首选图像的周围会出现一个白色边框，而非首选的图像周围的边框则会消失。

2 在观察器中选择最左边的图像，然后按【5】键，即可为其评分为5星。

可以看到，只有首选图像才会被评分。

3 在观察器中，单击中间的图像，选择该图像。

4 按【3】键，为这张照片评分为3星。

5 在观察器中单击最右边的图像。由于这张照片有点虚，所以按【1】键，评分为1星。

6 按【Z】键，然后单击"仅首选内容"按钮，退出首选模式。

NOTE ▶ 首选功能可以针对几个涉及元数据的操作来运用，包括旋转、分配关键词。您可以迅速地在操作整组图像和仅仅操作首选图像之间进行切换。

使用堆栈

所有的数字单反相机，以及某些消费类的卡片机都有连拍的功能，拍摄者可以在一秒钟内拍摄多张照片。连拍功能很适用于拍摄运动的物体，可以抓住其中精彩的瞬间。即使是人像摄影师，也经常使用连拍功能，比如当被拍摄对象比较放松、表情非常自然的时候，摄影师可以连续拍到多张照片，便于拍摄完成后进行筛选。

为了帮助您整理、比较和对比这些非常相似的照片，Aperture可以将图像编成组，或者说堆叠在一起。堆栈可以基于一个时间范围自动地创建堆栈，或者您也可以手动地将图像成组。实际上，堆栈仅仅影响观看照片的方式，在Aperture资料库中，每张照片的图像文件的存储位置是不会发生任何变化的。

使用自动堆叠

在自动对图像进行堆栈的时候，Aperture按照图像中有关时间的元数据将同时间段内拍摄的照片放在一起。堆栈并不是永久性的，您可以随时调整或者取消。

1 按【I】键打开检查器。

2 选择智能相簿"NW African Women"。

3 按【V】键几次，直到切换到浏览器模式下。

4 按【Command–A】组合键，选择浏览器中的所有图像。

5 在菜单栏中选择"堆叠" > "自动堆叠"命令，或者按【Command–Option–A】组合键，打开"自动堆叠图像"HUD。

在滑块右边的数值表示时间单位的秒。在向右边拖曳滑块的时候，比如拖曳到10秒，那么拍摄间隔在10秒之内的照片就会堆叠在一个组中，其缩略图的背景变成深灰色，表示它们在同一个组中。堆栈是动态的，当您移动滑块的时候，就可以看到浏览器中图像的堆栈在自动更新。

6 在"自动堆叠图像"HUD中，将"自动堆叠图像"滑块拖曳到最右侧。

目前，创建出了四个堆栈。在每一组堆栈图像的缩略图的左上角都会有一个数字图标，数字就是数值，表示了在这个堆栈中包括了几张照片。

7 关闭"自动堆叠图像"HUD。

8 在菜单栏中选择"堆叠">"关闭所有堆栈"命令。关闭堆栈就是将展开堆栈显示的一组一组的图像都折叠在一起，这会为浏览器空出大量的屏幕空间。

9 单击浏览器背景，即可取消对任何图像的选择。

从堆栈中提取和添加图像

根据照片的内容，您可能会希望将另外一张照片移动到某个现有的堆栈中，或者反过来，将堆栈中的某张照片移除。

1 将缩略图大小滑块向右边拖曳，直到缩略图都充满浏览器窗口。

2 选择戴着黑色围巾的女子的照片"Mauritania 2006–11–06 at 07–42–27"。

3 单击缩略图左上角的"堆栈"按钮（3），或者在菜单栏中选择"堆叠">"打开堆栈"命令。

在这个堆栈中有两个错误。首先，特写的妇女的照片，尽管拍摄时间很相近，但也不应该被归放在这个堆栈中。其次，另外一些照片还没有被归放在这个堆栈中。

4 将戴黑色头巾的女子的照片向左拖曳出这个堆栈。

现在特写的照片被提取出来了。

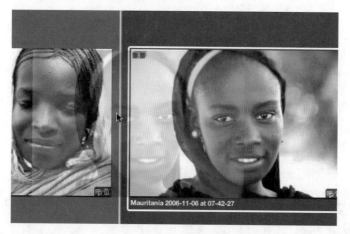

6 单击图像"Mauritania 2006-11-06 at 07-48-55"。

7 单击"堆栈"按钮（2），或者在菜单栏中选择"堆叠">"打开堆栈"命令。

这个堆栈需要拆开。其中一张照片应该属于特写的妇女那一组。在拆开后，再将相应的照片添加到其他已有的堆栈中。

8 在菜单栏中选择"堆叠" > "分散"命令，或者按【Command-Shift-K】组合键。

> **TIP** 您可以定制工具栏，添加上经常使用的工具按钮，比如分散堆栈的按钮。

9 将"Mauritania 2006-11-06 at 07-48-55"照片图像向左拖曳到堆栈右边界上。此时，在堆栈右边界的内侧会出现一条竖向的绿线。

10 松开鼠标键。

好，现在3张照片都放在一个堆栈中了。

> **TIP** 在手动调整堆栈后，如果再次进行自动堆叠，那么手动调整的结果就会全部被忽略。

11 单击堆栈缩略图上的"堆叠"按钮（3），在菜单栏中选择"堆叠" > "关闭堆栈"命令，这样就折叠了其内容，为浏览器腾出更多空间。

手动创建堆栈

您可以手动将相似的照片编排在一个堆栈中，它们可能是没有被自动堆叠的。在当前的相簿中包含有3张妇女的特写照片（Mauritania 2006-11-06 at 07-49-03、Mauritania 2006-11-06 at 07-50-31和Mauritania 2006-11-06 at 15-38-09），它们应该放在同一个堆栈中。下面我们就手动调整一下。

1 在界面上拖曳一个矩形选框，同时选择这3张照片。

2 在菜单栏中选择"堆叠" > "堆叠"命令，或者按【Command-K】组合键。

3 单击"堆栈"按钮（3），或者在菜单栏中选择"堆叠" > "关闭堆栈"命令。

您已经创建好一个堆栈，其中包含了刚刚选择的3张照片。

拆分堆栈

某些时候，自动推算出来的某个堆栈中会包含太多照片。尽管这些照片拍摄时间非常相近，但是根据其内容上的巨大差别，还是需要将它们拆分为几个不同的堆栈。

1 选择"Mauritania 2006–11–06 at 15–46–49"照片图像。

2 单击"堆栈"按钮（5），或者在菜单栏中选择"堆叠" > "打开堆栈"命令。

前两张照片是特写，最后一张则是多人的。尽管它们拍摄的时间很接近，但是最后一张显然不应该在当前这个堆栈中。因此，我们把它拆分为两个堆栈。

3 选择多人物的照片"Mauritania 2006–11–06 at 15–48–05"。

这张照片将会是放置到新的堆栈中的第一张。任何在它前面的照片都会保留在原来的堆栈中。

4 在菜单栏中选择"堆叠" > "拆分堆栈"命令。

现在，已经将一个大的堆栈拆分为两个小的堆栈了。

5 在菜单栏中选择"堆叠" > "关闭所有堆栈"命令，将它们折叠起来，腾出更多的浏览器空间。

合并堆栈

如果两个堆栈中具有类似的照片，您也可以将它们合并成为一个堆栈。这样，通过其中一个典型照片的模样，我们就比较容易在浏览器中找到该组中的所有的照片了。

1　选择特写人物照片"Mauritania 2006–11–06 at 07–49–03"的堆栈。

2　按【Shift】键单击右面的图像"Mauritania 2006–11–06 at 15–46–49"的堆栈。

3　在菜单栏中选择"堆叠" > "堆叠"命令，将它们合并为一个堆栈。

4　单击"堆栈"按钮（5），或者在菜单栏中选择"堆叠" > "关闭堆栈"命令，即可为浏览器腾出更多空间。

使用堆栈模式

精选指的是从堆栈的照片中选出一张来作为整个堆栈的代表性照片。在堆叠是关闭的时候，会使用这张照片的缩略图来作为堆栈的缩略图。在默认情况下，精选照片就是堆栈中的第一张照片。在堆栈模式中，您可以同时观看当前的精选和其他照片。此外，也可以重新编排照片，并选择新的精选。

1　选择堆栈"Senegal 2006–11–03 at 07–34–25"。缩略图中是妇女站在门边的照片。

2 按【V】键，按照拆分视图同时显示出检视器和浏览器。接着按【F】键，进入全屏模式。在进行照片的比较的时候，全屏模式会有更多的屏幕空间。

3 在工具栏上的观察器模式下拉菜单中选择"堆栈"选项。如果您的计算机同时连接了两个显示器，那么也可选择"主检视器">"堆栈"命令。

在观察器中显示了两个图像。当前的精选照片具有绿色的外框，而堆栈中的第二张照片是白色的外框。在浏览器中的缩略图上也有不同颜色的外框，与观察器中的是对应的。在观察器的图像上方会有文字说明该图像是精选，还是一个备选。

当前精选照片中人物的笑容非常灿烂，因此，它仍然是最棒的一张照片，我们继续将其作为精选照片。

4 按向右方向键，将当前的精选与下一张照片进行比较。

精选的照片看上去没问题，但是另外一张照片构图更饱满，人物也更放松和自然。所以，我们将它作为新的精选。

5 按【Command-\】组合键，将"Senegal 2006-11-03 at 07-36-09"照片图像作为精选。

在您为这个堆栈指定新的精选照片后，在浏览器中照片缩略图的顺序会发生改变。新的精选会移动到堆栈的最前面，而原来的精选则变成第二张照片。

6 按向下方向键。

按向上或者向下方向键可以移动到上一张或者下一个堆栈上。在浏览器中，刚刚离开的堆栈则会自动关闭。

当前这个堆栈中的精选照片仍然是比较合适的一张，所以，我们继续处理下一个堆栈。

7 按向右方向键，将当前精选照片与下一张照片进行比较。其他照片都比现有的精选要更好一些，所以，我们更改一下精选。

8 按【Command-\】组合键，将照片"Senegal 2006-11-03 at 07-48-55"作为新的精选。

9 按【F】键，退出全屏幕模式。

现在，您已经定义了新的精选。下面，让我们来调整一下堆栈中照片的顺序。

提升和下降

在堆栈中，不是精选的其他照片也可以调整左右的排列顺序。比如，您可以将最好的照片作为精选，然后将其他照片也按照优劣次序从左到右地进行排列，以便能够更高效率地选用照片。

在这个练习中，将在工具栏上添加一个按钮，帮助您调整堆栈中照片的顺序。

1 按【Control】键单击（或者右击）工具栏，在弹出的快捷菜单中选择"自定工具栏"选项，打开"自定工具栏"对话框。

> **TIP** 除了定制工具栏之外，您也可以定制Aperture中的键盘快捷键。在菜单栏中选择"Aperture" > "命令" > "自定"命令，在弹出的"命令编辑器"对话框中可以浏览现有的键盘快捷键，也可以自定。

2 将"提升"、"下降"和"精选"按钮从对话框中拖放到工具栏的"共享"按钮旁边。

3 将"可调间距"按钮拖放到工具栏中的"共享"和"提升"按钮的中间。

通过"可调间距"按钮，可以将"提升"、"下降"和"精选"这三个按钮摆放在工具栏的中央。

4 在"自定工具栏"对话框中单击"完成"按钮。

> **TIP** 如果需要恢复默认的工具栏按钮的排布，也可将"自定工具"对话框下方的一组横排的按钮直接拖放到工具栏上即可。

5 按向下方向键，切换到下一个堆栈上，其精选照片是"Mauritania 2006-11-06 at 07-49-03"。

在查看浏览器中的照片后，我们决定将第三张照片"Mauritania 2006-11-06 at 15-38-09"作为精选。

6 按向右方向键观看第三张照片。

7 在工具栏中单击"精选"按钮。

照片图像"Mauritania 2006-11-06 at 15-38-09"现在成为了当前的精选，照片图像"Mauritania 2006-11-06 at 15-46-49"则变成了备选的照片。

虽然比不上当前的精选，但备选照片也很不错，让我们把它放置在第二的位置上吧。

8 单击"提升"按钮。

在浏览器中备选照片向前移动了一位。

9 再次单击"提升"按钮，或者按【Command-[】组合键。

现在，备选的照片位于精选照片的右边，正好位于第二的位置上了。

10 按向右方向键。

下面，我们将这个堆栈中最差的一张照片放在堆栈的最后面。

11 在工具栏中单击"下降"按钮，或者按【Command-]】组合键，直到将这张照片移动到堆栈中的最后一位。

感觉到其中的巧妙之处了吗？接下来，我们在最后一个堆栈中继续使用键盘快捷键，体验这种非常高效的操作方式。

12 按向下方向键切换到下一个堆栈。这是浏览器中的最后一个堆栈。

13 按【Command-]】组合键，将备选照片下降到堆栈中的最后一位。

14 使用方向键选择新的备选照片"Mauritania 2006-11-06 at 15-48-14"。

这张照片非常感人，让我们把它作为精选照片。

15 按【Command-\】组合键。

您已经为每个堆栈都挑选出了最精彩的照片，但是您仍然处于堆栈模式。回想之前您是在全屏幕模式下工具栏中的观察器模式菜单中选择的堆栈模式，但是在正常显示模式中并不存在这个工具栏，因此，我们可以在显示菜单的观察器模式中找到相应的命令。

16 在菜单栏中选择"显示" > "主检视器" > "显示多个"命令。

> **NOTE ▶** 无论上次退出软件的时候使用了什么样的显示模式，启动Aperture后的默认显示模式永远是显示多个。

17 在菜单栏中选择"堆叠" > "关闭所有堆栈"命令。这样，在浏览器中每个堆栈仅仅显示一个缩略图，缩略图的内容就是该堆栈精选照片的缩略图。

> **NOTE ▶** 调整堆栈中照片的前后顺序可以为后期工作节省大量的时间，因为在精选照片后面的哪一张一定就是剩下照片中最好的一个选择。这样，就不会反复地在多个照片中进行多次的比较与筛选的工作了。另外，在浏览器中关闭堆栈，可以腾出大量的屏幕空间，以便同时显示出更多的照片。

使用键盘快捷键快速进行图像的评分

Aperture中的评价系统可以通过多种键盘快捷键大幅度地提高工作效率。越能提早完成现有照片的评估工作，越能早一些开始后续的拍摄工作。

1 在浏览器中选择第一个照片图像"Senegal 2006-11-03 at 07-30-35"。

2 按【Control-\】组合键，为照片"Senegal 2006-11-03 at 07-30-35"评分为5星。

此时会自动地移动到下一张照片，妇女站在门边的。在浏览器中可以看到前一张照片的缩略图上显示出了5颗星星。

3 按【Control-\】组合键，为当前图像分配5星，并自动移动到下一个图像上。再次按【Control-\】组合键，为图像Senegal 2006-11-03 at 07-36-09分配评价。

现在的这张照片看上去也不错，但是再让我们用放大镜工作仔细检查一下。

4 按【`】键打开放大镜。

5 将放大镜拖曳到妇女的前额上。

这张照片的细节还不是很完美，所以，暂时不将它评分为5星。我们为其评分为4星，并加上一个旗标，表示它需要一些调整。

6 按【/】键为图像增加旗标。

7 按【4】键，将图像评分为4星。

8 按向右方向键选择下一个图像。

9 按【Shift-右方向】组合键，将再下一个图像也选择上。

当前选择的两个图像Mauritania 2006-11-06 at 07-42-27和Mauritania 2006-11-06 at 07-48-55都可以打5星。

10 按【5】键为两个图像评分为5星。

按【Command】键还可以间隔着选择同样数量的图像。

11 按【Command-向下方向】组合键，选择后面两个图像。

这是选择了后面不同的图像，而且数量还是两个。

> **TIP** 按【Command】键和左右方向键是在现有的选择范围中整体地向后移动一位，放弃第一个选择的照片，添加后面一张照片。按【Command】键和上向下方向键则是整体移动现有的选择范围，但是保持选择照片的总数不变。

这些照片同样可以给5星。

12 按【5】键为这两个图像评分为5星。

> **TIP** 在Aperture有无数键盘快捷键。您可以将光标放在界面上某个控制按钮上面，稍等一下，在弹出的提示条上就会显示出对应的键盘快捷键了。

在看片台上审查照片

在传统的日常工作中，您可以将无数张照片摆放在看片台上，仔细比较它们之间的区别，进行优秀照片的评估与挑选。在Aperture中，您也可以将任何一个项目中的照片放置在看片台上，快速地将它们按照网格位置摆放好，甚至可以单独放大缩小某张照片。Aperture的看片台没有任何边界，可以随着照片的不断增加而不断扩大。在比较和收集照片，或者在体验照片排版效果的时候，看片台是非常实用的工具。

创建一个看片台

看片台是在资料库检查器中创建的，并存储在资料库中的另外一种项目。您可以创建一个空白的看片台，然后将不同项目中的照片放置到看片台上。也可以在一个项目或者相簿中选择照片，然后基于这个选择创建一个自动包含这些照片的看片台。

1 在资料库检查器中，选择之前创建的5星的智能相簿。

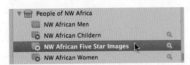

在这个智能相簿中包含了所有评分为5星的照片。

2 在浏览器中单击激活窗口，然后按【Command-A】组合键，选择浏览器中的所有照片。

3 在工具栏上单击"新建"按钮，选择其中的"看片台"选项。

4 将看片台命名为"NW Africa Light Table"，按【Return】键。

5 按【I】键，关闭资料库检查器，按【Option-;】组合键，关闭堆栈。

6 选择前两个图像，并将它们拖放到看片台的左下角。

7 单击看片台的网格背景，取消对图像的选择。

　　在浏览器中，刚才的这两个图像缩略图上有了红色的标记，表示它们已经被放置到看片台上了。您也可以过滤一下浏览器，令其仅显示那些还没有被放到看片台上的照片。

8 在工具条上单击"显示未被放入的图像"按钮。

　　此时，浏览器仅仅显示出还没有被放到看片台上的照片。

9 在浏览器中选择这个堆栈和它旁边的图像，将它们拖曳到看片台的右上角。

　　您可以继续将其他相簿中的照片拖放到这个看片台上。当看片台上放好了所有需要的照片后，就可以开始重新整理、成组它们，进行后续的工作了。

在看片台上浏览和整理图像

看片台实际上就是一块无边无际的画布，可以随着照片的增加而变大，没有任何限制。在看片台上可以放大缩小照片，重新排布它们的位置，或者将多张照片摆放在一起形成一个组。但是当照片越来越多，看片台越来越大的时候，如何浏览这些照片就变得非常重要了。

1 在看片台上，找到站在门边微笑的妇女的照片，将光标放在照片上。

此时，在图像周围会出现缩放大小的控制手柄。

NOTE ▶ 只有当光标放在照片上的时候，缩放大小的控制手柄才会显示出来。

2 拖曳下方中部的控制手柄，将图像大小扩大一倍。

3 在画布中，按住【Shift】键，单击男孩的图像。

4 拖曳缩放滑块，令男孩和妇女的图像充满整个屏幕。

5 按【Control】键单击图像，从弹出菜单中选择"排列"命令。

6 按【Control】键单击男孩的图像，从弹出菜单中选择"对齐">"上边缘"命令。

7 单击看片台"缩放导航器"按钮，或者按【Shift-N】组合键。

看片台缩放了一下，并且出现了一个灰色矩形框。

8 拖曳这个矩形框到男子和妇女照片的上面，松开鼠标键。

9 将男子的照片拖放到妇女照片的下方。

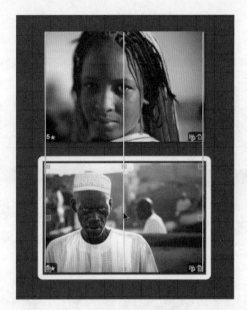

　　此时，在两个图像上会出现黄色的动态的参考线，以方便您对齐图像的位置。此外，利用看片台的网格也可以简略地对齐图像位置。

10 当在男子照片和妇女的照片上面出现了三条黄色参考线的时候，这表示两张照片是上下对齐的，那时就可以松开鼠标键了。

11 单击看片台"缩放以适合"按钮，或者按【Shift-A】组合键。

　　这样，看片台就会缩放一下，以便显示两组不同的照片。

12 按住【Shift】键，单击刚刚对齐的男子和年轻女子的照片。

13 将这两张照片拖曳到男孩照片的下方，根据显示的黄色参考线将它们对齐。

14 针对站在门边的妇女的照片，拖曳它的左下角的控制手柄，将其放大，直到图像的下边沿与右边男子照片的下边沿对齐。

15 单击看片台"缩放以适合"按钮，或者按【Shift-A】组合键。

在这些操作中，您调整了照片位置、大小，并对齐了照片的摆放，甚至可以将看片台当前的效果直接打印出来。在第13课中将会讲解有关打印的细节。

NOTE ▶ 在看片台上的照片不能直接被裁剪、拉直或者修复红眼。如果需要执行这些操作，就必须返回到智能相簿或者原始项目中，找到对应的照片，然后再进行相应的操作。

在本课中，您完成了作为一名摄影师来说最重要的、拍摄后的工作：评估细节、焦点和清晰度，比较和对比相似的照片、找到您最满意的照片，将多个图像放置在一起，评估它们排版在一起的效果。Aperture的工具能够帮助您顺利地完成这些任务，并且衔接得很紧密，最后令您轻松获得一个经过梳理的照片资料库。

课程回顾

1. 快速预览是什么？

2. 什么是堆栈？

3. 自动堆叠的参考信息是什么？

4. 什么是堆栈中的精选？

5. 对与错：拒绝一个图像会把该图像移动到Aperture的废纸篓中。

答案

1. 快速预览是使用照片图像的一个预览图来显示该照片，而不是显示原始的图像文件。如果预览图不存在，那么Aperture还会尝试使用附属于原始图像文件的JPEG图像文件（如果该文件存在的话）。

2. 堆栈是一种整理一组相似的照片的方法。您可以自动堆叠或者是手工堆叠一组照片。堆栈仅仅是方便了摄影师的浏览，它不会改变照片图像文件在Aperture资料库中的存储位置。

3. 自动堆叠使用的是元数据中的时间信息。

4. 在默认情况下，堆栈中的第一张照片是精选照片。

5. 错。拒绝图像仅仅是对该图像做出的一种评价，它不会把该图像移动到Aperture的废纸篓中。

4

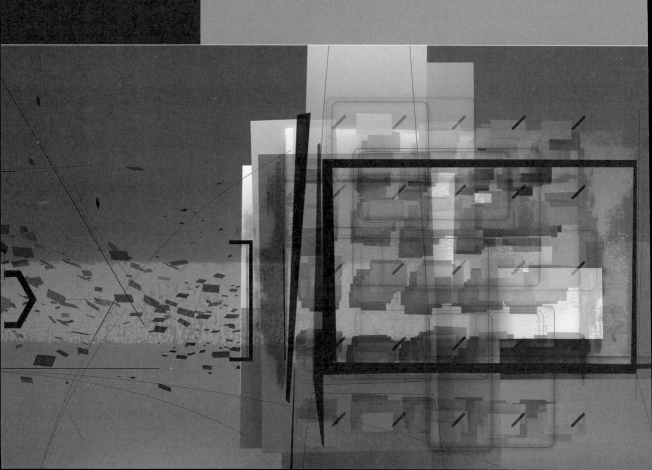

第4课
使用面孔和地点为照片建立索引

在第3课中，我们学习了有关各种元数据的处理技术，包括来自照相机的，或者是您手动输入的关键词、标题、评分等元数据。通过这些信息可以清晰地分辨照片在什么时间，以及如何拍摄的。但是，有什么信息可以表示照片是在什么地理位置拍摄的，或者照片中有哪些人物呢？许多摄影师在拍摄的时候都会进行严谨而详细的记录，我也一样。在本课中，让我们来一起看看Aperture能够做些什么吧。

在本课中，您将使用两种索引照片的方式——面孔和地点。面孔不仅仅会识别照片中人物的面容，还会帮助您猜测人物。而位置则是利用GPS数据来判断照片拍摄的地理位置。

从3.3版本来说，Aperture和iPhoto就可以共享使用同一个照片资料库了。您可以使用Aperture工具调整照片，也可以在iPhoto中进行。您不需要从一个软件中导出、导入或者重新处理照片，仅仅是为了在另外一个软件中能够访问相同的图像。面孔和地点这两个功能在这两个软件的功能也是完全兼容互通的。

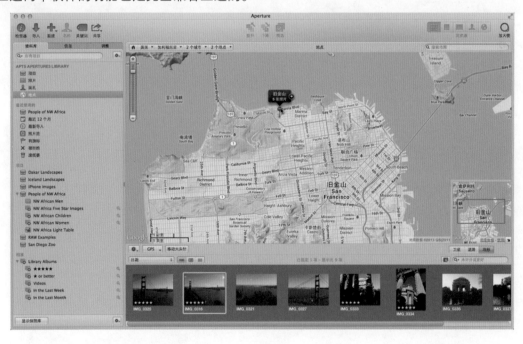

从iPhoto移动到Aperture

对于很多iPhoto用户来说，如果改为使用Aperture软件，那么迁移数据就是一个必然的工作。Aperture中包含了iPhoto中所有的功能与特性，而且还具备更多、更完整的图像管理、编辑和输出的功能。统一的资料库令用户可以简单直接地从iPhoto转移到Aperture中。或者，也可以从Aperture中返回到iPhoto中，利用专业调整后的图像创建日历和贺卡。无论您的照片是具有某些专业用途，或者仅仅是为了兴趣，这两个软件都可以帮助您获得最佳的应用效果。

切换资料库

在Aperture中，无需退出应用程序即可切换到不同的资料库中。通常，针对不同的客户可以创建不同的资料库，考虑到资料库的文件大小，它们还有可能会被存储在不同的硬盘中。Aperture可以直接打开iPhoto的资料库（iPhoto 9.3或者更新的版本），这样您不仅可以灵活地选择使用软件，以及创建多少个不同的资料库，同时还不会损失享用Aperture高级功能的权利。iPhoto的资料库即使被Aperture打开后，它仍然可以被iPhoto所读取。如果需要使用一些iPhoto独有的特性，也可以在iPhoto中打开Aperture的资料库。Just make sure that only Aperture or only iPhoto is open while using the other's library.

打开不同的资料库的方式是：

1 在Aperture中，选择资料库检查器中的"项目"选项。

需要注意的是，当前观看的项目是位于APTS Aperture3资料库中的。某个资料库不能在同一时间被Aperture和iPhoto同时打开。这些项目是之前我们使用过的，包括San Diego Zoo 和 People of NW Africa。

2 在菜单栏中选择"文件"＞"切换到资料库"＞"其他/新建"命令。

Aperture弹出"资料库选择"窗口，其中会罗列出所有当前可用的资料库。在这里会看到当前正在使用的资料库APTS Aperture3和APTS iPhoto，这两个资料库是从随书的DVD光盘中复制到硬盘中的。在窗口中也可以单击其他资料库按钮，找到位于硬盘其他位置上的资料库，或者也可以创建一个新的资料库。

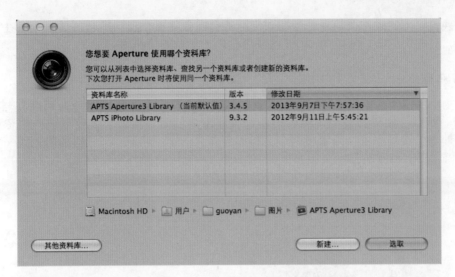

3 在列表中选择"APTS iPhoto"资料库,然后单击"选取"按钮。

NOTE ▶ 如果被提示说要更新升级资料库,可确认进行升级。

　　这样,Aperture会切换到"APTS iPhoto"资料库,并显示其中的内容。iPhoto的事件会显示在资料库检查器中项目部分的上方。您可以扫视项目的缩略图,预览其中的图像内容。此时,已经可以开始使用Aperture中的工具进行图像调整了。下面,我们再返回之前使用的Aperture资料库。

4 在菜单栏中选择"文件">"切换到资料库">"APTS Aperture3 Library"命令。

　　这样,浏览器中将会重新显示之前您已经熟悉了的资料库。

尽管切换资料库的操作很简单，但有时您可能会需要将多个资料库合并成一个。在下面的练习中，将利用Aperture和iPhoto资料库创建出一个新的资料库。

合并资料库

Aperture中的搜索功能只能针对当前打开的资料库进行，它不能同时搜索两个或者更多的资料库。所以，如果您需要同时管理不同资料库中的照片图像，就需要将一个资料库导入到另外一个资料库中，或者将两个资料库合并为一个。将iPhoto资料库导入到一个Aperture资料库中的方法是：

1 在资料库检查器中选择"APTS Aperture3 Library"的"项目"图标。

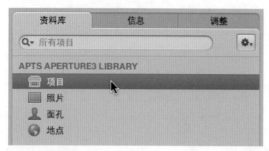

2 在菜单栏中选择"文件" > "导入" > "资料库"命令。

Aperture自动找到当前用户个人文件夹的图片文件夹，这是默认的放置iPhoto资料库的地方。在本书中将导入从DVD光盘中复制过来的iPhoto资料库。

3 在"导入"对话框左边栏中选择图片，找到文件夹"APTS Apertue book files"，然后选择其中的"APTS iPhoto Library"，再单击"导入"按钮。

Aperture开始了合并的进程。在软件界面的最上面会显示出一个进度条。

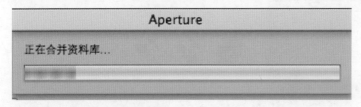

当Aperture完成了合并后，"APTS Aperture3 Library"会更新显示最新的状态。在iPhoto资料库中的所有事件都会变成Aperture中的项目。

NOTE ▶ 在默认情况下，将iPhoto资料库导入到Aperture中会是一个图像复制的过程。这样，您会拥有两套完全一样的图像文件，一个是Aperture中的，一个是iPhoto资料库中的，同时，磁盘空间会加倍地减少。因此，在完成导入后，如果需要，可以将iPhoto中的照片删除。

使用地点将照片放置在地图上

现在，市场可以买到内置了GPS功能的照相机。在拍摄每一张照片的时候，都可以依靠GPS定位数据将拍摄地点的位置信息写入到图像EXIF中。如果使用iPhone 3G或者更新型号的iPhone手机，那么其内置的GPS模块会在每一张拍摄的照片中嵌入地点信息。

在Aperture中，通过GPS数据可以整理、筛选和寻找照片。

NOTE ▶ 如果想使用地点功能，计算机就必须连接到互联网上。位置中的地图和相关数据库需要经常进行更新，所以它们不可能被存储在本地硬盘上。

在地点中观看图像的GPS信息

通过地点功能，您可以在一张地图中观看所有、或者某个项目中具备了GPS标签的图像。首先，我们观看一下所有项目中具备了GPS标签的图像。

1　在资料库检查器中选择"地点"选项。

此时，观察器的内容会变成一张地图，浏览器中则显示为连续画面的模式。仅仅那些标记了位置数据的图像才会显示在浏览器中。在地图中的红色大头针图标表示拍摄了照片的地点。地图也可以按照卫星、道路和默认的地形图来显示。

2 单击"道路"按钮。

TIP ▶ 如果您使用Magic鼠标或者是一个多点触控板，也可以通过合并或者分开两个手指的手势来放大和缩小地图。用手指左右上下滑动也可以摇移地图。

3 将光标放在"West Coast of the US"的红色大头针上。

NOTE ▶ 如果在一个地点拍摄了多张照片，可能也只有一个大头针显示出来，除非将地图放大，看到更多细节，才会显示出更多的大头针。

4 单击大头针的地点标签上向右的箭头图标。

此时，地图会放大显示大头针所标记的地点。

而浏览器中的显示也受到了"过滤器"HUD的影响：那些不在旧金山湾区拍摄的照片都被隐藏了。如果希望看到其他照片，那么需要首先清除搜索栏中的搜索条件。

5 单击搜索栏中的"还原"按钮，即可清除当前的搜索条件。

您可以使用在地点视图顶部的"路径导航"下拉菜单快速地跳转到其他地点上。下面，我们来观看一下在塔斯马尼亚拍摄的照片。

6 在"路径导航"下拉菜单中选择"3个州/省">"塔斯马尼亚"命令。

TIP ▶ 如果没有看到塔斯马尼亚，也可单击小房子图标，然后再进行第6步的操作。

拖曳出一个矩形选框是另外一种放大地图的方法。

TIP 在地图右下角的全景图中也可以摇移地图。

7 按住【Command】键在霍巴特（Hobart）的最南侧拖曳出一个矩形选框。地图会缩放显示矩形框中的内容。

8 在地图的右下角单击下方的塔斯马尼亚（Tasmania）的大头针。这个大头针会变成黄色，在连续视图中两张在这个地点拍摄的照片会被高亮显示。

9 单击塔斯马尼亚（Tasmania）的大头针标签上的向右箭头，放大显示这个地点。

10 单击连续视图中的第一个图像"SJH180120108"。

在地图上的大头针会显示出标签，说明被选择的照片是在这个地点拍摄的。如果您仅仅对被选择项目中的地点元数据感兴趣，也可以使用工具栏上的"地点"按钮。

11 在资料库检查器中，选择项目"iPhone Images"。

12 在工具栏中单击"地点"按钮，即可在地图上显示该项目中的照片信息。

在资料库检查器中单击"地点"按钮，会显示出每个项目中的所有地点信息。在工具栏中单击"地点"按钮，则只会显示出被选择的项目中的所有地点信息。两个按钮的功能相同，只不过观看内容的范围有所不同。

TIP 如果没有大头针或者图像显示出来，也可单击地图上方的路径导航中"California"按钮。

指定位置

即使没有带有GPS模块的照相机或者iPhone，你也可以利用地点功能为一张照片指定一个拍摄地点，方法就是将照片拖放在地图的某个位置上。

1 在资料库检查器中，选择项目"Around San Francisco"。

2 选择第一张犀牛的照片"IMG_2277"。

3 按住【Shift】键单击右边黑猩猩的图像"IMG_2623"，同时选择6张照片。

4 在"地点"的"搜索"栏中输入"San Francisco Zoo"。在列表中会显示出"San Francisco Zoo"。

5 选择列表中的"San Francisco Zoo"选项。

6 单击"指定位置"按钮。现在，被选择的图像的拍摄地点被指定到了"San Francisco Zoo"。在浏览器的连续视图中选择的每张照片都具有了一个红色的大头针。

您也可以直接将照片拖放到地图上，Aperture将会自动找到一个相关的地点。

7 在连续视图中选择前4张照片，从头盖骨的到蝴蝶的。这些照片是在金门大桥公园的加州科学馆拍摄的。

8 在缩放滑块上，单击4次"减号"按钮，直到您在地图上可以看到金门大桥公园。

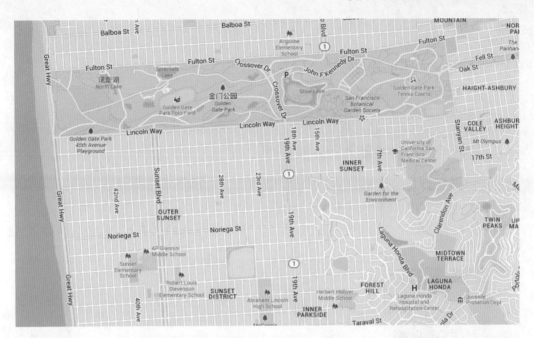

9 按住【Command】键围绕公园的右边一半的面积拖曳出一个矩形框，放大显示这部分区域。

10 在地图上，找到加州科学馆（California Academy of Sciences），将4张照片直接拖放到地图上灰色的名称上。

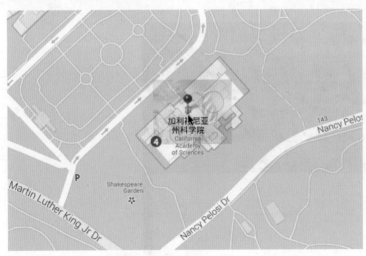

11 在弹出的对话框中单击"好"按钮。

这样，Aperture就为图像指定了地图上的位置，并将"California Academy of Sciences"作为了这些图像的地点信息。

> **TIP** 如果大头针没有位于希望的位置上，可以单击地图左下方的"移动大头针"按钮，将大头针拖放到一个新的位置上。然后，单击"完成"按钮。

为项目指定一个位置

尽管您可以很方便地为不同照片指定其地点，但是当整个项目中的图像都没有GPS元数据的时候，您根本不可能有时间为它们逐一指定地点。此时，最简单的方法就是为整个项目指定一个地点。

1 在资料库检查器中选择"项目"选项。

2 将光标放在项目"San Diego Zoo"上，单击左下方的"信息"按钮，打开"信息"对话框。

3 单击"指定位置"按钮，打开"位置"对话框。

4 在"搜索"栏中输入"San Diego Zoo"。

5 在列表中选择"San Diego Zoo"选项。

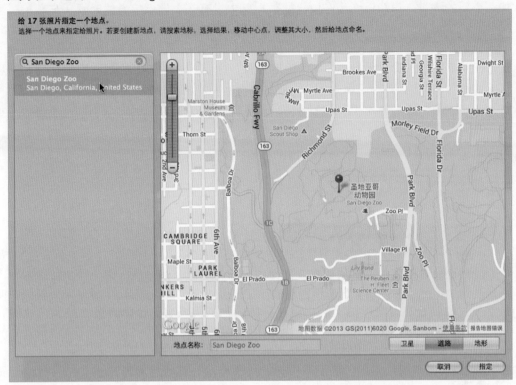

6 单击"指定"按钮，将"San Diego Zoo"指定为这个项目中所有照片的拍摄地点。

7 关闭"信息"对话框。

将一个未知地点添加到地点数据库中

如果Aperture可以识别照片中的位置信息，那么地点功能的使用就非常简易了。但是如果Aperture的地点数据库中没有您想要的位置，那该如何处理呢？

1 在资料库检查器中选择项目"Bhutan"选项，然后在浏览器中选择第一个图像。

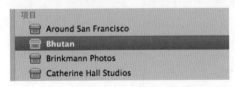

2 按【Command-A】组合键，选择所有图像。

3 在工具栏中单击"地点"按钮。

4 在"地点"搜索栏中连按3次鼠标选择当前所有的文本，输入"Bhutan"。

不出意料，列表中仅仅有几个地址，而且还不是您所需要的。因此，您必须要自己添加一个新的地址。当Aperture在自己的数据库中没有一个地点信息的时候，与我们碰到问题的策略一样，它会在互联网上进行搜索。通过指定位置的命令，您不仅可以找到一个大概位置，甚至可以精确到门牌号码。

5 在菜单栏中选择"元数据">"指定位置"命令。这时弹出的对话框与之前在项目的"信息"对话框中单击"指定位置"按钮后看到的一样。

6 在"搜索"栏中输入"Punakha"，这是Bhutan（不丹）的一个小镇，也是照片拍摄的地点。

7 在"Google Results"中选择"Punakha"。

在搜索结果中选择一个地点后，不仅可以编辑大头针放置的位置，还可以控制这个地点涉及到的范围。在地图上，蓝色圆圈表示了Punakha Dzongkhag（城堡）大致的范围。虽然照片的确是在这附近拍摄的，但其具体的地点离城堡这个地方还比较远。此时，与其费尽心力地查找某个精确的位置，还不如将大头针所定义的范围扩大。如果需要，可在"元数据"菜单中选择"管理我的位置"，然后选择"Punakha Dzongkhag"。

8 单击3次缩放滑块中的"缩小"按钮，摇移地图，直到您看到Wangdue Phodrang这个镇子出现在地图的下方为止。

9 向右拖曳圆圈中的蓝色小箭头，将其范围扩大。如图所示。

蓝色的圆圈表示了Punakha的区域。这样，该地点就不再是一个局部的点，而是一个区域了。

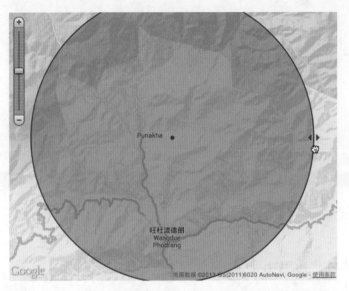

最后一步就是为新的地点起一个名字，比如在本例中，Punakha镇就不仅仅包括了Punakha城堡。

10 在"指定位置"对话框的下方，在"地点名称"栏中输入"Punakha District"，然后按【Tab】键。

> **TIP** 您也可以将任何添加在数据库中的地点再删除掉，方法是在菜单栏中选择"元数据">"管理我的地点"命令。

11 单击"指定"按钮。

这样，九张照片就都被指定到了不丹的Punakha镇这个范围比较大的地区了。

从一个地点移除照片

到目前为止，一切都很顺利，但是这里出现了一个小错误。照片Tiger's Nest Monastery应该是在不丹的Paro，而不是在Punakha。为此，您需要将这3张照片从Punakha移出来，放到Paro的正确位置上。

1 按【Command–Shift–A】组合键，取消对浏览器中任何图像的选择。

2 在浏览器中，选择这3张Tiger's Nest的照片。

3 从"操作"下拉菜单中选择"移除位置"选项，将浏览器中Tiger's Nest的照片上的红色位置标记移除。

4 在缩放滑块上，单击"缩小"按钮，然后向右拖曳地图，直到能够看到地图左边的 Paro小镇。

5 将Tiger's Nest的三张照片拖曳到Paro的上面，然后单击"好"按钮。

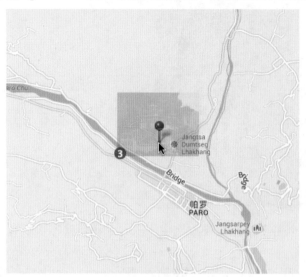

现在大头针和照片都被指定到了Paro地区。但是，Aperture仅仅能够将地点精细到 Paro这个地区，更具体的信息则可以通过手动进行输入。

6 按住【Control】键单击（右键单击）大头针，从弹出的菜单中选择"照片的新地点"。

7 在"地点名称"栏中，输入"Tiger's Nest"，按【Tab】键，然后单击"添加地点"。

至此，您已经将这个具有300年历史的修道院移动了90英里，放在了正确的位置 上——这当然是开句玩笑啦。您已经将三张修道院的照片移动到了正确的地点，并指定了 正确的地名。

在信息检查器中指定地点

在指定图像的拍摄地点的时候，并不需要总是观看一张巨大的地图。在信息检查器中 也可以看到一张地图，虽然它没有那么炫目，但是使用起来的效率还是非常高的。

1 单击"拆分视图"按钮，可以同时看到观察器和连续画面视图。

2 选择项目 "Around San Francisco"。

3 在连续画面视图中，选择最后一张照片 "IMG_3332"。这张照片应该是在旧金山的 Alamo Square拍摄的。

4 在 "检查器" 窗格中，单击 "信息" 标签。

5 在信息检查器中，单击下方的 "显示地图" 按钮。此时，照片中还没有地点的元数据，让我们来添加相应的信息。

6 在 "位置" 栏中输入 "Alamo Square"。

7 在出现的列表中选择 "Alamo Square" 选项。

8 单击指定 "地点" 按钮（对勾图标）确认这个地点。

现在，照片的地点被指定为旧金山的Alamo Square（阿拉摩广场）。但是它还不是那么的精确，在下一个练习中，您将移动其地点到最准确的位置上。

移动大头针

在没有GPS数据的时候，如果Aperture为一个图像指定了一个地点，那么大头针就会放置在这个地点的中央。如果照片是您亲自拍摄的，那么您可能知道更加具体的位置。在 Aperture中，您可以通过几个简单的步骤，将大头针移动到最准确的位置上。

1 在工具栏中单击 "地点" 按钮。

Aperture显示了该照片位于Alamo Square的中心。但是照片实际上是在公园的最南边，临近Steiner和Hayes街。为此，让我们来移动一下大头针的位置。

> **TIP** ▶ 如果没有看到大头针，那也可在 "路径导航器" 中单击 "地点" 按钮，更新地图的显示。

2 在地图上，单击"Alamo Square"的大头针。

3 在缩放滑块上单击加号的"放大"按钮3～4次。

4 在"地图"对话框的左下角单击"移动大头针"按钮。

此时，大头针变成了紫色的，同时出现了一个对话框。

5 将大头针拖曳到"Alamo Square"的右下角。

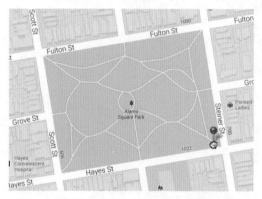

6 在对话框中单击"好"按钮，确认新的地点。

当您在地图上将大头针的位置移动到了最精准的地点后，从数据角度讲，它的价值就与GPS数据完全相当了。

导入GPS轨迹文件

在Aperture中，您不仅可以手动地指定地点，或者通过iPhone手机拍摄照片中的GPS信息来确定拍摄地点，还可以有另外一种方法。您可以使用一种叫做手持GPS接收器的设备，持续地获取位置数据，并将运动轨迹存储为GPX格式。如果您没有这样的设备，那么iPhone中也有一些应用程序可以完成同样的任务。比如Path Tracker就可以记录运动轨迹，并将其存储在iPhone中，之后您可以将其数据导入到Aperture中。

NOTE ▶ 轨迹日志文件包括了GPS接收器数据。Aperture可以导入两种轨迹日志格式的文件：NMEA和GPX。

1 在资源库检查器中选择项目"Around San Francisco"。

2 在工具栏中单击"地点"按钮。

3 在地图下方的"GPS"下拉菜单中选择"导入GPS轨迹"命令。

TIP ▶ 您也可以选择"GPS"＞"从iPhone导入GPS数据"命令，将iPhone中的轨迹数据添加进来。

4 找到"APTS Aperture book files" > "Lessons" > "Lesson04"。

5 选择"San Francisco GPS Track.gpx",单击"选取轨迹文件"按钮,即可导入轨迹数据。

在导入轨迹数据后,您会看到一条路径,它正是您拍摄照片时候的运动轨迹。这个运动轨迹每隔几秒就会记录一个位置的坐标,当软件把照片拍摄的时间与记录这些位置坐标的时间相对应后,就可以得到拍摄每张照片的位置坐标了。

> **TIP** 请确认照相机的日期/时间是设定正确的。GPS设备会通过GPS信号获得正确的时间,但是照相机必须要进行手动设定。

此时,浏览器中的大部分照片都已经有了地点的信息,接下来让我们找到那些还没有这些信息的照片。

6 清除浏览器搜索栏,然后单击"显示未被放入的图像"按钮。

7 在浏览器中选择cable car的第一个图像"IMG_2660"。

8 放大显示地图,如果需要,摇移地图,找到GPS轨迹的右下方。将图像拖放到轨迹的开始点上。当拖曳图像到轨迹上的时候,会出现一个大头针,当标签显示时间数值的时候,松开鼠标键。

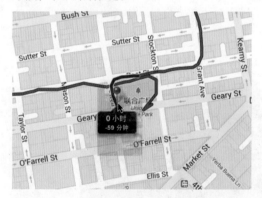

9 在弹出的对话框中选择"指定地点"。这样,每张照片都会沿着轨迹按照其拍摄的时间分布。

> **TIP** 通常,GPS日志信息是使用UTC(世界标准时间,或者不那么技术性地说,GMT,格林尼治标准时间)。Aperture自动假设轨迹是基于UTC的,并根据苹果计算机的时钟设定进行推算。如果GPS设备不是基于UTC的,那么时间就可能会出现偏差。如果出现这样的问题,您可以在"GPS"菜单中选择"编辑时区"命令,将这个偏差纠正过来。

从一张地图上创建智能相簿

至此,每张照片都具有了地点信息的标签,接下来,可以根据这些地理位置的信息创建一个智能相簿了。

1 在资源库检查器中选择"地点"视图。

2 在"路径导航"的菜单中单击"Home"按钮,即可看到整个世界地图。

3 按住【Command】键拖曳一个矩形，框住位于美国西部的大头针。这样会放大地图，显示矩形中的区域。

4 从地图下方的"操作"菜单中选择"从视图新建智能相簿"命令。

5 在资料库检查器中将智能相簿命名为"Western US"。

6 在工具栏中单击"地点"按钮，观看地图上所有的图像。

> **TIP** 如果没有出现大头针，那么单击路径导航中的"United States"按钮。

　　之后，如果您在地图上这个范围内添加了任何新的照片，它都会自动被添加并出现在智能相簿中。如果您希望在更加局部的一个地理位置范围内找到照片，比如某个州，或者某个城市，那么您可以使用智能相簿的"智能设置"HUD。

7 单击智能相簿的"智能设置"HUD。

　　在这里有一个"区域"复选框，它控制了哪些照片被收集到这个相簿中。

8 取消"区域"复选框的勾选。

9 从"添加规则"的下拉菜单中选择"地点"，然后勾选"地点"复选框。

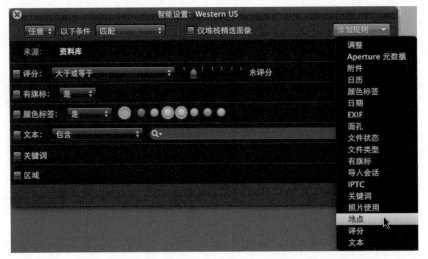

10 在"地点"栏中，输入"California"，缩小地理位置的范围。

11 关闭智能相簿的"智能设置"HUD。

使用面孔整理一个资料库

　　好，您已经知道了这些照片的拍摄地点。实际上，您也可以了解照片中的人物的信息。Aperture中的面孔但你可以侦测图像中的人脸（但是不能识别狗脸和猫脸），同时还可以识别出不同照片中相同的人脸。

使用"面孔"视图

与地点类似，面孔可以适用于整个资料库，或者仅仅是某个项目。在资料库观察器中可以选择资料库或者是项目，然后开启面孔视图，或者，在本次练习中，直接在工具栏上单击"面孔"按钮。

1 在资料库观察器中选择项目"Catherine Hall Studios"。

2 在工具栏中单击"面孔"按钮。如果需要，再单击观察器左下角的"显示未命名面孔"按钮。

Aperture打开面孔视图后，在一开始，Aperture会显示一面空白的软木板的界面（公告牌），下方则是连续画面视图。每个缩略图都会显示出软件在当前这个项目中侦测出来的一个面孔。接下来就是为每个面孔指定一个姓名，之后这个面孔就会被添加到软木板上。让我们先找到这次婚礼照片中新郎和新娘的照片。

3 在连续视图的第一张图像上单击一下"姓名"标签，准备输入文字。

4 输入"Cathy"，按【Return】键。

5 现在选择了下一个图像，已经可以输入文字了。这次输入"Ron"，按【Return】键。

> **TIP** 如果您不喜欢软木效果，也可以在Aperture的"偏好设置"的"外观"中将公告牌的背景效果改为普通的中灰色。

确认和拒绝匹配

公告牌是放置任何被指定了姓名的面孔的位置。公告牌中每个图像都代表了侦测到人物的一张或者多张照片。

1 在公告牌中双击"Cathy"的图像。

在公告牌中双击一个图像会显示出确认有该人物面孔的所有图像。在窗口下方显示的图像是Aperture猜测可能包含有该人物的图像。

此时，您需要确认在窗口下方显示的图像，或者拒绝它。让我们先放大图像，以便更容易辨识这些Aperture认为与Cathy非常相似的人物。

2 在窗口的下方单击"面孔"按钮，令图像显示出侦测出来认为是Cathy的脸庞。

这里并不是所有的图像都是Cathy，因此，您需要确认那些的确是Cathy的图像。

3 单击"确认面孔"按钮。

4 在窗口的下方，单击与图示相同的照片。

　　绿色的横栏表示有待于确认的，单击后，就会被认为是Cathy的图像了。下面，我们用一种更高效的方法来确认剩下的图像。

5 在几张Cathy的照片上拖曳一个矩形框，继续单击或者拖曳，选择Cathy的图像。

6 单击"完成"按钮，现在确认完毕。

7 单击"所有面孔"按钮。

8 双击"Ron"。

9 单击"面孔"按钮，放大图像中的人物。

10 单击"确认面孔"按钮。

11 拖曳一个矩形框，选择所有确认是"Ron"的图像，但是不要包含那些不是的。

12 单击"完成"按钮。

　　通过确认更多的图像，Aperture会获得更多有关Ron的不同角度、光线和形状的信息，借此，Aperture会自动重新分析照片，挑选出刚才没有发现的、可能包含Ron的照片。

13 单击"确认面孔"按钮。

14 在Ron的照片上单击。

15 在"不是Ron"，但是标记为"Ron"的图像上双击。

16 在确认后，单击"完成"按钮。

17 单击"所有面孔"按钮，返回"面孔"视图。

　　接下来，您可能会继续确认包含有Ron的照片。Aperture的重新分析也可能会出现错误，但是没关系，借助Aperture的初期分析，可以大大加快收集人物照片的速度。

为面孔添加一个名字

　　您可以使用"名称"按钮为面孔指定名字。在很多情况下，由于光线、角度，或者是遮挡物的问题，软件可能无法侦测到一个面孔，或者无法正确识别面孔的名字，那么您就可以手动进行指定。"名称"按钮就可以将该面孔与一个对应的名字连接起来。

1 在资料库检查器中选择项目"Catherine Hall Studios"，然后在工具栏中单击"浏览器视图"按钮。

2 双击浏览器中的第一个图像"02_0058_HJ_036-2"。

3 在工具栏中单击"名称"按钮。

4 当前显示的面孔标签是未命名的。输入"Cathy"。在输入完成之前，Cathy的名字就会出现在列表中了。

5 从列表中选择"Cathy"，然后单击"完成"按钮。

　　TIP *移除指定给人物的名称的方法是：选择照片，单击工具栏上的"名称"按钮，单击"名称位置"对话框左上角的"移除"按钮。*

添加缺少的面孔

　　有时，拍摄的主体人物并没有看着镜头，因此Aperture也不会识别出他们的面孔。尽管如此，您还是可以在某张照片中对该人物进行标识。在Aperture中，您可以手动地指定一个面孔并指定一个名字。

1 在工具栏中单击"浏览器"按钮，按【V】键，直到显示出浏览器视图。

2 在浏览器中找到图像"23_0484_HJ_256"。

3 双击图像，在观察器中显示该图像。

4 在工具栏中单击"名称"按钮。

如您所见，Aperture仅仅找到了Ron，但是由于Cathy是背向镜头的，所以完全无法识别出Cathy。您可以在这张照片中添加上Cathy的面孔，这样可以在搜索Cathy的时候，也可能找到这张照片。

5 在对话框中单击"添加缺少的面孔"按钮。

6 将矩形框拖曳到Cathy的头上。

7 在"面孔"标签上输入"Cathy"。

此时，Cathy的名字和照片就显示出来了。

8 从列表中选择"Cathy"，将她的名字指定给这个图像，单击"完成"按钮。这个图像也会被添加到Cathy的照片相册中。

为面孔添加Facebook的账户信息

如果您通过Facebook共享照片，可以自动将面孔信息转换为Facebook的标签，并共享照片对人物的识别信息。您所需要的，就是他们的Facebook账户名称。

1   在资料库检查器中选择"面孔"视图。

2   在Cathy的照片中单击"信息"按钮。

在这里，可以输入与人物的Facebook账户关联的电子邮件。此外，您还需要确认默认的偏好设置仍然是共享面孔信息的。Aperture不会在互联网上发布电子邮件的信息，这个地址仅仅用于在Facebook中声明某张照片中有该人物的标签。

3   关闭"信息"窗口。

4   在菜单栏中选择"Aperture" > "偏好设置"命令，单击"导出"按钮。

5   确认勾选了"在导出照片中包括面孔信息"复选框。这样，人物的名字就会作为该图像的一个关键词被包含在导出的图像中。

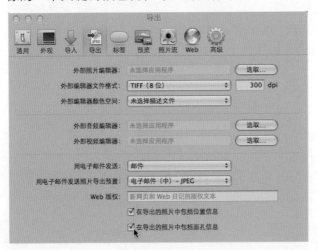

6 关闭"偏好设置"对话框。

创建一个面孔智能相簿

在为照片指定了人物的名称后，就可以根据这些名称来创建智能相簿了。

1 在资源库中，选择"面孔"视图。

2 按【Shift】键单击Cathy和Ron的图像。

3 将这两个图像拖曳到资源库检查器中的相簿上，然后按【V】键，直到仅仅看到浏览器视图。

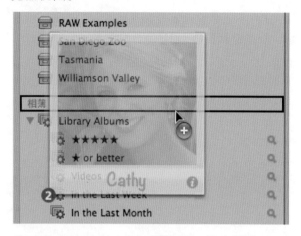

此时会自动创建一个智能相簿，其中包含了Cathy或者Ron的照片。但是，如果您希望相簿中仅仅包含那些同时有Cathy和Ron的照片呢？

4 单击智能相簿的"智能设置"HUD。

5 在HUD左上角的下拉菜单中将"任意"改变为"全部"。

6 关闭"智能设置"HUD。

7 单击智能相簿的名字，高亮显示它。

8 双击"名称"中的"或"。

9 将其修改为"和"，然后按【Return】键。

面孔和地点信息基于新兴的技术。与关键词和EXFI元数据一样，它们也逐渐成为有效的、重要的搜索手段。尽管面孔有的时候会出现错误，很多拍摄者也没有随身携带一个GPS设备，但这些技术的灵活性可以令每个照片资料库都获得相应的益处。而随着技术的不断成熟，其应用也会越来越可靠。

课程回顾

1. 如何切换Aperture的资料库？

2. 如何合并两个资料库？

3. 什么是GPS？

4. 如何浏览某个项目在地图上的照片？

5. 基于地点视图创建智能相簿的菜单在哪里?

6. 如何添加一个Aperture没有侦测出来的面孔的名称?

答案

1. 在菜单栏中选择"文件">"切换到资料库">"其他/新建"命令,然后选择另外一个资料库或者是iPhoto资料库。如果之前打开过某个资料库,那么就会在窗口中的列表中看到它的名字。

2. 在Aperture中先打开目标的资料库,然后在菜单栏中选择"文件">"导入">"资料库"命令。您也可以将iPhoto资料库合并到一个Aperture资料库中。

3. GPX是一种可以导入到Aperture中的GPS轨迹文件的类型。另外一种则是NMEA。

4. 选择该项目,然后单击工具栏上的"地点"按钮。如果在资料库检查器中选择地点视图,那么就会显示所有项目中照片的位置。

5. 在地点的"操作"菜单中选择"从视图新建智能相簿"命令。

6. 选择一个图像,显示在观察器中。在工具栏上单击"名称"按钮,在对话框中单击"添加缺少的面孔"按钮。最后,输入名字。

5

课程文件：　APTS Aperture book files > Lessons > Lesson 05 > Memory_
　　　　　　　Card02

完成时间：　本课大概需要90分钟的学习时间

目标要点：
- ⊙ 导入引用文件
- ⊙ 在导入的时候创建备份
- ⊙ 管理图像和引用文件
- ⊙ 创建文件夹，在不同项目之间移动图像
- ⊙ 使用多个资料库
- ⊙ 在不同电脑之间交换项目
- ⊙ 使用保管库备份和恢复图像

第5课
管理项目和资料库

在资料库中整理项目的工作就如同在苹果系统的文件夹中整理文档一样。它不仅会对图像进行分类整理，令它们更容易被找到，也会令所有图像之间建立一种关联。整理图像的方法通常与您的工作流程紧密相关，因此，Aperture提供了若干进行整理的方法。其中第一个要做的工作就是选择在什么地方存储这些原始图像文件。

在本课中，您会将图像文件作为引用文件导入，图像文件仍然存储在Apertuer资料库之外，然后使用文件夹管理不断增大的项目。最后，您将使用保管库功能创建图像的备份。

导入引用的图像

在Aperture中，原始图像文件的存储方法非常灵活。许多用户都喜欢将它们直接放置在一个独立的、受到集中管理的资料库中，也就是Aperture资料库。这样做的好处是，您可以明确地知道每个图像的原始文件的位置。它也可以保证Aperture永远能够访问到这些文件。此外，在使用保管库功能的时候，单击一下就可以将这样的图像进行备份。

NOTE ▶ 受到管理的资料库其实也是一个文件夹，在Mac OS X中，这样的文件夹被称为一个包。在默认情况下，从表面上看，包就像一个文件一样，其实它内部包含着多个文件和文件夹。在资料库中存储了图像的原始文件，这令查找、提取，或者删除原始图像的工作都变得更加简单。

如果在Finder中已经具备了一套容纳了图像文件的文件夹结构，而且您还希望保留它们当前的状态，那么就可以选择引用的方法来导入图像文件。这样，Aperture对原始文件会进行引用，或者说是链接，而不是将其复制到Aperture的资料库中。

引用资料库的功能可以从多个位置添加图像，包括多个硬盘，但不会包括重复的文件。这样可以为照片存储带来另外一种灵活性，您可以将比较不常用的图像存储在离线的位置（比如一个外置硬盘中），但是仍然可以在Aperture中观看这些照片的预览图像。

受到管理的Aperture资料库并不一定比使用引用文件的资料库更加有优势，反之亦然。这两种方法的使用完全取决于您自己的选择与工作流程的需要。使用引用资料库可以获得存储上的灵活性，但是却需要手工管理文件夹结构，并手动进行备份。使用受到管理的资料库则减少了花费在管理文件上的时间，但需要将所有照片都存储在同一个指定的位置上。

NOTE ▶ 您可以建立多个资料库，但是每次只能浏览一个资料库。

为引用文件选择一个位置

在了解资料库所提供的选择后，让我们以引用的方式导入文件。在导入浏览器的右侧可以进行相关的设置。

1 在Dock中，单击"Finder"的图标。

2 在Finder中，找到"APTS Aperture book files" > "Lessons" > "Lesson 05"。

3 双击"Memory_Card 02.dmg"，加载这个磁盘映像。这个磁盘映像模拟一块照相机使用的存储卡。当磁盘映像加载后，在桌面上就会看到一个叫做NO_NAME的磁盘宗卷。

Aperture将自动打开导入浏览器窗口，并显示出所有存储在磁盘映像（模拟一块存储卡）中的图像。

4 在"导入设置"对话框中，在"项目名称"栏中输入"Uganda The Pearl of Africa"。

此前，您已经熟悉了类似的操作，但是这次有些新的内容。您可以选择将图像存储在Aperture资料库中，或者某个硬盘中的某个位置上。在本例中，图像是存储在存储卡中的。您将会把照片从存储卡中复制到当前账户个人文件夹中的图片文件夹中。

5 从"存储文件"的下拉菜单中选择"图片"选项。

6 从"子文件夹"下拉菜单中选择"项目名称"选项。

7 从"导入设置"下拉菜单中选择"给文件重新命名"命令，去掉它前面的对钩。接着，在这个菜单中选择"时区"和"元数据预置"。

　　如果没有选择"子文件夹"，那么所有的图像都会直接存储在"图片"文件夹中，那会令"图片"文件夹中充满一堆新的照片文件。在选择项目名称作为子文件夹后，图像就会存储在"图片"文件夹下的一个名字叫"Uganda The Pearl of Africa"的文件夹中了。

> **NOTE ▶** 尽管Aperture可以使用受到管理的资料库和引用的资料库，但是资料库和项目都可以包含受到管理的文件和引用的文件。尽管如此，您还是应该选择一个一致的管理方式。

在导入的时候排除某些文件类型

　　某些DSLR不仅可以简单地拍摄几张照片，还能拍摄视频。在从存储卡中导入照片的同时，您可以选择哪些文件类型才能被导入。在本课使用的模拟存储卡中包含有两个视频文件，在其缩略图的右下角会有一个很小的视频的图标。您可以先在浏览器中预览视频片段，之后再决定是否导入它们。

1 双击浏览器中最后一个图像"MVI_9861.mov"。这是一个使用DSLR的视频功能拍摄得到的影片文件。

2 将光标移动到观察器的下方，单击这里的"播放"按钮。现在看上去影片很一般，我们就不导入它了。

3 双击"浏览器"，返回到导入浏览器中。

4 从"导入设置"的下拉菜单中选择"文件类型"。

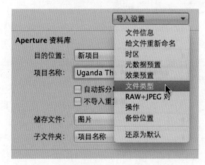

5 选择"排除视频"，令Aperture不要导入视频文件。

　　排除视频后，导入浏览器中也就隐藏了视频文件，而且不会进行导入。

在导入的时候创建一个备份

　　如果您具有一个外置硬盘，那您可以在"导入设置"中为原始图像制作一个备份。

1 从"导入设置"的下拉菜单中选择"备份位置"。

2 从"备份到"的下拉菜单中选择"Documents"。

3 从"子文件夹"的下拉菜单中选择"项目名称"。

无论您使用受到管理的或者引用的资料库，为原始文件创建一个备份将永远是一个很好的习惯。如果可能，应该将备份文件放在外置硬盘上，或者与当前的资料库不放在同一个物理磁盘中。

> **NOTE** ▶ 在"导入设置"中配置的备份仅仅会备份原始图像。在下一课中，将会创建一个保管库，它将会保持原始文件，以及针对这些文件的任何元数据和调整的信息。

4 在"导入"对话框的下方，单击"导入所选"按钮。当图像完成导入后，保持勾选"推出No-Name"复选框，然后选择"保留项目"。

尽管将图像作为了引用文件进行导入，Aperture仍然会创建图像的预览，并添加必要的元数据，以便在资料库中更顺利地追踪这些引用的文件。这样，即便当前电脑没有连接上存放了这些文件的硬盘，您也可以看到引用文件的预览图像，以及相应的元数据。

浏览附加的导入设置

您已经使用过Aperture中的一些导入设置，这里还有一些在不同的工作流程中很实用的设置方法：

> ▶ 操作——通过AppleScript，您可以设定在导入完成后进行的操作。有关AppleScript的信息，请参考苹果的官方网站，或者在这里找到更多资源：www.apple.com/aperture/resources。

> ▶ 效果预置——有时，您可以在导入多张照片的时候同时进行某些调整，比如白平衡的修正，或者转换为黑白效果的照片。效果预置可以应用给所有导入的照片。

> ▶ RAW + JPEG 对——许多摄影师都会同时拍摄RAW和JPEG两种格式的照片。Aperture的导入设置可以同时导入两种类型的文件，或者仅仅导入其中一种。如果导入两种，那么在资料库中它们会仅仅显示为一张照片。您可以选择观看哪种格式的图像，只需要按【Control】键单击（右击），即可在不同格式之间切换。如果选择仅仅导入一种格式的文件，那么在稍后选择导入与之对应的另外一种格式的文件后，还可以将两种文件匹配到一起。

使用引用图像

在Aperture中，引用的文件与受到管理的文件看上去基本一致。唯一的区别是：引用文件的右下角会有一个小图标，表明其是引用的文件。

由于文件本身可以存储在硬盘的任何位置上，因此管理引用文件的难度就增大了许多。下面，我们来看几个例子，熟悉Aperture是如何处理这些问题的。

查找原始文件

使用引用文件的一个重要原因就是，您可以将所有的图像文件都像普通文件一样通过Finder进行访问和管理。任何时候，只要找到了该文件，就可以直接访问它们，比如浏览、复制、删除等。由于引用文件可以位于任何硬盘的任何位置，因此，在Finder中找到某个文件后，并不会直接在Aperture的浏览器中同时看到该图像。但是，您可以反过来从Aperture中找到某个图像在Finder中的存储位置，从而能够访问原始文件。

1 在资料库中选择项目"Uganda The Pearl of Africa"。

2 单击"浏览器"按钮，或者按【V】键，直到显示出浏览器窗口。

3 选择图像"IMG_9359"。

4 在菜单栏中选择"文件">"在Finder中显示"命令。可切换到Finder程序中，图像文件所在的文件夹会自动打开。

修复断裂的链接

在使用引用的资料库整理照片的时候，您的图像处在一种非常自由的状态。意思就是，由于图像文件位于硬盘的某个文件夹中，它们与计算机上其他文件没有任何区别，可以被移动到任何新的位置。外加Aperture仅仅记住了当导入图像的时候图像文件所在的位置，因此当它们的位置发生变化后，比如通过Finder将其移动到了一个新的硬盘中，Aperture就不知道新的文件位置在哪里了。于是，Aperture中的图像与其原始文件之间的链接就被打断了。

如果图像在同一块硬盘上移动到新的位置，那么Aperture还是能够自己找到文件所在的新位置的。断裂的链接通常在变换了硬盘的时候才会发生。如果需要，您可以手动修复断裂的图像与其原始文件之间的链接关系。

1 退出Aperture软件。

2 在Finder中选择图像"IMG_9359"。

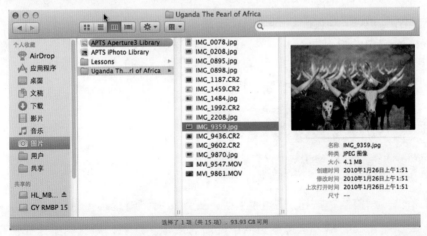

下面，您将会把所有图像从文件夹Uganda The Pearl of Africa中拖曳到废纸篓中，但是不要清空废纸篓，在本练习中仅仅是需要移动一下这些文件。

3 按【Command-A】组合键选择文件夹"Uganda The Pearl of Africa"中的所有文件。

4 在菜单栏中选择"文件">"移到废纸篓"命令，或者按【Command-Delete】组合键。Aperture是无法在废纸篓中自动查找图像文件的，即便图像文件位于同一块硬盘上。

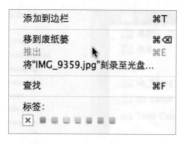

5 重新打开Aperture软件，双击浏览器中牛的照片。在图像的右下角会看到一个小的黄色警告标记。

在引用文件的标记上面覆盖的警告标记表示Aperture已经无法找到该图像的原始文件。此时在观察器中仍然可以看到图像的内容，因为Aperture显示的是该图像的预览图像。

NOTE ▶ 如果是外接硬盘被拔除，而丢失的引用文件位于该硬盘上，那么当硬盘重新连接到计算机上后，引用文件也会自动链接上。

6 单击"调整"标签页。当无法找到原始文件的时候，调整的操作就无法执行了。因此，"调整检查器"中的参数都是虚的，而且该文件也无法导出。

好，下面我们来考虑一下重新链接的问题。您将要使用一个磁盘映像来模拟一块新的硬盘。当加载这个磁盘映像的时候，Aperture会认为您需要进行导入图像的操作，您需要取消该操作。接着，再将这个磁盘映像视为一块外接的硬盘。

7 在Dock中单击"Finder"图标。

8 在Finder中找到"APTS Aperture book files">"Lessons">"Lesson 05"。

9 双击"Memory_Card 02.dmg"，加载这个磁盘映像。

此时，Aperture会自动弹出导入浏览器，显示出在磁盘映像中的所有图像。我们需要取消导入的操作，将磁盘映像文件视为一个存储了原始图像文件的外置硬盘。

10 在"导入"对话框的左上角，单击"取消"按钮。

11 在工具栏上单击"浏览器"按钮，按【V】键，直到您看到浏览器。

12 按【Command-A】组合键，选择浏览器中的所有图像。注意，所有的图像都带有黄色的警告标记，表示它们的原始文件都丢失了。

13 在菜单栏中选择"文件">"查找引用文件"命令。

在对话框的上半部分显示了丢失的文件，以及它们最后的路径。在对话框的下半部分，您可以找到当前图像的原始文件的新的所在位置。

14 选择列表中的第一个项目。

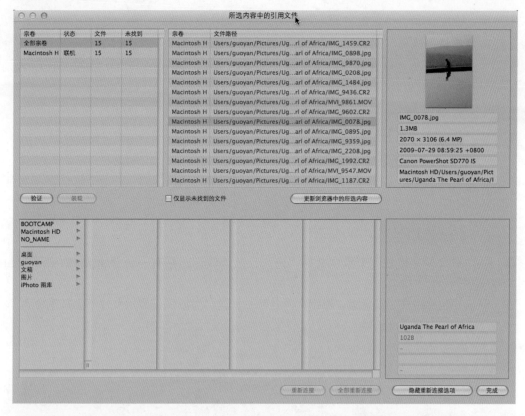

15 在对话框的下半部分，在"NO_NAME">"DCIM"中找到相同的文件名。

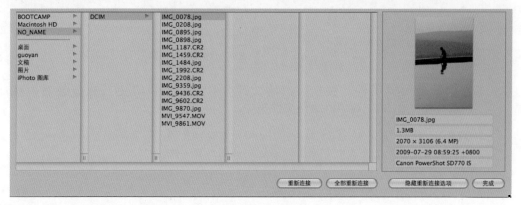

16 单击"全部重新连接"按钮，单击"完成"按钮。

这样，黄色警告标记就会消失了，Aperture会将图像与新硬盘中的原始文件进行链接。请注意，您仅仅是将磁盘映像模拟为一块新的硬盘。通常，由于内存卡中的数据太容易通过各种操作将其删除，所以不会将内存卡作为图像备份存储的介质。

接下来，我们使用Aperture将这些文件再移动回到文件夹"Uganda The Pearl of Africa"中。

移动引用的图像

如果您希望将引用的文件从硬盘中移动到另外一个位置上，可以使用Aperture来移动它们，而不是通过Finder。

1 按【Command-A】组合键，选择浏览器中的所有图像。

2 在菜单栏中选择"文件">"重新放置原件"命令。

3 在对话框中为图像选择目的地位置，在本例中是"图片">"Uganda The Pearl of Africa"。

4 从"子文件夹格式"菜单中选择"无"，因为我们已经有一个"Uganda The Pearl of Africa"文件夹了。

5 确认"名称格式"设定为"原始文件名称"，这样可以保证原始文件不会被重命名。

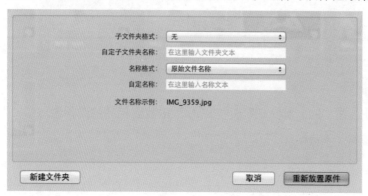

6 单击"重新放置原件"按钮。原始文件会从"NO_NAME"磁盘映像中移动到"Uganda The Pearl of Africa"文件夹中。

NOTE ▶ 之前，您是从"NO_NAME"中移除了这些文件。如果您需要重复进行上面的练习的话，就需要从DVD光盘中重新复制安装第5课的练习文件。

将引用文件转换为受管理的图像

如果在起初使用了引用文件的方式来管理图像，而之后，又改变了想法的话，您也可以随时将引用文件的资料库转变为受管理的资料库。

1 在资料库中选择项目"Uganda The Pearl of Africa"。

2 在菜单栏中选择"文件">"统一项目的原件"命令。在弹出的对话框中可以选择将图像文件复制到Aperture的资料库中，还是移动到资料库中。

3 选择"移动文件"单选按钮。

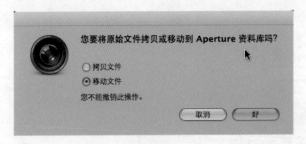

4 单击"好"按钮。当图像文件被包含在Aperture资料库中后，每个图像上的引用文件的标记都将会被逐个移除。

NOTE ▶ 尽管这个对话框警告说这个操作不能被撤销，但使用"重新放置原件"命令仍然可以将受管理的文件再转换为引用的文件。

管理日益庞大的资料库

随着资料库越来越庞大，照片越来越多，您可以通过多种方式令其变得更加容易管理。在本次练习中，您将为项目添加更多层级结构，并建立起在台式计算机和笔记本计算机之间移动资料的策略。之后，将在Aperture中使用保管库才备份所有的图像、项目、元数据和对图像的调整。

使用文件夹

如果在资料库中拥有太多的项目、看片台、相簿等，可以通过文件夹来建立起层级结构，令内容更有秩序，更容易管理。

TIP ▶ 如果您已经有了一套具有层级结构的文件夹、相簿、看片台或者其他项目，也可以在其他项目中使用这套结构。在菜单栏中选择"文件" > "复制项目结构"命令，这样就可以为新的项目复制出一套完全空白的层级结构了。

1 在资料库检查器中选择项目"People of NW Africa"。从工具栏中选择"新建" > "文件夹"命令，或者按【Command-Shift-N】组合键。

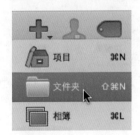

TIP ▶ 新文件夹将会位于您选择的项目的下面，或者被选择相簿、看片台的同一层中。如果您希望使用一个文件夹容纳多个项目，那么在新建文件夹之前要确保不要选择资料库中的任何项目。

2 将新文件夹命名为"Albums"，按【Return】键。

3 单击相簿"NW African Men"，按住【Shift】键单击相簿"NW African Women"。这样，就选择上所有NW African的相簿。

4 将这些相簿拖曳到文件夹Albums中。现在，4个相簿都被放置到了一个相同的文件夹中。

> **TIP** ▶ 如果将多个项目放置在一个文件夹中，那么选择这个文件夹即可看到所有项目中的照片。

> **NOTE** ▶ 除了资料库中顶级的几个项目、照片、面孔、地点、废纸篓之外，文件夹可以容纳资料库中的任何项目。

在项目之间移动图像

很多时候，您都会希望将某张照片移动或者复制到另外一个项目中。比如，在"Iceland Landscapes"项目中只有单独一张照片。让我们将项目重命名为"Landscapes"，然后将其他风景照片移动到这个项目中，令图像的管理更加容易。

1 如果需要，激活浏览器为当前主要的窗口。

2 选择项目"Iceland Landscapes"。

3 单击"Iceland Landscapes"的名字，将其改名为"Landscapes"。

4 选择项目"Dakar Landscapes"。

5 在浏览器中选择第一个图像。按【Command-A】组合键，选择浏览器中所有图像，然后将它们拖放到"Landscapes"项目中。

6 选择项目"Landscapes"。您可以看到在这个项目中有刚刚移动进来的图像。

7 按住【Control】键单击项目"Dakar Landscapes"，然后从弹出菜单中选择"删除项目"命令。

> **NOTE** ▶ 如果您将某个图像拖曳到一个不同的项目中，该图像将会被移动，而不是复制到新项目中。而且，它再也不会出现在原来项目的智能相簿中了。但是，如果您将图像拖曳到同一个项目的某个相簿中，该图像仅仅被引用到了新的相簿中，它仍然保留在原来的这个项目中。

创建项目的个人收藏

在资料库中可以轻易地找到某个项目，比如通过添加文件夹，就可以建立起明晰的层级结构。但是，它也增加了您查找项目和相簿的步骤与时间。幸运的是，您可以在资料库中进行搜索，建立项目、相簿、看片台等的个人收藏，以便迅速地访问它们。

1 在资料库检查器中单击"搜索"栏，输入"women"。此时，搜索结果会显示出项目"People of NW Africa"，以及相簿"NW African Women"。

2 选择相簿"NW African Women"。

在做到这一步后，让我们为带有蓝色头巾的妇女的照片标记一个旗帜。当照片具有了旗帜的图标后，您就可以更快地找到它，以便进行后续的调整操作。

3 在浏览器中，单击图像右上角的灰色旗帜，或者，如果需要的话，选择图像的缩略图，然后按【/】键。

现在，让我们开始建立个人收藏。

4 在资料库中的"操作"菜单中选择"添加到个人收藏"命令。

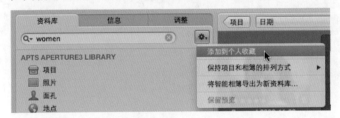

NOTE ▶ 在资料库中选择某个个人收藏，然后在"操作"菜单中选择"从喜爱的样式中去掉"命令，即可将其从个人收藏中移除。

5 清除搜索栏。

6 单击"搜索"栏左侧的弹出菜单，在其中选择"个人收藏项"选项。这样，就可以直接看到个人收藏的内容了。

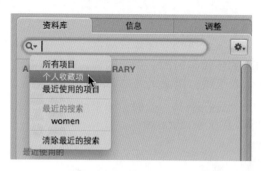

7 在完成上面操作后，再次单击"搜索"栏，在弹出的菜单中选择"所有项目"。

使用多个资料库

在导入图像的时候，Aperture默认的行为就是创建一个受管理的资料库，将所有照片都存储在这个资料库中。考虑到您的硬盘容量的大小、照片的数量，或者您会尽量拍摄尺寸最大的RAW文件，Aperture的资料库可能会很快就占据大量的宝贵的硬盘空间。

实际上，您可以继续使用受管理的资料库，并创建多个这样的资料库，最大限度的减少上述问题带来的负面影响。Aperture允许将Aperture资料库放置在某个指定的位置上，因此，完全可以在不同硬盘上存放不同的资料库。

1 在一个新位置创建新资料库的方法是：在菜单栏中选择"文件" > "切换到资料库" > "其他/新建"命令。

2 单击"新建"按钮。

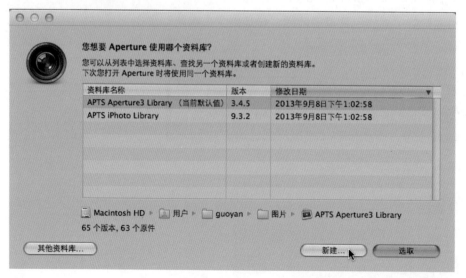

在弹出的对话框中您可以定制资料库的名字，指定它存放的位置。如果需要看到一个完整的Finder窗口，可以单击"存储为"右边的展开箭头（方向下的箭头图标）。

3 将资料库命名为"Aperture Library 2"。存放在"文稿"文件夹中。单击"新建"按钮。

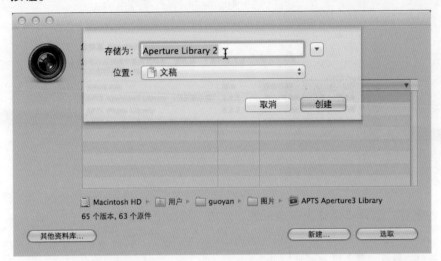

  Aperture将会创建新的资料库，并切换到新资料库中，该资料库当前是空白的。但是老的资料库并没有被改变，所有照片仍然存放在老的资料库中。以上操作仅仅是创建了一个空白的资料库，并存放在了硬盘的某个位置上而已。

> **NOTE ▶** 如果硬盘空间真的不够用了，在另外一个文件夹中，比如文稿，创建新的资料库并不能解决问题。实际上，您需要将新的资料库存放在外置硬盘上。

4 回到之前的资料库中的方法是：在菜单栏中选择"文件">"切换到资料库">"APTS Aperture3 Library"命令。

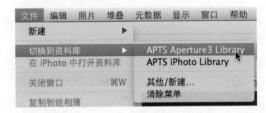

  现在返回到了之前的资料库中。

同步两个资料库

  如果您外出的时候使用笔记本计算机，那么创建项目的方法与在台式计算机上是完全一样的。考虑到存储空间的不同，您可能会将导入照片的资料库放置在外置硬盘上，或者使用引用文件的方式。

  当您回到办公室后，您需要将外出工作中的所有资料都存储到台式计算机上——包括新导入的图像、新的项目和任何元数据的修改。最简单的方法就是将新的项目导出成为一个资料库。

1 在资料库检查器中选择项目"Tasmania"。

2 在菜单栏中选择"文件">"导出">"项目（作为新的资料库）"命令。

3 使用默认的名称，选择桌面作为存放位置，单击"导出资料库"。

> **NOTE ▶** 被导出的项目会保留其在资料库中的所有信息。在导出的时候会创建新的资料库，然后将项目中的所有图像都复制到新资料库中。

如果项目仅仅包含了受管理的图像，它们都会被包含在导出生成的资料库中，这是一种最简单的情况。

如果项目中包含了存放在外置硬盘中的引用的文件，就有两个选择：第一个，可以导出这个项目，并维持文件现有的链接状态。接着，通过Finder将图像的原始文件复制到台式计算机中。当您将资料库合并到台式计算机的资料库中后，您可以用重新查找原件的方式将引用文件与原始文件链接在一起；第二个，您可以选择复制原始文件到导出的资料库中，这样在硬盘中新创建的资料库就包含了受管理的文件。

下面，让我们先假设之前创建的资料库是在台式计算机上的。

4 在菜单栏中选择"文件">"切换到资料库">"Aperture Library 2"命令。

5 将Tasmania项目导入到Aperture中的方法是，在菜单栏中选择"文件">"导入">"资料库"命令。找到桌面上的"Tasmania Library"，然后单击"导入"按钮。

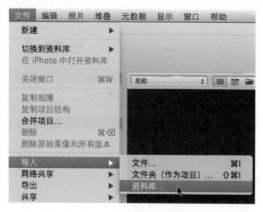

> **TIP ▶** 您可以将项目从Aperture中直接拖曳到台式计算机的Finder窗口中将其导出，或者，也可以从Finder中将某个资料库直接拖曳到打开的Aperture资料库中作为导入与合并的操作。

Aperture将会把这个项目合并到现有的Aperture资料库中。如果导入的项目中包含有原始图像文件，那么这些文件会被作为受管理的文件而复制到资料库中。如果包含的是引用的文件，就需要您手动地将原始文件放置在台式计算机的硬盘上，然后通过查找原件的命令将它们重新链接在一起。

6 在菜单栏中选择"文件">"切换到资料库">"APTS Aperture3 Library"命令。

7 在导入完成后，您可以退出Aperture，并将导出的项目从桌面上删除掉。

> **NOTE ▶** 在导入之前，请确认在资料库中并没有这个项目。如果有的话，您可以选择导入一个新版本的项目，或者将项目合并到现有的项目中。

在处理引用的图像、导入/导出项目，以及通过Aperture控制引用文件的时候，您会发现您可以轻松地将资料库中的一部分从一台计算机中移动到另外一台计算机上，这样您就可以方便地利用不同的电脑处理照片了。

使用保管库进行备份

在之前导入的时候，您已经创建了一个备份。那仅仅是一个对原始图像文件的备份，并没有包含所有的项目、关键词和您为照片分配的评价、调整，以及智能相簿等信息。那么如何能够备份这些信息呢？通过Aperture的保管库功能就可以轻松地完成这个任务，它不仅可以保存所有的照片，也包含了您在Aperture中完成的其他工作。

1 在保管库的"操作"下拉菜单中选择"添加保管库"命令。

在弹出的对话框中会显示将包含多少受管文件，但不会包含多少引用文件。无论是否能够找到原始文件，对图像的任何调整、评价和其他元数据都会被存储在保管库中。

2 单击"继续"按钮。

在新的对话框中要选择保管库的存放位置。包含有受管文件的保管库可能会占用比较大的硬盘空间，因此您需要选择一个有足够可用空间的硬盘。在实际工作中，经常会使用一个外置硬盘。而在本次练习中，我们仅仅模拟一下操作过程即可。

3 在"存储为"栏中输入"Apple Training Vault"。单击"添加"按钮，然后单击检查器底部的"显示保管库"按钮。

此时，在资料库底部会显示一个红色圆环的图标，该图标是"更新所有保管库"的按钮。红色表示还没有图像被更新到保管库中。该图标的颜色表达了当前保管库的状态。

按钮颜色	含 义
红色	图像已经添加到资料库中，但是还没有备份
黄色	图像被改变过（比如调整、关键词），但是还没有备份
黑色	保管库已经是最新的了

4 如果需要，可单击"显示保管库"按钮。

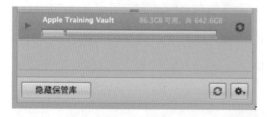

5 单击"Apple Training Vault"左边的三角图标。在每个保管库上都会显示一个保管库状态的按钮。同样的，红色、黄色、黑色分别表示了保管库的不同状态。

单击三角图标后可以在横条上直观地看到可用硬盘空间与当前保管库会占用的空间的比例。

在保管库的"操作"下拉菜单中，您可以选择更新一个保管库，从保管库恢复一个资料库，或者删除一个保管库等命令。

> **TIP** 正在更新保管库的操作是不能被取消的，而且在过程中也不能在Aperture中进行其他的操作。因此，最好在您休息的时候，或者有一段时间不会使用Aperture的时候再进行更新。

6 从保管库的"操作"下拉菜单中选择"移除保管库"命令。

7 在弹出的对话框中，选择"移除和删除"。

现在，您已经了解了Aperture资料库的灵活性，管理文件并进行备份的功能。但是其方法并不是唯一的、固定不变的。只要对您的工作流程有益处，您就可以自由选择某个方式来管理照片。

课程回顾

1. 受管理的资料库与引用的资料库之间有什么区别？

2. 哪种备份方法会保存所有受管理的、原始的图像，以及所有的项目、元数据和已经做过的调整？哪种备份方法仅仅会保存原始图像文件？

3. 如何为Aperture资料库选择一个新的存储位置？

4. 统一项目的原件与重新放置项目的原件有什么区别？

5. 在使用保管库备份的时候会如何处理引用的文件?

答案

1. 受管理的资料库会在Aperture资料库中保存所有的原始图像文件。对于引用的资料库,原始文件可以存放在任何地方。

2. 保管库会备份整个Aperture资料库,以及所有受管理的项目。在导入的时候创建的备份仅会备份原始图像。

3. 在菜单栏中选择"文件">"切换到资料库">"其他/新建"命令,并单击"新建"按钮。

4. 统一项目的原件的功能是将引用文件的原始文件都复制到Aperture的资料库中,令其转换成为受管理的。重新放置项目的原件的功能是将引用文件指向到新的原始文件的存储位置上。如果对在Aperture资料库中的受管理的文件使用了这个功能,那么该图像就会变成引用的文件。

5. 不进行任何处理。引用文件不会被包含在保管库中。仅受管理的文件、项目和其他资料库项目、元数据和图像调整会被包含在保管库中。

新旧交织

她的客户名单中拥有John Deere, Goldman Sachs和Reuters这样的著名机构，在旧金山工作的摄影师凯瑟琳·霍尔为来自全球的新人们提供顶尖的婚礼摄影，她也在多个顶级的国际研讨会和展览会中进行教学和演讲。

霍尔从16岁就开始从事摄影师的职业，起初从师于著名的摄影记者Steve McCurry，并为Getty图片库拍摄照片。在2006年开始进行婚礼摄影。而现在，霍尔的3/4的客户都是新郎新娘。最近，她被著名的婚礼网站The Knot评为"最佳婚礼摄影师"。为了满足年轻一代客户的需求，除了传统的打印照片之外，霍尔也开始尝试新型的社交媒体，使用新的方式分享照片。

通常情况下，对于某个项目，您会提供多少种不同的产品？

新人会得到包含了未经修片的JPEG格式文件的DVD，我从不提供已经完成修片的数字文件。润饰照片牵扯到大量的艺术创作，我认为保持最终产品的控制权是非常重要的，这样才能使我的客户得到最好的照片。

90%的客户会在网络上获得一个相册和一套幻灯片，其中包括所有经过润饰的照片，以及从Triple Scoop Music得到授权的音乐。

我很少会为照片提供旁白。虽然客户花了钱，但是他们并不喜欢得到太多各种样式的内容。但是，对于我的工作室，多媒体，包括在幻灯片中增加一部分视频，都将在未来变得更普遍。

当然，打印出来的照片，这些是每个客户都一定需要的。

大多数客户喜欢怎样审核他们的照片呢？

每个人都喜欢用DVD，就仿佛是受过一致的训练一样。他们中的大多数人在亲身体验在线校样之前都不晓得其价值所在。90%的客户即便拿到DVD也不会做任何事情，但他们还是从我的工作室这里购买了DVD。我觉得，可能是因为DVD是一种更简单省心的方式吧。

社交媒体网站，如Facebook，是如何改变您为客户提交照片的方式的呢？

很久之前，考虑到肖像权，我都不在Facebook上发布照片。不过，我现在已经开始渐渐认识到了它的价值。2009年，当发布为客户制作的幻灯片之前，我首先得到的是他们的书面许可。我使用Flash格式，而不是单张的图像。因为我觉得这样被盗用的机会可能会少一些。此外，在网络上发布的任何照片都会标上我自己的商标。

您对以消费者为导向的照片分享网站，比如Flickr，有什么看法？

我将会使用Flickr。随着技术的不断发展，我认为最重要的是需要有尽可能多的可用的平台，并使我们自己适应于新的技术。年轻人花在社交媒体网站上的时间是超过在电子邮件的，这是一种趋势。抛开对

未知的恐惧，释放自己，就可以更充分地利用起它提供的机会。

考虑到网络传播的速度如此之快，客户是否可以更早地看到的照片？

我是可以将照片放在Web上，但这并不意味着我必须要使用这种手段。我将自己视为一个艺术家，能

够对最终产品具有影响力是非常重要的。我首先会分享经过润饰的幻灯片。因为它们是成品，是将会使他们感动的作品。之后，大概一个星期，或者更晚一些，我才会放出未经修饰的版本。

您是否通过不同渠道来招揽潜在的客户？

客户喜欢首先在网络上寻找摄影师，所以拥有一个漂亮的网站是关键的因素。当客户来与你面谈的时候，他们就已经知道将要购买你的服务了。在面谈中，客户可以看到专辑的内容，也有机会看到挂在墙上的作品。

在打印的时候，您的色彩管理流程是什么？

我是在暗房中长大的，打印自己的作品有很多重要的环节需要注意。由于我是自己进行打印，所以能够实时地管理颜色并为我的客户提供最佳的照片。我主要使用爱普生打印机，它可以如同暗房一般控制计算机打印的工作。

我使用Datacolor公司的Spyder3Studio的SR进行色彩管理，它可以进行显示器和打印机校准的工作。这会极大地推动我的业务。如果你打印的话，校准是极端重要的，它可以避免浪费大量的时间、纸张和油墨。

在拥有众多的领先优势下，霍尔已经准备好进军照片共享领域。另一方面，她的作品，仍将保持永恒。

第2篇
修复性和创造性的
图像编辑

6

課程文件：　　APTS Aperture Library
完成时间：　　本课大概需要90分钟的学习时间
目标要点：　　⊙ 添加和移除调整
　　　　　　　⊙ 读取直方图
　　　　　　　⊙ 修正过渡曝光的图像
　　　　　　　⊙ 观看热区和冷区
　　　　　　　⊙ 调整对比度和清晰度
　　　　　　　⊙ 创建新的版本
　　　　　　　⊙ 使用举出和粘贴工具应用调整

第6课

进行非破坏性的编辑

现在，您已经拥有了一个整理完备的照片资料库，下一步就是针对一些照片修饰其色调和颜色。Aperture的调整检查器中提供了许多非破坏性的图像编辑工具，之所以有这个称谓是因为对照片的调整可以随时再次被修改或者移除。

Aperture中的图像编辑工具可以分成四个部分：

▶ 基本编辑——比如在第1课中使用到的拉直、裁剪，还包括曝光、黑度和亮度等。

▶ 色调调整——这些工具可以提供更加细微和精确的调整，包括对比度、高光和阴影。

▶ 颜色调整——增强或者改变图像中的颜色，比如色相、饱和度和鲜明度等。还包括阴影、中间调和高光的偏色处理。

▶ 局部调整——上面提到的调整都会影响整个照片。而局部的调整可以通过快速笔刷修改特定的区域，比如克隆、磨皮、加深等。不同的标准图像调整也可以被应用到一次笔刷中。

在本课中，您将学习Aperture中的非破坏性调整功能，熟悉"调整"窗格，使用预览和应用调整预置，读取直方图，进行一些基本的调整操作。通过学习这些基本功能，为下一课的高级图像编辑工作打下良好的基础。

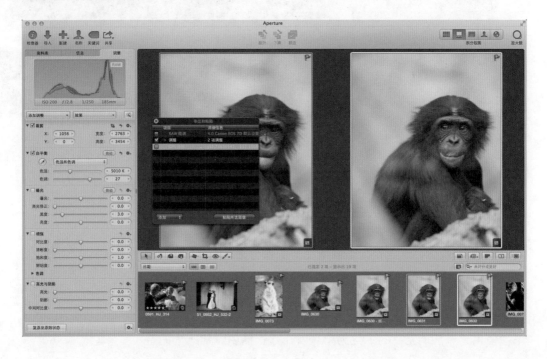

使用调整检查器

调整检查器中包含了Aperture中所有图像编辑的工具。默认情况下，它会显示出一组常用的调整工具，包括白平衡、曝光和对比度等。您也可以添加和移除一些调整工具，并创建自己的、默认的工具集。

1 在检查器中，单击"资料库"标签。

2 选择项目"San Diego Zoo"。如果需要，可清除"搜索"栏中的内容。

3 在浏览器中选择熊猫在树上的照片"IMG_0079"。

4 按【V】键，直到切换到拆分视图。

5 在检查器窗格中单击"调整"标签。

调整检查器主要分为以下几个部分：

▶ 直方图，它以图形化的方式显示出图像中的色彩和亮度的分布。

▶ 照相机/色彩信息。

▶ 添加调整和效果菜单，自动增强按钮。

▶ 调整部分，这里是检查器最主要的部分之一。

▶ 调整操作弹出菜单。

添加一个调整

使用"添加调整"的下拉菜单可以在检查器中添加一个调整。

1 确认"IMG_0079"照片图像仍然是被选中的状态。

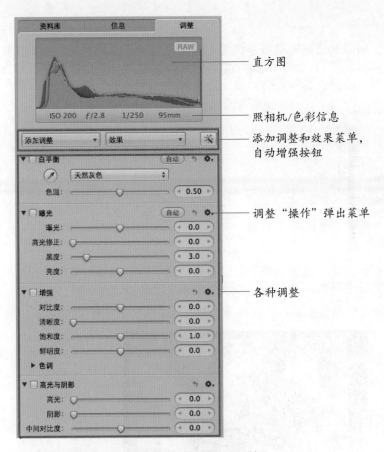

直方图

照相机/色彩信息

添加调整和效果菜单，
自动增强按钮

调整"操作"弹出菜单

各种调整

2 从"添加调整"的下拉菜单中选择"翻转"。

此时，在检查器中会添加一个新的"方块"，其中包含着翻转的参数，同时，图像在水平方向上被翻转了。在"翻转类型"的弹出菜单中可以选择不同的翻转方向。

TIP 您可以在调整检查器中先添加好某个调整工具，然后在该工具的"操作"下拉菜单中选择添加到默认调整集。这样该工具就会始终作为默认的调整工具出现在检查器中了。同样的，也可以在某个工具的操作菜单中选择"从默认调整集中移除"命令，将其从默认的工具中删除。

添加效果

在处理照片的时候，有时检查器中的各个调整工具中进行了无数调整后，也不如直接为照片添加一个预置的效果来得好。在Aperture中，一个效果就是一组调整工具在特定参数下的集合，它们通常可以修复一些特定的问题，或者为照片带来某种特殊的画面效果。

1 仍然是针对当前熊猫的照片，从"效果"的弹出菜单中选择"白平衡"。

在这里有一些白平衡的预置，通过缩略图可以看到使用了这个预置的效果后照片的变化。熊猫照片的白平衡需要进行修正，日光这个预置应该是正确的选择。

2 在调整检查器的"效果"的弹出菜单中选择"白平衡" > "日光"命令。

您可以同时使用多个效果，其复合的效果可能更令人满意。

3 在菜单栏中选择"效果" > "颜色" > "玩具相机"命令。

这样，照片既保持了刚才调整的白平衡，效果又类似于玩具相机的效果了。

> **TIP** 在选择某个效果的时候如果按住【Option】键再选择新的效果，那么新效果就会替换当前的调整。

复制出一个版本

在处理照片的时候，Aperture是在处理照片的一个版本，而不是其在硬盘上的原始文件。因此，您可以创建出照片的多个不同的版本，每个版本都可以有一些区别。不同的版本可以尝试使用不同的调整工具或者是调整参数。我们继续使用这张熊猫的照片来进行练习。

1 在浏览器中，确认图像"IMG_0079"仍然处于被选中状态。

2 在菜单栏中选择"照片" > "复制版本"命令。

这样，图像的一个新版本就被创建了出来，而且还带有日光和玩具相机的预置效果。新版本的名称为"IMG_0079 – Version 2"。

NOTE ▶ 如果希望创建新版本的时候不带有任何调整，可以在菜单栏中选择"照片">"从原件新建版本"命令。

禁用和删除调整

您可以随时禁用或者删除对图像的某个调整。下面，我们继续对新版本图像"IMG_0079 – Version 2"进行一些调整，然后将其与原来的版本进行一下比较。

已经添加的调整中包含了晕影，但是它令图像变得太暗了。让我们临时禁用这个调整，比较一下前后的效果。

1 在调整检查器中找到"晕影"。

2 勾选或者取消对"晕影"复选框的勾选，比较图像的不同效果。

3 取消对"晕影"复选框的勾选。

4 按向左方向键将这个新版本与原始版本进行比较。

新的没有晕影效果的照片看上去更好看一些。

5 在浏览器中，确认选择的是"IMG_0079 – Version 2"照片图像。

6 从"晕影"调整的下拉弹出菜单中选择"移除此调整"命令。

这样，晕影就从现有的调整中被删除了。

从调整创建效果

现在，照片没有了晕影，仅仅保留了玩具相机的效果，画面看上去明亮了一些。接着，我们来把当前的调整状态存储成为一个新的效果。

1 在"效果"的弹出菜单中选择"存储为效果"命令。

2 将效果命名为"Brighter Toy Camera"，然后按【Return】键。

3 将"Brighter Toy Camera"拖曳到颜色这个组中。

4 单击"好"按钮。

5 单击"效果"的弹出菜单，选择"颜色"选项，可以看到这里已经有了新添加的"Brighter Toy Camera"效果。

重设调整

将效果应用给一张照片之后，您可以修改这个效果，或者添加新的调整。如果您觉得不满意的话，还可以将调整复原到默认的状态，以便重新进行调整。在Aperture中，您可以重设单独某个参数，一个调整中的所有参数，或者检查器中的所有调整。在下面的练习中，您将修改一个需要重设的调整。

1 在"曝光"调整中单击"自动"按钮。

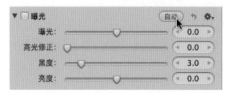

由于自动曝光的调整应用到照片上的其他效果令图像过曝了，因此，您需要重设曝光的参数，可令其恢复为默认的数值。

2 单击"重设"按钮，可将曝光调整的所有参数都恢复为默认设置。

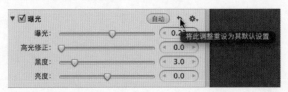

对于这张照片，玩具相机和白平衡的效果还是没有达到预期的效果。我们将现在这个版本与原始图像进行比较，看看是否需要重设所有的调整。

3 按【M】键。

这时在检视器中会显示原始图像。这个快捷键可以方便您临时忽略掉所有应用在图像上的调整，看一下原始图像的模样。

4 反复按【M】键，可在经过调整的版本与原始图像之间切换，比较它们的区别。

现在看上去，调整的效果不太好，让我们重设这些调整吧。

5 按【M】键观看"IMG_0079 – Version 2"，确认在图像上方没有出现原始图像的标记。

6 在每个调整的"方块"中，单击"重设"按钮。

> **TIP** ▷ 如果仅仅需要重设一个调整参数的滑块，双击这个滑块即可。

由于您可以随时修改、重设、删除效果和调整，因此在Aperture中的工作是相当地自由的，这也正是非破坏性编辑的优势。

修复曝光不足或者过度曝光的图像

某些时候，预置的效果就可以带来非常好的效果。但是，有些照片却需要一些手动地调整。在Aperture中，许多基本的图像编辑需求都有对应的工具可以获得精确的结果。

理解直方图

直方图以图形的方式表达了图像中从黑到白的像素分布的情况。通过直方图可以判断出图像是否过亮，或者过暗，也便于您判断偏色的情况。最重要的是通过它可以发现是否有黑度和白点上任何被损失掉细节的问题。

在进行任何图像调整之前，您都应该具备读懂直方图的能力。让我们观察一下下面这张说明图，理解一下直方图的含义。

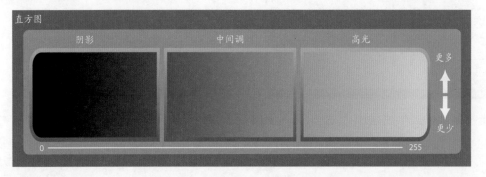

在直方图中，水平轴代表了灰度值，或者称为调子，垂直轴则代表了在某个灰度值下图像中有多少对应的像素。从最暗的地方到最亮的地方，直方图将其分成了256份。

以上的说明仍然有些抽象，让我们来通过几张照片来了解其中的道理。

1 在检查器窗格中单击"资料库"标签，或者按几次【W】键，直到切换到资料库检查器。

2 选择"有旗标"。

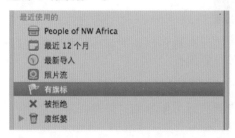

NOTE ▶ "有旗标"会显示出任何项目中有旗标的图像。

3 选择第一张犀牛的照片"IMG_2277"。

4 单击"调整"标签，或者按几次【W】键，直到切换到调整检查器。

直方图显示了3个独立的颜色通道的图形，而且是叠加在一起显示的。犀牛这张照片的曝光还是很均匀的，有些地方很暗，有些地方很亮，大部分区域是在中等亮度上。直方图从左到右的水平轴表示了亮度从暗到亮的过程。

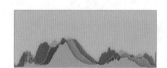

5 选择第二张犀牛的照片"IMG_2278"。

这张照片曝光不足，大部分阴影的区域都非常黯淡而且缺乏足够的细节。直方图的图形明显地偏向了左侧，也就是低亮度的一侧。在最左边，还有一些图形直接被切断了。当直方图偏向左侧并有被切断的部分的时候，就表示画面暗部被忽略了，导致了暗部细节的损失。

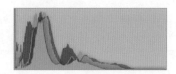

6 选择第三张犀牛的照片"IMG_2279"。

这张照片是过度曝光了。大部分区域很明亮，仅有很少的暗部区域。直方图中的图形明显偏向了右侧，最右边最明亮的部分也有被切断的问题。这表示画面的亮部被忽略了，导致亮部细节的损失。

显示冷热区域

在调整犀牛照片的曝光之前，如果我们能够看到哪些位置的亮部信息，以及哪些位置的暗部信息被切断了，那就非常方便了。Aperture可以通过叠加显示的方式满足这样的需求。

1 选择曝光过度的犀牛照片"IMG_2279"。

2 在菜单栏中选择"显示">"高亮显示冷热区域"命令。

被切断的亮部，或者称为热区，在图像中被显示为红色。现在您可以清晰的看到图像中哪些部分的亮部细节被损失了。

下面，您将使用曝光这个调整功能来降低亮部区域的亮度，直到移除画面中显示的红色。

调整曝光

与您通过相机调整曝光很类似，在Aperture中使用的是调整检查器中的曝光控制。通过拖曳"曝光"滑块，可以让整幅照片变得暗一些，或者亮一些，这与在相机中的方法一致。

至于亮度可以被调节的程度，则取决于图像格式。JPEG文件的动态范围就要比RAW格式的小很多。

NOTE ▶ 在第10课将会使用RAW格式的文件。

好，下面来调整一下照片的曝光，然后观察直方图的变化。

1 在调整检查器中，将"曝光"滑块向左拖曳到−1.55左右，直到看到画面上红色的叠加部分消失为止。

2 观看直方图。

现在，右侧的图形没有被切断的了，图形整体上位于直方图的中间。

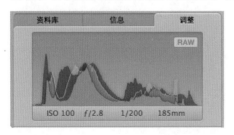

TIP ▶ 尽管在RAW文件中也可能会看到热区和冷区，但是由于该文件格式具备更宽广的动态范围，因此就更容易通过后期处理找回很可能会被损失掉的信息。

调整黑度

在很多时候，您可能会喜欢照片整体的调子，但是又希望找回一点曝光过度或者不足的区域的细节。在某些情况下，使用曝光调整就如同拿了把斧头做篆刻，Apeture有更适合的工具专门负责进行精细的工作。比如，黑度的参数就可以提高或者降低图像中阴影部分的亮度，但又不会改变高光的区域。好，下面我们使用黑度来调整一下曝光不足的犀牛的照片。

1 选择曝光不足的犀牛照片"IMG_2278"。

2 确认选择显示了热区和冷区。

在这幅照片中，犀牛角和前额的亮部与犀牛身体的暗部有很大的反差，这是您需要保留的调子。但是在照片的顶部，有些地方已经偏蓝了，这表示阴影部分有些损失。如果使用曝光调整，虽然会提亮这个部分，但也会令犀牛角和前额变得过亮。而如果仅仅调整黑度参数，就可以提高暗部的亮度，但同时尽量保持其他部分没有变化。

3 将"黑度"滑块向左拖曳，直到蓝色的偏色消失为止。

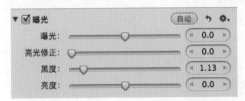

NOTE ▶ 通常可以将黑度降低一些，以便获得比较合适的阴影的色调。

曝光不足的数码照片通常要比曝光过度的照片具有更大的宽容度。如果不考虑噪点问题的话，前者更容易恢复暗部的细节。相比之下，恢复高光中损失的细节要困难得多。

恢复被切断的高光

与暗部细节一样，高光部分的细节也很容易被切断。使用曝光调整控制可以在一定程度上修复这个问题，但是它会影响到整幅画面的效果。如果使用"高光修正"滑块，则可以在修复高光的同时，避免破坏中间调和阴影部分。

"高光修正"滑块可以找回一些潜在的高光细节，前提是在Aperture工作的色彩空间中可以容纳这些信息。而且，只有在使用了RAW格式的文件的时候，才有可能找到这些附加的高光细节。

1 在浏览器中选择最后一张犀牛照片"IMG_2277"。

这张照片的曝光很不错，只有犀牛角和前额部分有一点点问题。

2 将"高光修正"滑块向右拖曳，直到被切断的高光被找回来为止。

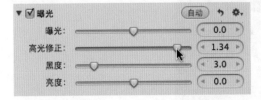

下面我们自己观察一下调整的结果。

3 在菜单栏中选择"显示">"高亮显示冷热区域"命令，或者按【Shift-Option-H】组合键。

4 按【M】键显示原始图像，再按【M】键会切换到修改过的版本上，比较调整前后的效果。两幅照片之间的区别可能很微弱，让我们把画面放大显示一下。

5 在菜单栏中选择"显示">"显示放大镜"命令，或者单击工具栏上的"放大镜"按钮，或者按【`】键。

6 拖曳并改变放大镜的尺寸，直到可以看到犀牛的两个犄角。

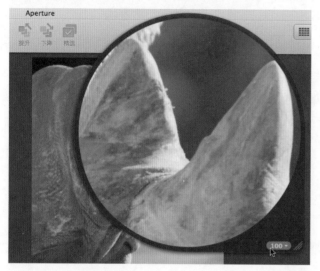

7 为了比较调整前后的效果，可以按【M】键恢复显示原始图像，再按【M】键切换回来。

8 将放大镜移动到犀牛的前额上。

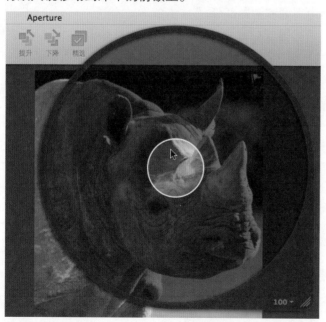

9 按【M】键观看原始图像，然后再按【M】键切换回来。

虽然调整前后的区别很小，但事实上仍然是找回了被切断的高光，恢复了一些细节。

在下一课中，您将使用高光控制对这张照片进行更深入的处理。

10 在菜单栏中选择"显示">"隐藏放大镜"命令，或者按【`】键。

识别颜色clipping

很多时候，您都会希望了解到底哪个颜色通道的信息被切断了。显示冷热区域的命令仅会告诉您图像的信息有损失，但是Aperture还有一个方法可以标明这个损失涉及到了哪些通道。在调整曝光、黑度、色阶和曲线的时候，按住【Command】键可以在黑色背景上显示出过度曝光的部分，或者在白色背景上显示出曝光不足的部分。这样就可以很方便地发现当前的调整涉及到了画面中的哪个区域。

下面我们做一下练习，了解颜色切断的问题，然后再看看怎么修复类似的问题。

1 选择项目"San Diego Zoo"。

2 单击熊猫照片"MG_0081"。

针对调整的参数的不同，您可能会看到高光的显示，或者是阴影部分的显示。这次，我们先看一下曝光参数中对高光切断的显示情况。

3 在调整检查器中，按住【Command】键单击曝光参数。

在按下【Command】键单击参数后，检视器中显示了黑色背景，上面有些一些蓝色和白色的叠色显示。黑色表示该区域没有高光被切断。白色表示该区域的3个颜色通道都被切断了。蓝色表示该区域仅仅蓝色通道有被切断的问题。

接下来，使用黑度参数看一下阴影的切断的问题。

4 在调整检查器中，按住【Command】键单击黑度参数。

阴影颜色切断使用白色的背景表示该区域的阴影没有切断问题。黑色则表示3个颜色通道都被切断了。淡蓝色表示蓝色通道有切断问题，而青色则表示蓝色和绿色通道的阴影部分有切断问题，尽管实际上没有青色的通道。

在下表中显示了当按下【Command】键后，哪些参数表明高光切断，哪些表明了阴影切断。

显示高光或者阴影部分颜色切断的参数

调整项目名称	参数	高光或阴影切断
曝光	曝光滑块	显示高光切断
曝光	高光恢复滑块	显示高光切断
曝光	黑度滑块	显示阴影切断
曲线	黑度滑块	显示阴影切断
曲线	亮度滑块	显示高光切断
色阶	黑色色阶滑块	显示阴影切断
色阶	白色色阶滑块	显示高光切断

下一个表格显示了多个颜色通道有切断问题的时候所显示的颜色

显示某通道被切断的颜色

	红	绿	蓝	黄	品红	青	白	黑
曝光	红	绿	蓝	红和绿	红和蓝	蓝和绿	所有	无
高光恢复	红	绿	蓝	红和绿	红和蓝	蓝和绿	所有	无
黑度	红	绿	蓝	红和绿	红和蓝	蓝和绿	无	所有
黑色曲线/色阶	红	绿	蓝	红和绿	红和蓝	蓝和绿	无	所有
白色曲线/色阶	红	绿	蓝	红和绿	红和蓝	蓝和绿	所有	无

接下来，让我们进行一个练习。使用曝光控制，并同时观看冷热区域的显示。

5 切换到资料库检查器，选择项目"San Diego Zoo"。

6 在连续画面视图中，选择图像"IMG_0073"。

这张照片看上去明显是过度曝光，其高光部分被切断了。您可以通过显示冷热区域的叠层来验证一下。

7 按【Shift–Option–H】组合键，启用叠层显示，再按一次，关闭叠层显示。

8 按【Command】键单击"曝光"滑块，显示颜色切断的区域。

被切断的区域明确地显示在了黑色背景上。根据上面表格中所罗列的，您会发现，蓝色通道是主要被切断的通道，在右边，还有一些3个颜色通道都被切断的问题。修复这个问题最简单的方法就是使用曝光控制。

> **TIP** 如果切断的问题仅仅涉及到一个颜色通道，最好使用曲线控制来进行修复，因为它可以隔离其他颜色通道，仅对某个颜色通道进行调整。

9 按住【Command】键向左拖曳"曝光"滑块，直到叠层显示都消失为止。

10 按【M】键观看原始图像，再按【M】键返回到修改过的版本。

11 将光标放在猫鼬的耳朵上。

12 按【Z】键放大显示图像。

13 按【M】键观看原始图像，再按【M】键返回到修改过的版本。

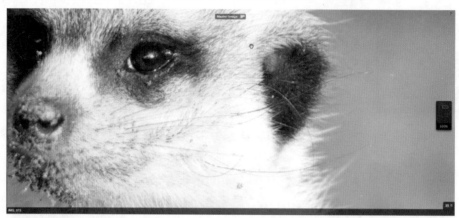

原始图像

调整后的版本

放大显示后，猫鼬皮毛上被找回的细节清晰可见。但是由于白平衡的问题，颜色看上去偏冷。通过在第1课中学习到的白平衡工具就可以修复这个问题。

14 按【Z】键，显示猫鼬的全部画面。

15 在"白平衡"调整部分中，将菜单设定为"天然灰色"，然后单击吸管图标。

16 将光标放在画面中沙子的区域（猫鼬的左侧），这个地方的颜色应该是自然灰的颜色。

找到中灰色的位置后，将其作为白平衡的参考点，也就是说，这位置的颜色应该是RGB都均衡地在数值125上。

17 单击这个位置。

现在，猫鼬的照片的曝光和白平衡都调整好了。

借助直方图调整白平衡

通常，您会首先进行一下自动白平衡，然后再使用白平衡参数进行微调。当然，您也可以直接手动地开始调整。一个RGB的直方图可以显示出每个颜色通道被切断的情况，也可以帮助您修复白平衡。色温参数则可以控制白平衡，或者纯粹依靠自己的视觉判断来调整颜色。

1 在连续画面的视图中选择图像"IMG_0630"。

这张照片明显地偏蓝色，这不仅可以通过画面观察到，在直方图中也表达了出来。下面，您将首先尝试使用自动白平衡，之后，再考虑是否进行手动调整。

2 在调整检查器中，单击"自动"按钮。

在大多数情况下，自动白平衡都会取得比较不错的效果，但是也会有例外。如果您不喜欢自动带来的效果，也可以重设白平衡的参数，进行手动调整。请注意，您应该通过检查器顶部的直方图来帮助调整操作，方便您做出客观的判断。

3 单击"白平衡"的"重设"按钮，即可取消自动白平衡的调整。

下面就要进行手动调整了，让我们先调整一下白平衡的菜单，显示出需要调整的项目。

4 从"白平衡"的菜单中选择"色温和色调"。

5 将白平衡的"色温"滑块轻轻地向右拖曳，直到在直方图中蓝色和红色的图形重叠在一起。

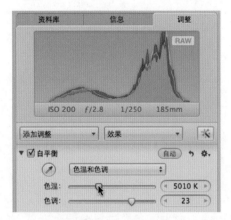

6 将"色调"滑块向右拖曳（背离绿色的方向），直到3个颜色通道的图形都基本叠在一起。

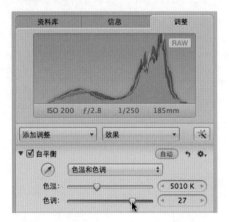

在移动滑块的时候，直方图上的3个通道对齐在一起。这样，照片上的猩猩看上去欢快了许多，不像刚才，如同在北极严寒中的样子了。

7 按【M】键观看原始图像，再按【M】键返回到修改过的版本。

> **TIP** 通常，在进行其他颜色调整之前，首先要调整白平衡，之后才会进行更细微的编辑。

调整亮度

在Aperture中，轻微地调整亮度可以控制中间调的颜色，同时又不会影响黑点和白点。下面，我们将这张猩猩的照片的中间调稍微降低一些。

1 在浏览器中选择黑猩猩的图像"IMG_0630"。

2 在调整检查器的"曝光"中,将"亮度"滑块向左拖曳到–0.1。

亮度和曝光之间的区别很微小,但却很重要。与曝光不同的是,亮度不会整体滑动直方图的图形,仅仅会移动图形的中间点。它可以在调整中间调的时候,不过于影响最亮部和最暗部。

裁剪照片

在第1课中您已经简单使用过了裁剪功能,在本练习中将详细了解裁剪的更多细节。如果需要将照片打印出来,裁剪HUD可以控制指定的宽高比,裁剪调整也可以设定指定的像素宽度和高度。

使用裁剪HUD设定宽高比

通过"裁剪"工具,可以去掉画面中不吸引人的区域,改善画面的观感。如同在第1课中体验到的,裁剪是一种非破坏性的编辑,任何时候都可以进行裁剪,或者将照片恢复到原始状态。

1 保持对图像"IMG_0630"的选择。

2 在工具条中选择"裁剪工具",或者按【C】键,打开"裁剪"HUD。

3 在画面上拖曳一个矩形区域。

4 在"裁剪"HUD中,从"宽高比"菜单中选择"3 x 4"。

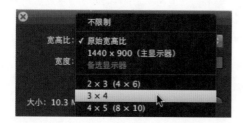

裁剪矩形从默认的设定改变成了3 x 4的宽高比。

5 在"裁剪"HUD中，单击"应用"按钮，确认裁剪的设定。

好，现在照片被裁剪好了。当然，您也可以尝试选择其他比例进行裁剪。

> **TIP** ▶ 在裁剪完照片后，仍然可以改变裁剪的宽高比或者尺寸大小。一种方法是可以拖曳裁剪的矩形框，或者是在"裁剪"HUD或"调整检查器"中修改参数。

针对打印设定裁剪尺寸

如果图像将要按照印刷品的品质进行打印，根据300像素/英寸的规定，可以轻松计算出图像需要的分辨率。

假设照片大小要打印为8x10英寸的：

$$(8 \times 300 \text{ ppi}) \times (10 \times 300 \text{ ppi}) = 像素数量$$

$$2400 \times 3000 = 7200000 = 720万像素$$

在Aperture中，在"裁剪"HUD中会显示像素大小，在检查器中会显示高度和宽度的像素数值。

下面，我们为黑猩猩的照片创建一个新的版本，然后进行裁剪，令其满足打印到300ppi打印机上的最低标准。

1 确认黑猩猩的照片仍然处于被选中状态，然后在菜单栏中选择"照片">"复制版本"命令。

这样，新版本的照片就被创建出来了，而且还带有之前对照片的所有调整，其名称为"IMG_0630 – Version 2"。接着，使用不同的方式进行裁剪。

2 选择图像"IMG_0630 – Version 2"，选择"裁剪工具"，或者按【C】键。

现在裁剪的边框包围着整幅照片。

3 在"裁剪"HUD中，将宽高比设定为4 x 5。

您还需要将照片设定为竖向的，而不是水平方向的。

4 在"裁剪"HUD中，单击"切换宽度和高度"按钮。

5　如果需要，还可勾选"显示参考线"复选框，这样就可以显示出井字格的参考线。

> **TIP** 如果拖曳裁剪矩形框的位置或者调整大小的时候按住【Command】键，可以显示/隐藏参考线。

6　调整裁剪矩形框的位置和大小，直到水平方向上面的参考线与垂直方向右边的参考线的交叉点正好位于黑猩猩的鼻子上。此时，如果注意观察调整检查器中的裁剪，需要保证宽度不要小于2400像素，而高度不要小于3000像素。注意观察HUD中的信息，注意图像尺寸不能小于7.2 MP。

7　当您觉得裁剪效果合适之后，单击"应用"按钮。

> **NOTE** ▶ 在裁剪控制参数中，X和Y表示的是裁剪矩形框左下角的位置，其初始参考点为照片的左下角，单位是像素。宽度和高度的单位也是像素。

使用举出和粘贴工具

在第2课中，您使用过"举出和粘贴工具"将一个图像的元数据复制到其他图像上。您也可以使用该工具将对一个图像的调整控制复制给其他图像。在本练习中，您将举出刚才照片的裁剪调整的参数，复制给其他两个图像。

1　在浏览器中选择黑猩猩的图像"IMG_0630 – Version 2"。

2　在工具条中单击"举出工具"。所有被举出的调整都会显示在"举出和粘贴"HUD中。

> **TIP** 在"举出和粘贴"HUD中可以删除某个项目，如果不希望它被粘贴给其他图像的话。

3 在浏览器中，单击"IMG_0631"照片图像。

4 在浏览器中，按住【Command】键单击右边最后一张黑猩猩的照片"IMG_0632"。

5 在"举出和粘贴"HUD中，单击"粘贴所选图像"按钮。

6 关闭"举出和粘贴"HUD。

至此，在熟悉了这些功能后，您就可以对其他照片进行必要的调整了。

在本课中，您已经学习使用了一些基本调整的功能，它们是很多摄影师在编辑初期都会使用的工具，无论是仅仅使用其中一个，还是多个。在下面三课中，您将学习更多修正照片的工具，以及一些精彩的富有创造力的功能。

课程回顾

1. 当应用了一个效果后，比如玩具相机，可以再次修改这个效果吗？

2. 如果直方图上的图形在右侧被切断，这表示什么？

3. 在使用裁剪工具的时候，如何能够精确控制宽度和高度的像素数值？

4. 对与错：调整黑度也会调整照片的亮度。

5. 对与错：通过曝光控制可以恢复图像的高光细节。

6. 哪个快捷键可以方便您迅速地在已经调整的图像和原始图像之间切换？

答案

1. 是的。在应用效果后，可以修改制作该效果的调整参数。您甚至可以在调整检查器中直接删除这些调整。

2. 表示高光部分被切断，并损失了细节。

3. 在调整检查器中，可以输入准确的高度和宽度的数值。

4. 错。黑点滑块仅仅会影响照片的暗部，不会影响其高光区域。

5. 对。当然也可以通过高光恢复滑块进行。

6. 按【M】键即可迅速地在已经调整的图像和原始图像之间切换。

7

课程文件： APTS Aperture3 Library

完成时间： 本课大概需要90分钟的学习时间

目标要点：
- ⊙ 在全屏幕模式下调整图像
- ⊙ 调整对比度和清晰度
- ⊙ 恢复高光和阴影
- ⊙ 使用Quarter-Tone色阶调整色阶
- ⊙ 制作黑白照片
- ⊙ 比较不同版本

第7课
修复色调

　　人眼所能够识别的亮度或者色调范围要比照相机能够拍摄的大许多。在拍摄照片的时候，您会不可避免地会损失一些特定区域的动态范围。因此，色调调整的一个重要任务就是在指定区域中尽可能地找回图像中的细节。

　　您已经学习过在Aperture中调整图像的曝光、黑度和亮度的方法。其他一些调整功能，如色阶、高光和阴影、曲线等，则可以更加精确地调整色调。

　　在本课中，您将修复和改善一些照片，主要使用色阶、高光和阴影的控制。您也会学习使用集中转换黑白照片的滤镜，并尝试在全屏幕模式下进行工作。

在全屏幕模式下进行调整

　　全屏幕模式是一种工作空间的模式。在全屏幕下，图像的背景是黑色的，更有助于对图像细节做出评判。

1　在资料库检查器中选择项目"Uganda The Pearl of Africa"。

2　按【V】键将主窗口设定为仅显示检视器。

3　切换到全屏幕的方法如下：

　　▶　在菜单栏中选择"显示">"全屏幕"命令。

　　▶　按【F】键。

　　▶　在工具栏上，单击"全屏幕"按钮。

全屏幕可以显示浏览器或者检视器。当显示检视器的时候，窗口下方可以按照连续画面的方式显示项目中的图像缩略图。

4 如果需要，可将光标移动到屏幕下方，令连续画面显示出来。

5 在连续画面中，选择最后一张狮子的照片"IMG_2208"。当选择了照片后，就可以访问调整检查器了。

6 将光标移动到屏幕的顶端，在工具栏中，单击"检查器"HUD按钮，或者按【H】键。在全屏幕中，检查器是作为一个HUD显示出来的。在这个HUD中可以访问调整、信息和资料库3个标签。

> **TIP** ▶ 在默认情况下，全屏幕中不会出现工具栏，除非将光标放在屏幕的顶部。但如果希望保持工具栏永远可见，可以将光标放在屏幕顶部，待工具栏出现后，单击"总是显示工具栏"控制按钮。

现在可以进行调整了。当前这张照片在高光部分缺少一些细节，所以，先进行曝光的调整。这样，Aperture可以很方便地隐藏HUD。

7 在"检查器"HUD中，单击"调整"标签。

8 按住【Shift】键将"曝光"滑块拖曳到0.3或者0.4。

按住【Shift】键可以临时隐藏检查器的HUD，这样可以看到照片的全部内容。在下面的练习中，您将会经常用到这个小技巧。

改善一张照片

在调整检查器中有很多用于改善照片效果的控制，可以令图像更加清晰漂亮。

使用对比度

如果照片中的高光和阴影部分差别不大，那么图像看上去就会显得比较平淡。此时，添加一些对比度就可以令高光部分更亮，而阴影部分更暗。通过直方图有助于您判断对比度调整到什么程度比较合适。通常，增加对比度会获得较大的反差，但是却会损失中间调的细节。

1 确认图像"IMG_2208"处于选中状态。

注意，曲线的图形相对集中在直方图的中央部分。这表示图像色调相对比较平淡，没有非常亮的部分，也没有很暗的部分。使用对比度，就可以拉开高光和阴影部分的距离，令图像中对应的区域更加明亮，或者更加黑暗。

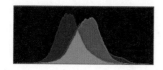

由于要同时调整暗部和亮部的色调，因此，最好先打开冷热区域的叠层显示，以便您随时能注意到直方图图形可能被切断的问题。

2 按【Shift-Option-H】组合键，打开叠层显示。

3 在"调整"HUD中，向下滚动，找到增强的部分。

4 按住【Shift】键向右拖曳"对比度"滑块，将图像的对比度增加0.3左右。

> **TIP▶** 除了拖曳滑块之外，您也可以单击参数栏中的数字，然后按上下方向键，以0.05的增量单位调整数值。如果按住【Option】键再按方向键，就会以0.01的增量单位调整数值。按【Tab】键则会跳转到下一个参数栏上。

您可能会注意在照片上有一些红色和蓝色的叠加。如果其面积非常小，不会对图像产生大的影响，就可以忽略它们。

5 按【Shift-Option-H】组合键，隐藏叠层的显示。

6 按【M】键观看原始图像，再按【M】键返回修改后的版本。

现在可以感觉到对比度调整后的变化了吗？图像在高光到阴影之间有了更多的层次。添加一点点对比度，通常是改善平淡的画面的一个好方法。但是如果过度调整，则会损失亮部和暗部的细节。为此，请随时注意观察直方图的变化。

接下来，您将使用另外一种方法来改善照片的效果。

增加清晰度

清晰度就是为看上去平平的图像的细节增加对比度。这与之前的对比度调整不同，前者是在整体上进行调整。首先，我们先让调整检查器固定显示在屏幕上，同时又不让它遮挡住照片。

1 将光标放在"调整"HUD的标题栏上。

2 将HUD拖曳到屏幕的左边。对于任何HUD，都可以拖曳它的标题栏，以便移动HUD的位置。

3 在HUD检查器的左上角，单击"总是显示工具栏"按钮。这样HUD就可以固定放置在屏幕的左边，而照片画面则并排放置在它的右边。

> **TIP▶** 在全屏幕模式下，连续画面上和工具栏上都具有"总是显示工具栏"控制按钮。

4 在"增强"区域中，将"清晰度"的滑块向右拖曳到0.5。

5 单击"增强"区域的复选框，比较调整前后的效果。

6 勾选"增强"区域的复选框。现在画面看上去增色了不少。

尽管这仅仅是很微小的修改，并非每一张照片都会由此获益，但是增加一点清晰度经常会令平淡的画面显得更加生动。从另外一个角度看，使用了廉价的普通镜头的相机也可以得到清晰锐利的照片。

移除相机暗角

暗角也称为晕影，它是由于相机镜头中央的光线比镜头周围的光线更多而造成的。通过去晕影这个功能可以修复照片中的中间明亮、四角暗淡的问题。

1 在"调整"HUD中，从"添加调整"的弹出菜单中选择"去晕影"命令。

2 在"去晕影"调整参数中，将"半径"滑块拖曳到1。

3 单击"去晕影"的复选框，比较调整前后的效果。

您可以看到这个调整方法可以有效地去除画面四周的暗角。但是，很多时候大家更喜欢画面上带有一些晕影的效果。对于当前这张照片，甚至有些朋友还希望令晕影的效果更加强烈一些。

4 从"去晕影"的弹出菜单中选择移"移除此调整"命令。

接下来，让我们看看如果添加了自然的晕影效果后，画面会产生什么样的变化。

添加晕影

我们在画面上设置更加戏剧化的晕影效果后，狮子的照片会显得更加生动。为此，在下面的练习中，您将要添加一个晕影，令画面四角变得更暗一些。

1 在"调整"HUD中选择"添加调整">"晕影"命令。

通过晕影效果可以略微增加一些效果的强度。当然，您也可以令其显得强烈一些。

2 将"半径"滑块拖曳到1。

半径参数决定了晕影的大小；强度参数则决定了晕影黑暗的程度。如果希望尝试更加细微的区别，您可以在"类型"菜单中选择"曝光"，而不是默认的灰度系数。灰度系数是利用亮度来控制晕影的色调，它更多的是影响了中间调。而曝光则是利用曝光控制来控制色调。

3 在"类型"菜单中选择"曝光"。

4 将"强度"滑块拖曳到1。

5 将"半径"滑块拖曳到1.5。

接着，比较一下调整前后的效果。

6 按【M】键观看原始图像，再按【M】键返回修改后的版本。

原始图像 调整后的版本

这张照片在使用了晕影效果，并提高清晰度后，得到了明显的改观。

理解调整的顺序

在上一个练习中，当移除和添加调整的时候，您可能会注意到有的时候调整会添加在调整检查器靠上面的位置，有的时候则会添加到靠底部的位置。在Aperture中，调整运算的顺序是固定地从上到下进行的，每个调整在这个顺序中的前后位置也是固定的，用户无法改变这一顺序。Aperture会自动将调整添加到合适的位置上，这样，您总是会得到一致的效果。

1 在工具栏上，选择"裁剪工具"，或者按【C】键。

2 在"裁剪"HUD中，重设宽高比为原始宽高比。

3 从画面的左上角向右下角方向拖曳出一个裁剪矩形框。

4 调整裁剪矩形框的位置和大小，令狮子的头部位于矩形框左上三分之一的位置。

5 单击"应用"按钮，关闭"裁剪"HUD。

注意，裁剪是位于调整检查器的最上部的。相对的，晕影是在检查器的下部。Aperture会先运算裁剪，然后在新得到的画面上再运算晕影的调整。由于这些调整的顺序是固定的，因此您无需上下拖曳调整的顺序，以便测试不同的效果。

改善高光和阴影

与相机相比，从最黑暗的角落到最明亮的高光，人眼可以分辨更加细微的亮度差异。比如，您可以在看到蓝天白云中的层次的同时，分辨出树林中的暗部细节。但是，照相机通常无法做到这一点。您无法给照相机来一次激光视力矫正手术，但却可以通过高光和阴影的调整来改善画面效果。

这些控制可以单独地调整高光或者阴影部分，尤其适用于在同一画面中具备比较深暗的区域，还具有明亮的区域的照片，如白云和雪。

高光与阴影控制的使用非常简易。如果将高光的滑块向右拖曳，就会降低明亮区域的亮度。如果将"阴影"滑块向右拖曳，则会令深暗的区域变得明亮。

控制高光

在第6课中，您已经学习了Aperture中的高光修正调整功能，它可以找回可能被切断的高光细节。该功能不是针对没有被切断的图像的细节的，而高光则是专门处理这个问题的。它不会找回那些被过度曝光而损失掉的细节，但是可以扩展当前高光部分的范围。高光修正经常与高光一起配合使用，使用前者可以找回被切断的细节，再使用后者令高光部分的细节更加完美。

1 在项目"Uganda The Pearl of Africa"中，按【V】键显示浏览器。

> **TIP** 在浏览器视图中，您可以通过浏览器左上角的资料库路径信息来判断当前使用的项目的名称。

2 双击学生的照片"IMG_9602"。

　　首先调整高光修正的滑块，找回一些被切断的高光细节。之后在调整高光的滑块，精细控制画面中高光区域的色调。

3　如果需要，可按【H】键打开"检查器"HUD。

4　在曝光部分中，拖曳"高光修正"滑块，直到在直方图中几乎没有任何被切断的图形。

> **TIP**　按住【Command】键拖曳"高光修正"滑块，可以观看到颜色切断的叠层显示，帮助您精确地进行调整。

5　如果需要，单击"高光与阴影"左边的三角图标，展开其包含的参数。

6　向右拖曳"高光"滑块，直到您觉得画面中白色T恤的色调比较合适为止。

> **TIP**　如果将"高光"滑块拖曳到最右边，高光区域的色调就会显得比较平淡。如果需要，您可以按【Z】键，以1:1的比例观看图像的细节。

7　反复单击"高光与阴影"复选框，比较调整前后的效果。之后，确认勾选这个复选框。

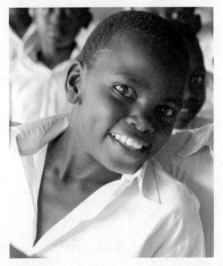
原始图像

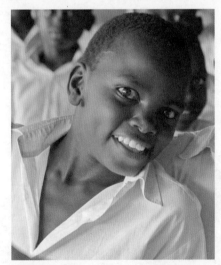
调整后的版本

　　现在，画面中高光部分的细节更加丰富了。结合使用高光修正和高光两个调整功能通常可以得到比原始图像本身更加细腻的高光色调。

控制阴影

在照片影调中，阴影扮演着极为重要的角色。足够的暗部细节为照片中内容的辨识提供了大量的信息。

黑度参数决定了阴影部分成为纯黑色的位置，而阴影则通过提高暗部的亮度令其区域更加宽广。

1 在"检查器"HUD中单击"资料库"标签，选择项目"Tasmania"。

2 双击马和谷仓的照片"SJH2501201019"。

照片中，前廊屋檐下的部分非常黑暗。如果调整阴影参数，会找回很多暗部细节，同时还不会影响图像中的其他部分。

3 单击"调整"标签，向右拖曳"阴影"滑块，直到您对画面满意为止（数值大概在10～30之间）。您会立即发现阴影参数带来的效果：在墙上和马匹的暗部细节更加清晰可见了。

4 反复按【M】键，在原始图像和调整后的版本之间切换，比较前后的不同。最后，按【M】键确保回到调整后的版本。

最后，我们将处理一下中间调的对比度，这会令暗部显现得更加明显。

5 将中间"对比度"滑块拖曳到−10～−20之间。

6 反复按【M】键在原始图像和调整后的版本之间切换，可以明确地感受到调整前后之间暗部色调的巨大区别，就像多加了一些灯光后拍摄的一样。最后，按【M】键确保回到调整后的版本。

之前　　　　　　　　　　　　　　　　　　　　之后

高光与阴影控制是调整照片的常用手段，它使用起来很简单，适合于多种不同的场合。

添加图像色阶

色阶是Aperture中最常用的调整功能之一。在色阶简单的图形窗口中，您可以单独地、精确地调整最暗的部分、中间调，或者最亮的部分。

自动调整色阶

Aperture中包含了一些自动调整的工具，单击一下即可完成预定的人物。这些工具会分析图像内容，然后根据分析结果而进行不同的调整。您可以使用这些自动工具进行一些基本的、快速的调整，然后再根据情况手工微调某些细节。

自动调整适用于曝光的修正，它也可以修复某些颜色的问题。单击"自动色阶"按钮，Aperture就会开始分析图像，然后自动调整每个颜色通道的色阶。

下面，让我们比较一下两个自动色阶的控制，首先是组合的方法，之后是分开的方法。

1 按【V】键，回到浏览器视图中。

2 在资料库路径导航的菜单中单击"项目"，然后选择列表中的项目"Around San Francisco"。

3 在浏览器中双击旧金山湾的照片"IMG_3132"。这张照片具有明显的色偏，而且对比度也不够强烈。

4 从"添加调整"的弹出菜单中选择"色阶"命令。

5 在"调整HUD"的"色阶"中，单击"自动色阶组合"按钮。

Aperture对图像进行分析之后对亮度进行一个色阶调整。由于这个功能仅仅会调整亮度，因此照片在改善了对比度后，偏色的问题并没有解决。由此可以看出，自动色阶适用于不需要改变颜色的场合。在本例中，您需要使用其他方法来解决颜色问题。

6 单击"重设"按钮，将图像恢复到调整前的状态。

7 单击"自动色阶分离"按钮。

之前　　　　　　　　　　　　　　　　之后

Aperture对进行图像的分析，之后对所有3个颜色通道都分别进行一个色阶调整。由于每个颜色通道都是单独计算的，所以对比度和色偏都得到了很大的改善。

调整图像的亮度色阶

在手动调整色阶的时候，您可以直接拖曳"色阶"调整参数中直方图下方的滑块。它们分别用于提亮或者压暗高光、阴影和中间调。

1 按【V】键，切换到浏览器视图。

2 在资料库路径导航的弹出菜单中选择"项目"＞"Brinkmann Photos"。

3 双击海滨的照片"2009_08_30_175420"。

4 从"添加调整"的弹出菜单中选择"色阶"。

5 如果需要，单击"色阶"左边的三角图标，展开其包含的参数。并确认勾选了"色阶"复选框，以便显示出直方图。这里的直方图显示的是原始图像的直方图，而在调整检查器上部的直方图则会显示调整后图像的直方图。

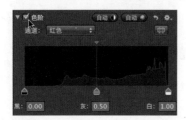

接下来，您将要调整黑点的位置，因此，最好能够同时观察RGB的直方图。RGB直方图会单独显示每个颜色通道的直方图，这样，在调整的时候就可以清晰地辨别是否有某个颜色通道被切断。

6 在"色阶"参数中，从"通道"的弹出菜单中选择"RGB"。

现在，我们要为这个低对比度的图像设定一个比较合适的黑点的位置。目前，黑点的滑块在直方图的最左边，它与直方图左边最低的图形还有一段比较大的距离。

7 将"黑点"滑块拖曳到直方图左边最低的图形的下面。调整色阶中的黑点，就相当于在曝光控制中调整黑度的滑块。

移动了色阶的黑点后，图像发生了明显的变化。阴影部分显得更深沉，在检查器顶部的直方图中，可以看到图形均匀地分布在整个亮度范围内。

NOTE ▶ 在调整黑点和白点的时候，请注意观察图像，判断其中是否应该具有一个纯黑或者
纯白色的区域。比如，在大雾天气下，阴影部分的颜色几乎不可能是纯黑色的，而白色也不
可能那么明亮。在做出这样的基本的判断后，您再斟酌如何进行合适的调整。

在您调整黑点的时候，由于中间调滑块的位置也发生了移动，所以相当于图像的中间
调也被调整了。在这里，您也可以仅调整中间调，但不影响黑点和白点。如果向右拖曳灰
色的中间调滑块，那么滑块指向的原来的区域就会变得更暗；如果向左拖曳灰色的中间调
滑块，那么滑块指向的原来的区域就会变得更亮。

8 轻轻地左右拖曳"中间调"滑块，在画面中您可以发现中间调发生的明暗变化。在这
里调整中间调滑块的效果与调整亮度滑块的效果类似。

黑点、白点和中间调滑块为图像的色调调整带来了很大的便利，而Aperture的色阶的功
能不仅仅局限于此，它甚至可以在滑块之间添加新的控制滑块，以便实现更加精准的调整。

使用四分之一色调色阶控制

如果您需要更加准确的色调控制，可以继续使用Aperture的四分之一色调色阶控制。
它们可以专门调整阴影和高光部分。

NOTE ▶ 在色阶中，移动黑点和白点的滑块会同时移动中间调滑块的位置，但是四分之一滑
块则是完全独立移动的，它仅仅会影响相对应的黑点与中间调之间的色调，或者中间调与白
点之间的色调。

1 单击"四分之一色调色阶控制"按钮，显示出四分之一色阶滑块。

色阶的直方图进行更新，显示出相应的参数，以便您进行新的调整。

TIP ▶ 在色阶直方图的上方，可以拖曳三角的亮度滑块将阴影、中间调或者高光部分调亮。

2 拖曳四分之一阴影亮度色阶和四分之三高光亮度色阶滑块，直到您对图像效果满意为止。

TIP ▶ 按【Z】键可以将图像放大到1:1的比例，仔细观察调整四分之一色阶滑块的效果。

通过附加的四分之一色阶滑块，以前一些需要通过曲线调整才能获得的效果，现在也可以直接在色阶调整中完成了。

使用色阶控制调整颜色

本课中讨论了很多色调的问题，通过色阶还可以完成一些颜色方面的调整，而不仅仅是对亮度的控制。在使用色阶调整颜色之前，有两个要点需要指出来：第一，如果将某个单独的颜色滑块向右移动，就会减弱这个颜色，如果向左移动，就会加强这个颜色；第二，当您减弱某个颜色时候，也会相对加强这个颜色的补色。还记得RGB色轮吗？减弱蓝色会加强黄色，加强红色会减弱青色，类似的。下面，我们首先调整一下绿色通道。

1 在"通道"的弹出菜单中选择"绿色"。

2 轻轻向右拖曳"黑点"滑块，从阴影中移除一些绿色的影调。这也会同时加强一些品红的影调。

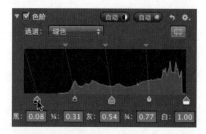

NOTE ▶ 调整的数值并不是非常严格的，您可以按照自己对画面的感觉进行调整。重点是要了解这种操作的方式，而不是追求某个特殊的数值。

3 将"四分之三高光"滑块向左拖曳一些，令波浪峰面上的绿色更明确一些。

4 从"通道"的弹出菜单中选择"蓝色"。

5 在直方图的顶部，将"高光亮度"滑块向右拖曳一点，降低绿色的亮度。

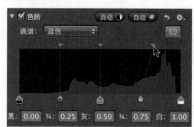

但是，这样对吗？刚才说过，向右将会减少相对应的颜色。在上一个步骤中，将蓝色滑块向右推动，但是蓝色却增加了！实际上，规则并没有改变。我们刚刚调整的是蓝色高光部分的输出滑块，它与直方图下方的滑块的用途是相反的。

6 调整完毕后，按【M】键比较调整后的版本与原始图像的区别。

之前

之后

使用色阶调整颜色的优势是在单独一个调整界面内，就可以控制高光、阴影和中间调。

将彩色照片转换为黑白照片

大多数照相机都按照彩色的方式拍摄照片，但是很多摄影师还是喜欢以黑白的方式展示其作品，以便强调照片中的高光、阴影、形状和纹理的特征。

Aperture有几个非常简便地将彩色照片转换为黑白照片的方法。

TIP ▶ 相对JPEG格式文件来说，RAW格式的文件在转换为黑白图像的时候具有更多选项。如前所述，RAW文件比JPEG文件具有更宽广的动态范围。

黑白调整可以对图像的影调和对比度进行全面的控制。在黑白调整中，您可以独立地调整红色、绿色和蓝色通道，实现类似于传统黑白摄影中常用的滤镜的效果。为了更容易理解其功能，我们先从几个简单的预设的效果开始制作黑白照片。

NOTE ▶ 虽然简单地将图像的饱和度调整为0就可以直接制作出一幅黑白照片，但是得到的效果很可能非常粗糙，图像看上去可能会比较平淡，与通过黑白调整的照片相比，远远不够细腻生动。

下面，我们在全屏幕模式中切换到一个新的项目汇总，针对一幅图像制作多个不同的黑白效果的版本。

1 按【V】键回到浏览器中，单击"项目"按钮，观看所有的项目。

2 双击项目"Landscapes"，选择图像"IMG_4532"。

3 按住【Control】键单击（或者右键单击）图像，从弹出的菜单中选择"复制版本"命令，或者按【Option-V】组合键。这样，就创建了一个该图像的新的版本，名称为"IMG_4532 – Version 2"。

4 按【Option-V】组合键两次。现在，Aperture中一共有了4个该图像的版本。

5 在浏览器中双击图像"IMG_4532 – Version 2"。

6 在"检查器"HUD中单击"调整"标签。

7 单击"效果"的下拉菜单，选择"黑白"选项。

在"黑白"的子菜单中包含了一系列预设好的黑白效果。当您选择到某个预设的时候，在它右边就会显示出使用该效果制作的黑白照片的预览图。

8 慢慢地从上到下一个一个地选择子菜单中的预设效果，观看其预览图。最后，停止在"红色过滤器"上。

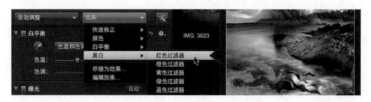

> **TIP** 当您选择过滤器的时候，如果选择了某个颜色，就会将该颜色的补色的对比度提高。如果您熟悉色轮，就更容易理解这个道理了。

下面，我们分别使用红色、黄色和蓝色过滤器制作3个版本的黑白照片。实际上，您无法绝对地评价哪个效果会更好，这完全取决于您自己希望表达的感觉。

9 选择"Version 2"，然后选择"红色过滤器"。

10 按向右方向键选择选择"Version 3"，选择"黄色过滤器"。

11 按向右方向键选择选择"Version 4"，选择"蓝色过滤器"。

在您选择黑白预设效果的时候，黑白调整会自动添加到调整检查器中。在这里可以进行更细微的调整，以获得满意的混合效果。下面我们再制作一个介乎于蓝色过滤器和红色过滤器之间的效果。先看看色轮的样子：

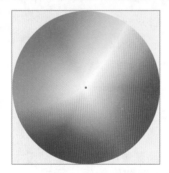

我们将要使用蓝色和红色之间的品红。

12 按住【Control】键单击"Version 4"，然后选择"复制版本"命令。新的版本带有旧版本中已经具有的蓝色过滤器效果，名称为"Version 5"，并显示在检视器中。

13 保持对"Version 5"的选择，按照下面参数调整黑白效果的参数：

▶ 红色：50%

▶ 绿色：0%

▶ 蓝色：50%

NOTE ▶ 在"黑白"调整参数中，3个颜色通道的百分比数值的总和如果是100%，就会保持图像原有的亮度。如果低于100%，图像就会变暗；如果高于100%，图像就会变亮。

不同过滤器效果之间的区别是非常明显的，此外，黑白调整还可以存储您自己喜欢的常用参数。在确认一张照片的调整效果的时候，您还需要使用Aperture中比较图像的功能，方便您做出最准确的判断。

比较图像版本

现在，加上原始图像，您还另外有4个不同的版本。在比较图像之间的区别的时候，您不需要一张一张的翻页一样地浏览，可以利用Aperture的比较功能，快速地完成任务。

与第3课中学习过的堆栈的功能类似，比较图像是将图像并排地显示在屏幕上，以便您同时能够看到不同版本的图像。

1 选择第一个黑白图像"IMG_4532 – Version 2"。

2 在工具栏中，从"主检视器"的弹出菜单中选择"比较"命令，或者按【Option–O】组合键。

您当前选择的图像将会有一个绿色的边框，并放置在左边。在连续画面中该图像右边的第一个图像将会成为第一个被比较的图像，并显示在右边。

在比较这两个图像后，如果您认为第二个图像更棒，您就可以将其设定为源图像。

3 按住【Control】键单击检视器中右边的图像，然后在菜单栏中选择"设定比较项"命令，或者按【Return】键。

这样，第二个图像就变成了源图像。同时，在连续画面中它右边的第一个图像将会成为被比较的图像，并显示在右边。您可以按方向键或者在连续画面中选择不同的图像，以便将源图像与后面这些图像进行比较。

4 按向右方向键，移动到最后一个图像上。

5 在连续画面中单击原始的彩色图像。

如果您认为当前进行比较的源图像仍然是最棒的，那么就可以关闭比较模式了。

6 按【Option-Enter】组合键，关闭比较功能。这时，进行比较的源图像将会显示在检视器中。

7 按【5】键，为这个图像评价为5星。

通过比较功能，您可以在项目中迅速地找到最喜欢的图像。

课程回顾

1. 在全屏幕视图中，请列举出选择另外一个项目的三种方法。

2. 高光和阴影控制是如何影响图像的？

3. 在"色阶"调整中，如何能够在调整高光或者阴影的时候不改变中间调、黑点和白点滑块的位置？

4. 对与错："效果"菜单中的黑白效果被应用后，就不能被修改了。

5. 在使用比较功能的时候需要先进行堆栈吗？

答案

1. 一是使用浏览器顶部的资料库路径导航弹出菜单；二是在"检查器"HUD中的"资料库"标签中；三是在浏览器左上角选择项目，然后观看所有项目的名称。

2. 如果将"高光"滑块向右拖曳，那么图像中的亮部就会变暗。如果将"阴影"滑块向右拖曳，那么图像中的暗部就会变亮。

3. 在"色阶"调整中启用四分之一色阶控制。

4. 错。在应用某个黑白调整的过滤器后，您仍然可以继续调整其参数。

5. 不需要。在比较图像的时候，您当前选择的图像将会有一个绿色的边框，并放置在左边。在连续画面中，该图像右边的第一个图像将会成为第一个被比较的图像，并显示在右边。

8

课程文件： APTS Aperture Library

完成时间： 本课大概需要90分钟的学习时间

目标要点：
⊙ 使用饱和度与鲜明度改善图像
⊙ 使用颜色控制调整特定的颜色
⊙ 使用曲线调整亮度和色彩
⊙ 修正偏色
⊙ 指定外部编辑软件

第8课
修正色彩

　　每个人对色彩的判断都是不同的，但是大家都可以对色彩的基本原理有相同的认识。而且，也会对哪种颜色带来冷静的感觉，哪种颜色带来欢快的感觉，哪种颜色带来优雅的感觉，有大概的了解。理解色彩的协调与冲突可以帮助您有意识、有目地地进行颜色调整。

　　在本课中，不同的工具会完成不同的任务，但是，您需要时刻留意基本的色彩理论。

　　在进行色彩调整的时候，您也需要注意自己的工作环境。工作空间会对您观察色彩和亮度产生一定的影响。环境光的强度，墙壁的颜色都可能会误导您对颜色的判断。如果可能，应该在一个中性灰的房间中进行调色的工作。

　　接下来，继续使用全屏幕模式进行颜色调整，以便尽可能地排除图像之外的色彩对您工作的干扰。您将使用简单的饱和度工具，以及复杂一些的曲线工具来改善图像效果，修正颜色的问题。

使用增强控制来调整颜色

　　在某些照片中，您可能会觉得某个特定的颜色不够强烈，或者觉得某个颜色太过于突出了。在Aperture中，您可以通过两个调整控制来处理这样的问题：饱和度与鲜明度。此外，您还可以使用色调控制为选择的区域增加或移除偏色。

调整饱和度

饱和度专门用于提高或者降低图像中色相纯度的工具。对饱和度的调整经常依靠的是一种主观意识，其主要取决于您希望表达出一种什么样的感觉。

但请注意，不要令饱和度过高。尽管高饱和度会令颜色看上去更艳丽，但是，也不能让照片中的人物看上去像是涂了一层橘黄色油漆的外星人。

低饱和度的照片会为图像带来柔和甚至是怀旧的感觉。在使用饱和度控制的时候，您将会做出相应的尝试。

1 在资料库检查器中选择项目"Uganda The Pearl of Africa"。

2 如果需要，按【F】键，或者单击"全屏幕"按钮，进入全屏幕模式。

3 双击狮子的照片"IMG_2208"。

4 单击HUD中的"调整"标签。

5 在"增强"中，将"饱和度"滑块拖曳到0.7。这样，就将饱和度降低到原来的70%，令照片看上去更浅淡一些。

饱和度的数值的单位是百分比。默认的数值1.0是100%。虽然拖曳滑块只能最高到达2.0，但是可以通过输入数值的方式设定到4.0。

使用色调控制

在"增强"中也包含了色调控制，分别可以调整阴影、中间调和高光的色调。色调控制可以为图像制造一种偏色的效果。在这个练习中，您将调整中间调和阴影的色调，模拟出一种黎明时分的光线效果。

1 在"曝光"中将"亮度"滑块拖曳到−0.3，以便创造出一种黑夜的感觉。

2 在增强中，单击色调旁边的三角图标，展开3个色轮。

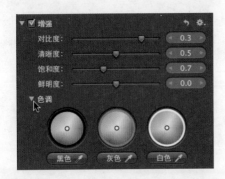

3 在"灰色"色轮上拖曳一下小圆点，体验一下色调变化。

4 将"灰色"色轮上的圆点拖曳到蓝色区域，制造出一些蓝色的偏色效果。

5 在"黑色"色轮上，将小圆点拖曳到蓝色区域，直到您觉得画面光线类似于黎明前的效果为止。

您并不需要特意地将小圆点拖曳到色轮的最边缘，通常，只需移动一点点位置，就可以获得很理想的效果了。此外，无论怎样调整，都可以反复在原始图像和调整后的版本之间进行比较，观察其效果是否令您满意。

修正图像的色调

使用色调控制中的吸管可以修正阴影、中间调或者高光中的偏色问题。如果在拍摄的时候碰到了混合光源，比如同时具有自然光和灯光，那么就有可能出现偏色的问题。

1 按【V】键，返回到浏览器中。

2 从资料库路径导航的弹出菜单中选择"项目">"Around San Francisco"。

3 双击旧金山湾的图像"IMG_3144"。这个图像过于偏蓝色了，尤其是在阴影部分。

4 在调整检查器中，单击色调中"黑色"色轮的吸管。

此时，屏幕上会在光标的位置上显示出放大镜，放大显示图像的细节。您可以移动光标的位置，找到一个应该是纯黑色的位置，比如树木的阴影部分。单击这个位置，Aperture就会计算红色、绿色和蓝色通道的调整数值，将偏色去掉，令这个位置上的像素是纯黑色的。

5 将光标放置在图像中最黑暗的位置，单击一下。

下面，我们比较一下调整后的版本与原始图像的区别，检测一下修正黑色的效果。

6 按【M】键观看原始图像，再按【M】键返回到调整后的版本。现在，在去除了一些蓝色色调后，黑色部分更加自然了。

刚才，仅仅是从阴影中移除了偏色。接着，我们再处理一下中间调。

7 单击"灰色"色轮的吸管。

8 将光标放在应该是中灰色的位置上。泛美金字塔的阴影部分应该是一个比较合适的单击的位置。当然，您也可以尝试其他的选择。

9 单击，从中间调中移除偏色。

如果您继续调整高光部分，就会为云彩带来许多黄色色调，因此，就不要进行调整了。有的时候，调整白平衡也可以解决图像中主要颜色的偏色问题，但是如果碰到混合光源，通过色调控制就可以得到更精确的结果。

控制图像的鲜明度

通常，提高饱和度会破坏人物的肤色。因此，尽管树木、蓝天、流水都得到了漂亮的颜色，但是肤色很可能看上去很虚假。针对这种情况，Aperture提供了鲜明度的控制方法，它在调整图像的饱和度的时候，可以不改变肤色。

1 在"检查器"HUD中单击"资料库"标签，选择项目"Uganda The Pearl of Africa"。

2 双击上学的孩子的图像"IMG_9602"。我们将调整一下饱和度，突出教室后方的丰富的颜色。

IMG_9602

3 在"检查器"HUD中单击"调整"标签。

4 在"增强"中，将"鲜明度"滑块向右拖曳，直到您满意为止。数值可以到达0.4左右。

> **NOTE ▶** 鲜明度调整的最高值为1.0。如果还需要更加鲜艳的色彩，可以调整"饱和度"滑块。

5 单击"增强"复选框，比较调整前后的效果。

在日常使用中，您会发现自己经常使用的将是"鲜明度"滑块，而不是"饱和度"滑块，尤其是在处理人像摄影作品的时候。而针对风景和野生动物的作品，同样也可以获得很有趣的效果。

使用颜色控制有选择地调整颜色

在Aperture的颜色控制中，可以对多达六种颜色分别进行调整。默认的六种颜色分别是红色、绿色、蓝色、青色、品红和黄色。每种颜色分别可以调整其色相、饱和度、亮度和范围。

改变单独的某个颜色

在使用颜色控制的时候，第一步就是要指定到底需要调整什么颜色。当然，最简单的方法就是单击某个预设的颜色的按钮，然后再修改其色相、饱和度、亮度和范围的参数。

在进行调整的时候，请留意色轮的规则：当减少蓝色的时候，就是增加了黄色，在减少品红的时候，就是增加了绿色。

1 在"检查器"HUD中单击"资料库"标签，选择项目"San Diego Zoo"。

2 双击有3只火烈鸟的图像"IMG_0657"。

IMG_0657

在这张照片中，我们要对两个占主导地位的颜色进行一些调整。首先，是水的绿色，需要添加点蓝色，以便显得更加清澈一些。在本例中，只需要在预置的颜色中选择绿色，然后调整一下色相，就可以满足要求了。

3 在"检查器"HUD中，单击"调整"标签。

4 单击"添加调整"的弹出菜单，选择"颜色"。

5 在"颜色"控制中，单击绿色的方块。

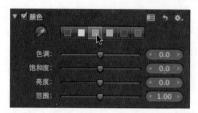

如果预设的颜色方块中没有您希望调整的颜色，或者颜色不那么准确，您也可以使用吸管在图像中吸取某个颜色。

6 单击"吸管"图标，然后在绿色的水面上单击一下。此时，预设的颜色将会被吸管所吸取的颜色所替换。

7 将"色调"滑块拖曳到最右边，令绿色尽可能地纯净。

8 将"饱和度"滑块向右边拖曳一点，提高一点饱和度。

9 将"亮度"滑块向右拖曳，直到您觉得满意为止。现在，照片中的水显得更加清澈了。

"范围"滑块限定了被调整的颜色所涉及到的范围。目前看，水面颜色有了改善，但是暗部还不够理想。为此，我们需要再调整一下范围。

10 将"范围"设定为1.3，增加"色调"、"饱和度"和"亮度"调整参数所涉及到的颜色的范围。

11 按【M】键观看原始图像，再按【M】键返回到调整后的版本。

现在，水面就像一颗纯净的翡翠一般了。使用类似的方法，您还可以继续调整火烈鸟的颜色，令其与水的绿色产生鲜明的对比。

展开颜色控制

颜色控制不仅仅可以调整单独某个颜色，它最多可以同时调整六种不同的颜色。如果您希望同时多调整几个颜色，最好将其参数展开，令操作更加简便而直观。下面，我们展开颜色控制，对火烈鸟的颜色进行调整。

1 在"颜色"控制器中，单击"切换到扩展视图"图标。

2 单击"红色"预设的吸管。

NOTE ▶ 如果您觉得屏幕显示空间有限，也可以不展开控制项目。单击某个颜色的方块，即可切换到对应的调整参数上了。

3 单击火烈鸟脖子上的红色。

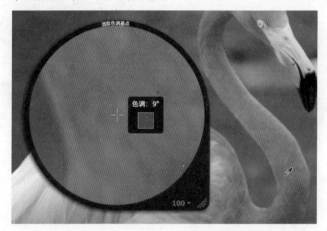

4 将"色调"滑块向左拖曳，大概停止在−25左右。

5 向右拖曳"饱和度"滑块，提高一点饱和度，比如在5~15之间。

TIP ▶ 除了拖曳滑块以外，也可以直接在数值栏中输入数字，或者按上下方向键来修改数值。如果按住【Option】键再按方向键，则可以按照比较小的步进值修改数字。如果按【Tab】键则会跳转到下一个参数栏上。

6 将"亮度"降低到1.5，以便火烈鸟的粉红色显得更加柔和。

7 将"范围"数值提高到1.5，保证整个火烈鸟都处在被调整的范围内。

8 按【M】键观看原始图像，再按【M】键返回调整后的版本。现在，可以看到调整后的图像的前景是粉红色的火烈鸟，背景是碧绿的水面。而原始图像的火烈鸟是橙红色的，背景的水面也比较污浊。

颜色控制是一种相对比较简单的工具，常用于轻微地调整某个颜色的色调。

使用曲线工具

曲线——这是一个让人又爱又恨的工具，但无论如何，在调整颜色领域，其灵活性是无与伦比的。

理论上，曲线与色阶的工作方式是完全相同的。但是与色阶的最多5个控制点不同，当您在曲线上调整中间调、阴影和高光部分的时候，可以有无数个控制点，这样就带来了更好的精确度。

调整亮度曲线

在Aperture中有两种曲线：一个是亮度曲线，它仅仅会影响亮度；另一个则是RGB曲线，它会同时影响亮度和颜色。

下面，您将使用亮度曲线为一张照片制作一种高对比度的效果。

1 按【V】键，返回到浏览器。

2 在资料库路径导航弹出菜单中选择"项目">"Uganda The Pearl of Africa"。

3 双击单独一个小孩的图像"IMG_1187"。

4 从"调整"HUD中选择"添加调整">"曲线"命令。

现在，调整检查器中的内容太多了。为此，我们可以保留曲线的调整方块，将其他项目都暂时隐藏起来。

5 按住【Option】键单击任何一个小三角图标，将所有调整参数都折叠起来。然后单击曲线的小三角图标，展开其中的控制参数。

6 从曲线的"操作"下拉菜单中选择"亮度"。

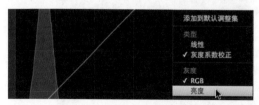

接下来的操作首先是确定调整的范围，然后再调整对应部分的曲线。通过增加控制点，移动控制点的位置来增加或减少对应点的数值。比如，如果需要创造高对比度的效果，就应该压低暗部，提高亮部，令中间调变得更狭窄。

7 将光标放在曲线与直方图左下部交叉的位置上。

8 单击，添加上一个控制点。然后将该点向下拖曳2/3的距离。

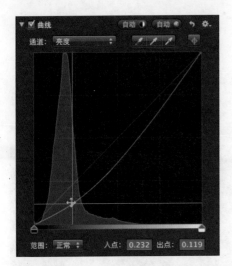

沿着Y轴上下拖曳曲线的控制点将会增加或者降低对应位置的亮度。

现在，整条曲线都变成了凹向下方的弧形，这表示整个图像都会变暗。虚一些的曲线代表着原始图像的曲线位置。由于我们仅仅要压暗阴影部分，因此还需要在曲线上增加一个控制点，令中间调变亮，这样就可以增加对比度了。

这次，我们使用入点和出点的数值来设定曲线控制点的位置。如果左右移动控制点，就是改变入点的数值；如果上下移动控制点，就是改变出点的数值。当入点和出点数值相同的时候，曲线控制点的位置就没有任何变化。

9 将光标放置在直方图中央的曲线上。

10 单击，添加一个新的控制点。

> **TIP** 按住【Control】键单击（右键单击）控制点，然后选择移除所选点就可以删除该控制点。也可以选择还原曲线将曲线恢复到初始状态。

11 将新的"中间调"的控制点拖曳到出点接近0.90的数值。

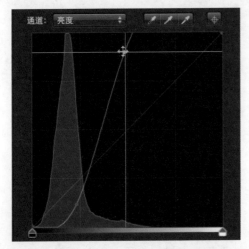

现在对比度相当高，而且阴影部分有点过分了。因此，让我们再稍微调整一下阴影部分。在调整之前，可以放大显示阴影部分的直方图。

12 从"范围"菜单中选择"阴影"。

TIP ▶ 如果白色出现被切断的现象，您可以将"范围"设定为"扩展"。这样就可以看到更大范围内的直方图，以便调整白点的位置。这个操作类似于高光修正滑块。

13 将"阴影"曲线控制点向左边拖曳一些，接近对角的直线。

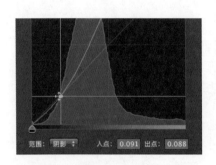

14 从"范围"菜单中选择"正常"。

通过练习可以发现，更陡峭的曲线会带来更高的对比度。两个控制点的连线越接近垂直，对比度就越高；两个控制点的连线越接近水平，对比度越低。

15 将"中间调"曲线控制点向左边拖曳一点。

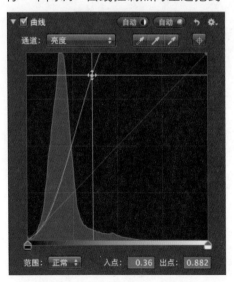

16 在检查器中，单击"曲线"复选框，观看原始图像的模样。再勾选复选框，回到调整后的版本。

现在图像的对比度合适了。此外，一个新的问题是平常我们力图要避免的。在RGB的直方图中，您可以看到红色通道出现了均匀裂开的图形。

这些裂缝表示红色通道被拉伸后出现了失真。请注意，每个通道只有256级。如果某个调整过于强烈，就可能破坏色调均匀变化的规律，而出现颜色失真。碰到这个问题的时候，我们可以使用曲线调整颜色的方法来修复它。

NOTE ▶ 在"曲线"的操作下拉菜单中，您可以选择两种不同的曲线调整类型：线性——这个是默认的选择，可以均匀地从黑点到白点应用曲线调整参数；灰度系数校正则是按照对数的方式进行调整。

使用曲线修正颜色

至此，在曲线中仅按照亮度模式进行了调整，实际上，也可以单独调整不同的颜色通道。下面，我们从阴影部分中移除绿色和红色，并在高光区域中加强这两个通道的效果。在本练习中，您还可以完全重新开始，尝试调整出不同的风格。

1 从"曲线通道"的下拉菜单中选择"红色"。

首先要处理红色通道，与依靠猜测而在曲线上设定一个控制点不同，您可以使用"放大镜"和"添加控制点"按钮精确地设定调整的位置。

2 单击"添加控制点"按钮，然后将光标放在小孩的额头上。

3 在HUD上部的直方图中显示了红色、绿色和蓝色的竖线，表示了光标所在位置的像素点的颜色情况。单击后，将会在相应的曲线的位置上增加一个控制点。

4 找到红色曲线控制点，将其向下拖曳一些，直到出点的数值在0.20左右。

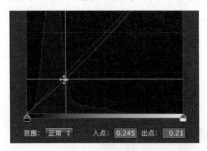

5 单击"添加控制点"按钮，然后单击小孩的鼻尖，再添加一个高光部分的控制点。

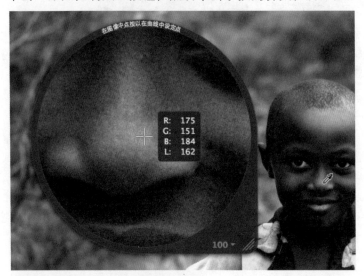

6 在红色曲线上，拖曳新添加的控制点，直到出点数值在0.9为止。

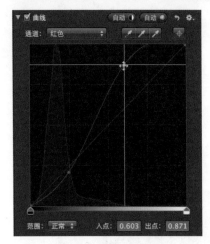

现在，仅通过两个控制点，就令画面变化得很明显了。

7 从"通道"的下拉菜单中选择"蓝色"。

8 单击蓝色通道直方图右上角的白点。

9 向下拖曳，直到出点数值为0.90。

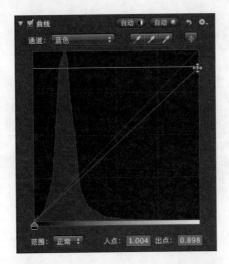

10 单击蓝色通道直方图左下角的黑点。

> TIP ▶ 如果很难看到黑点，可从"范围"下拉菜单中选择"阴影"，以便放大显示阴影的区域。

11 将黑点向上拖曳一点点。这样为画面的阴影增加了一点蓝色。

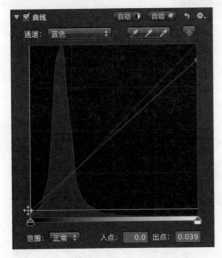

最后，让我们裁剪一下这张照片。

12 按【C】键，或者从工具栏中选择"裁剪工具"。

13 在小孩周围拖曳出一个方框。

14 在"裁剪"HUD中，单击"切换宽高比"按钮。

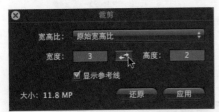

15 遵从三分之一比例的原则，调整方框的位置和大小。

16 在"裁剪"HUD中单击"应用"按钮。

17 在检查器中，取消对"曲线"复选框的勾选，显示图像原本的颜色，然后再进行勾选，返回到修改后的版本。

　　您已经明显地改变了图像的画面效果，通过上面的练习，相信您已经熟悉了曲线调整的方法，体会了它巨大的灵活性。实际上，某些用户会经常使用这个调整方法，但是另外一些用户很可能从来不使用它，这些都是正常的选择。您可以根据自己的喜好尝试使用曲线来调整其他图像，增加一些经验后再决定是否把它当做一种主要的编辑工具来使用。

修正紫边

紫边是图像中常见的一种问题，它的表现是在高对比度的区域会有不自然的蓝色或红色的边缘。紫边是由于镜头的棱镜作用产生的。不同波长的颜色不能在同一平面上聚焦。而色差的程度则取决于镜头将颜色分开的程度。廉价的镜头通常问题会显得更严重一些。在日常图像中还有一些其他类似的由于传感器造成的问题，而幸运的是，紫边可以在一定程度上被修复。

1 在项目"Uganda Pearl of Africa"中，按【V】键显示浏览器。

2 双击纸莎草的照片"IMG_1459"。

3 将光标放在右下角的花茎上，按【Z】键放大显示。

4 使用导航方框将显示比例设定为150%。

这时可以注意到在花茎的左侧有紫色的边缘，虽然它不是非常显著，但还是可以看出来的。放大显示比例后，在画面的其他位置上也会看到类似的问题，而花茎这里则是最明显的。

5 在"添加调整"的下拉菜单中选择"色差"。

6 在"色差"调整中，拖曳"蓝色/黄色"的滑块，直到紫边慢慢地消失。

7 按【M】键观看原始图像，再按【M】键返回到调整后的版本。可以看到，紫边被去除了。

在原始图像与修改后的图像之间切换的时候，可以明显看到颜色的变化。起初，发现这些区别可能会比较费劲，但是经过几次练习后，您的目光就会变得敏锐起来。

使用外部编辑软件

在Aperture中有众多出色的编辑工具可用于调整色调、对比度和颜色。但是，Aperture并不是一款全能的图像编辑软件，因此，它允许您与其他外部的编辑软件无缝地协同工作，比如Adobe的Photoshop。

Aperture提供了一种内建的往返流程，可以将图像导出给更高级的图像编辑或者合成软件，然后再导入回来。在这个流程中，您可以直接在Aperture中打开Photoshop，并获得简易方便的互动操作。

选择一个外部编辑软件

首先，您需要在Aperture中指定另外一个编辑软件，并选择相应的格式、色彩深度等文件参数，之后，Aperture才会将原始文件数据发送给该软件。您只需要设定一次，之后，每次使用到外部编辑软件的时候，都会使用相同的参数设定了。

1 按【F】键，退出全屏幕模式。

2 在菜单栏中选择"Aperture" > "偏好设置"命令，然后单击"导出"按钮。

3 单击外部照片编辑器右侧的"选取"按钮。

4 在弹出的对话框中，找到您希望当做Aperture的外部编辑器的软件。针对本练习，如果安装了Adobe Photoshop，就选择这个软件。

NOTE ▶ 如果没有安装Adobe Photoshop，您也可以选择其他图像编辑软件，或者继续本练习，但是并不执行特殊的步骤。

5 单击"选取"按钮，关闭对话框。此时，软件的名称将会出现在外部照片编辑器的栏目中。

6 在"偏好设置"中，外部编辑器文件格式决定了Aperture创建一种什么样的文件（Aperture会将该文件传送给外部编辑软件）。

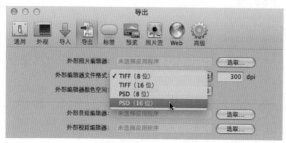

因为我们使用Photoshop作为外部编辑软件，所以，我们选择16位的PSD。您也可以选择16位的TIFF，但是PSD支持所有Photoshop的特性，所以最好选择它。

> **NOTE ▶** Aperture不会改变原始的图像文件的。它会创建一个新的文件，其格式为PSD或者TIFF，8位或者是16位的。16位的图像会具有更好的颜色和还原性，但是并非所有的图像文件都支持这个色彩深度。而且，16位的图像也会占据更多的硬盘空间。

7 在外部编辑文件格式右边还有一个dpi数值，默认是300。这表示导出的图像的分辨率将是每英寸300像素。

8 关闭"偏好设置"对话框。

在Aperture和外部编辑软件之间切换

如您所知，Aperture会通过资料库对所有的图像进行管理。如果您需要使用另外一个软件编辑图像，最简单的办法就是使用外部编辑器的功能。Aperture将会通过往返编辑的特性自动重新导入被编辑过的图像。在本次练习中，您将使用Photoshop创建一种发光效果。在Photoshop中进行图像的合成工作是将图像导出到Photoshop中的常见需求。

1 在资料库检查器中，选择项目"Catherine Hall Studios"。按【V】键查看浏览器。

2 在浏览器中选择"51_0952_HJ-532_2"照片图像。

3 在菜单栏中选择"照片">"使用Adobe Photoshop来编辑"命令，或者按【Command-Shift-O】组合键。

> **NOTE ▶** 这个菜单命令会根据您选择的外部编辑软件的不同而有所不同。比如，如果选择了Pixelmator作为外部编辑器，那么这个菜单命令就会是使用Pixelmator来编辑。

如果Photoshop没有启动，那么此时Aperture就会启动它，并使用该软件打开图像。

> **NOTE ▶** 当您在外部编辑软件中打开图像的时候，Aperture会自动创建一个新的原始文件。如果原始图像存储在Aperture的资料库中，那么新建的文件也会存储在这里。如果原始图像是个引用的文件，那么新建的文件则会与引用的图像放置在一起。

4 在Photoshop的菜单栏中选择"图层">"复制图层"命令，对背景图层进行复制。

5 将新的图层命名为"glow"，单击"OK"按钮。

6 在菜单栏中选择"滤镜">"模糊">"高斯模糊"命令。

7 将"半径"设定为20.2，单击"OK"按钮。

8 在图层面板中，设定混合模式为"屏幕"。

9 从"图层"菜单中选择"新建调整图层">"色阶"命令，在弹出的对话框中单击"OK"按钮。

10 在调整图层中，将"中间调"的滑块向右拖曳，令中间调变暗。

11 按【Command-S】组合键，存储文件，然后在Photoshop中关闭该文件。

12 返回到Aperture中，新版本的图像已经出现在了项目中。

> **TIP** 在检视器中，或者在图像预览图上，已经在外部编辑软件中处理过的图像的右下角会有一个圆圈的图标。

13 选择新修改好的版本，按【Command-Shift-O】组合键，在Photoshop中打开它。然后再返回到Aperture中。

注意，在这个时候，Aperture并没有再次建立一个新的版本，而是打开了刚才操作过的Photoshop文件。

> **TIP** 如果希望在打开外部编辑软件的时候创建一个新的图像版本，在发送文件到外部编辑软件的时候按住【Option】键即可。

14 退出Adobe Photoshop，返回到Aperture中。

Aperture作为单独一个软件为您的后期处理流程提供了所有必要的功能。通过它对文件进行管理、版本控制、归档，以及导出到外部编辑器中，令整个流程显得更加的简易。

课程回顾

1. 在使用外部编辑软件的时候，Aperture可以导出什么格式的文件？
2. 在曲线调整中添加控制点的按钮是什么？
3. 白平衡与色调控制之间的区别是什么？
4. 曲线功能可以用于修复白平衡的问题吗？
5. 对与错：在"颜色"调整中，无法调整色相、饱和度和亮度。
6. 在调整图像颜色的时候，以下哪个参数不会影响到肤色，是饱和度还是鲜明度？

答案

1. Aperture将会创建一个新的文件，其格式可以是PSD或TIFF，可以是8位的或者16位的。
2. 添加控制点功能可以将光标在图像上的位置的像素颜色信息对应到曲线编辑器的曲线上。
3. 白平衡会对图像的所有色调进行一致的调整。色调控制可以有选择地调整某个颜色的阴影、中间调和高光。
4. 曲线可以调整亮度和颜色。您可以使用单独的颜色通道曲线来修正白平衡的问题。
5. 错。您可以使用颜色吸管来定义需要调整的颜色。
6. 饱和度控制影响了图像中的所有颜色，而鲜明度则不会影响肤色范围内的颜色。

9

课程文件： APTS Aperture3 Library

完成时间： 本课大概需要150分钟的学习时间

目标要点：
- ⊙ 使用快速笔刷调整有问题的区域
- ⊙ 添加模糊模拟景深
- ⊙ 磨皮
- ⊙ 使用修饰工具
- ⊙ 移除特定的紫边
- ⊙ 依据一个调整创建一个笔刷
- ⊙ 使用调整的多个例子

第9课
使用笔刷进行调整

通常，一个调整都会应用在整个图像上。有些调整仅仅会涉及到在一定范围内的亮度和色相，这些都是通过调整参数来进行控制的。在Aperture中，您还可以利用笔刷功能对图像的局部进行某种调整。

笔刷的作用就是在图像上绘制出一个遮罩，用于控制调整参数被应用在哪个区域范围内。笔刷是非破坏性的，通过它可以修复破损的照片，模糊图像造成更浅的景深效果，或者是平滑皮肤的纹理。此外，在调整检查器中的任何一个调整都可以通过笔刷应用到图像上。

使用笔刷

在软件中，您可以通过两个渠道使用笔刷功能。首要的一个是可以通过"快速笔刷"下拉菜单来选择笔刷。快速笔刷中包含了一些在调整窗格中没有的特殊的调整功能，这些调整功能是专门用于调整图像局部区域的，比如磨皮、克隆、修复和模糊。还有一些常见的用于局部调整的功能，如锐化、饱和度和鲜明度等。

除了快速笔刷之外，通过调整检查器中大多数的调整都可以制作出笔刷。无论是使用快速笔刷，还是通过检查器中的调整来制作笔刷，Aperture是在一种非破坏性的环境下应用笔刷功能的。

添加和抹除笔画

Aperture的模糊笔刷可以有很多用途，但最主要的是它可以通过模糊图像中的局部区域，来模拟浅景深的效果。

1 在资料库检查器中选择项目"People of NW Africa"。

2 按【V】键观看浏览器，双击图像"Mauritania 2006-11-06 at 15-46-49"。

下面，我们将在图像中纱巾之外的区域增加一点模糊效果。在工具栏上的"快速笔刷"下拉菜单中可以找到需要的工具。

3 从"快速笔刷"下拉菜单中选择"模糊"命令。

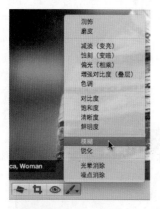

此时会弹出"模糊"HUD，同时在调整检查器中也会添加上一个模糊的调整。当您移动光标的时候，在屏幕上会看到当前笔刷的大小。

4 在"模糊"HUD中，将"笔刷大小"滑块设定为55。

5 从画面中妇女头巾最上面的部分开始绘制，沿着头部画到左边肩膀。笔画结束的位置尽量是圆滑的。

> **NOTE** ▶ 在下面图示中红色的叠层主要是为了方便您观看在哪里进行绘制。在实际练习中是看不到红色叠层的。

6 继续在头的右侧进行绘制，注意不要画到前面的头巾上。

您可以按照自己的想法进行绘制，如果画错了地方，Aperture中有两个方法可以轻松地修改这样的问题。

7 选择"移除工具"可以擦除任何觉得画错了的地方。您也可以调整笔刷大小，以便使擦除的操作更精确、更有效率。

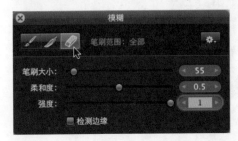

8 选择"平滑工具"，可将模糊与不模糊之间的分界线的过渡变得更平滑。

9 在完成绘制后，关闭"模糊"HUD。

10 在调整检查器中，将模糊大小降低到2.0，令笔刷显得更加微弱一些。

11 如果需要与原始图像进行比较，可按【M】键在原始图像和调整后的图像之间切换。

12 如果需要进一步的修饰，那么可以再次单击调整检查器中的"笔刷"按钮，打开HUD进行操作。

> **TIP** ▶ 如果使用手写板，笔刷还可以感应到您使用触控笔的压力。

针对不同的笔刷类型，其使用方法是完全一样的。因此，只要熟悉了一个，其他的就都不是问题了。下面，让我们尝试使用另外一个笔刷。

磨皮

磨皮是制作婚纱、人像和时尚摄影作品中最常用的工具。它通过模糊像素来去除毛孔和皱纹。

1 在资料库检查器中选择有旗标的图像。

2 在浏览器中选择第一个图像"Senegal 2006-11-03 at 09-59-29"。

3 按两次【V】键，仅仅显示检查器。

4 在工具栏中，单击"快速笔刷"下拉菜单，选择"磨皮"。

5 在女子的前额上开始绘制，一直画到鼻子。请注意，图示中的红色叠层仅仅是为了说明笔刷绘制的位置。在您自己的操作中是看不到它们的。

TIP 如果使用苹果Magic鼠标或者触控板，用两个手指上下滑动即可改变笔刷大小。

在这里，使用默认的参数即可获得很好的效果了。画面仍然保留了丰富的细节，而女子的皮肤则光滑了许多。在绘制笔刷的时候，注意不要碰到眼睛或者任何不需要平滑的位置。

使用叠层观看绘制的区域。

在进行类似的细节上的修饰的时候，任何人都可能会忘记刚才已经绘制了哪个地方，或者哪个地方还没有绘制。

1 在"笔刷"HUD中，从"操作"下拉菜单中选择"颜色叠层"。此时，凡是绘制过的区域都会显示出红色的叠层，这样您可以清晰的判断绘制的效果。

2 继续在女子的面部进行需要的绘制工作。

3 选择"移除工具",移除任何画错了的地方,比如眼睛上。

4 选择"平滑工具",平滑笔画的边缘。

5 在"笔刷"HUD中,从"操作"下拉菜单中选择"无",隐藏红色的叠层。

在完成绘制后,您仍然可以在调整检查器中针对笔刷所涉及到的调整参数进行修改。

在检查器中修改笔刷

不同的笔刷具有不同的参数,而且,在绘制完毕后,还可以重新修改这些参数。某些笔刷,比如模糊,只有一个参数能够进行调整,而其他的,比如磨皮,则有多个参数可以调整。

在磨皮中,半径参数决定了模糊的像素数量,或者说,半径数值越大,模糊涉及的范围也就越大。您可以通过强度参数控制模糊后的图像与原始图像的混合程度。强度如果是0,那么看上去就和原始图像一模一样。柔和度与其字面意思则完全一样。下面,让我们实验一下各个参数的效果。

1 在"磨皮"调整的检查器中,单击"半径"滑块右边的数值栏,输入"15",按【Return】键。

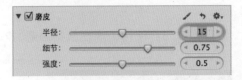

2 按【Tab】键跳转到"细节"数值栏上,再按一次跳转到"强度"数值栏上。

3 按【Shift-右方向】组合键,将数值提高0.1,多按几次,直到数值为0.7。

4 按【Shift-Tab】组合键,返回到"细节"数值栏。

5 按【Shift-右方向】组合键,将数值提高0.1,多按几次,直到数值为0.9,按【Return】键。

6 按【M】键,将修改后的版本与原始图像进行比较。完成后,返回到修改后的版本。

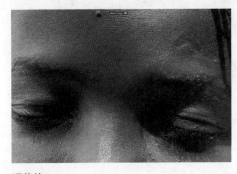

调整前

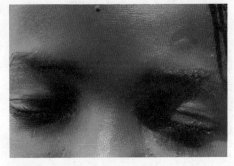

调整后

尽管这个调整功能被称为磨皮,但实际上,您可以使用它处理任何带有纹理的画面。它就像在画面上绘制模糊效果,并通过几个参数来控制画面上的细节。

使用减淡笔刷调亮局部区域

减淡就是将图像的某个区域变亮的操作，常用于消除色斑，某些不希望有的阴影，尤其是眼部的。在本次练习中，您将使用"Catherine Hall Studios"项目中的一张婚纱摄影照片，消除新娘脸部过于黑暗的问题。

1 在资料库检查器中，选择项目"Catherine Hall Studios"。

2 按【V】键，观看浏览器。双击图像"0591_HJ_314"，这是一张新娘和她的父亲一起走入教堂时的照片。我们将要把新娘脸部和肩膀的阴影部分变得更亮一些。

3 在工具栏的"快速笔刷"下拉菜单中，选择"减淡（变亮）"。此时会弹出"笔刷"HUD，减淡调整也会被添加到调整检查器中。

4 将光标放在新娘的面部，按【Z】键放大显示。

5 将"笔刷大小"设定在45左右，"柔和度"设定为0.75。使用笔刷在新娘面部的右侧进行绘制。您可以参考示图中红色的区域。

默认的笔刷已经可以消除过暗的阴影了，但实际上，每个笔刷都可以进行若干参数的调整，以便提高绘制的精确度。

限制笔刷应用与阴影、中间调或者高光

笔刷范围可以在亮度范围内限制笔刷所产生作用的区域。通过限制笔刷在阴影部分进行绘制，可以轻松地将脸部和肩膀变亮，但是并不影响这些区域的中间调和高光。

1 从"笔刷操作"下拉菜单中选择"从整张照片中清除"，将之前做的绘制都删除掉。

2 在"笔刷操作"下拉菜单中的"笔刷范围"中选择"阴影"。

3 在新娘面部的右侧进行绘制。

4 使用"移除工具"擦除那些画得位置不对，导致画面过亮的笔画。与原始图像进行比较，观看调整的效果。

经常与原始图像比较是一个很好的习惯，这样可以确保调整后的图像效果真的符合您的预期。

在绘制的时候检测边缘

在绘制的时候，新娘的肩部比脸部更容易一些，因为前者暗部的区域更连续。如果勾选了"检测边缘"复选框，软件就会帮忙测算画面明暗的区别，有助于您按照一个相对精确的轮廓线进行绘制。它不可能保证笔画位置的绝对准确，但是可以在很大程度上允许出现一些绘制操作位置上的误差。

1 在"笔刷"HUD中选择"笔刷工具"。

2 勾选"检测边缘"复选框。

3 将"笔刷大小"设定为75。

4 在导航框中拖曳，令检视器中显示出新娘左边的肩部。

5 在新娘肩部上进行绘制。在接近边缘的时候要放慢移动光标的速度，以方便软件检测边缘，而不要绘制到明亮的区域中。记得在新娘的脖子和手臂上也要进行绘制。

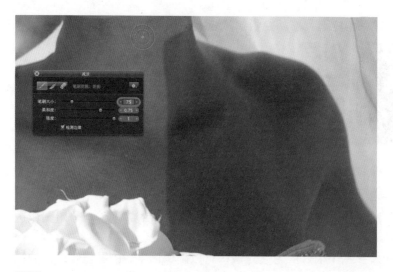

TIP ▶ 如果将画面放大超过100%，就可以更加方便于您在边缘附近进行绘制。您可以通过导航框中的控制调整放大缩小的比例。当需要移动检视器的时候，按住空格键，当光标变成小手的图标后，拖曳光标即可。

6 选择"平滑工具"，将肩膀、手臂的边缘进行平滑处理，消除超出边界的绘制。

7 完成后，按【Z】键观看整个图像。之后，按【M】键比较原始图像与调整后的图像。确保最后返回到调整后的图像。

调整前

调整后

您可能会在任何时候都勾选"检测边缘"复选框，觉得这样会非常方便。但实际上，它会带来一些问题，比如在有明显纹理效果的画面上绘制的时候，软件会把纹理当做边缘来处理，导致您无法进行预期的绘制。因此，您应该在需要填满的区域的边界上启用检测边缘的功能，但在绘制这个区域的中央部分的时候，就不需要这个功能了。

使用蚀刻令画面变暗

　　蚀刻与减淡的效果正好是相反的，主要用于将高光和中间调的某些区域变暗。蚀刻和减淡都来源于传统摄影暗房的技术。在使用胶片的时候，摄影师会将图像的很多地方都遮挡住，仅仅针对某个区域进行更长时间的曝光，这种方法被称为蚀刻，而该区域则会显得更暗。下面，让我们将照片中父亲的头部和白色的鲜花都变得暗一些。

1　在工具栏中的"快速笔刷"中选择"蚀刻（变暗）"。

2　在"笔刷操作"下拉菜单中将"笔刷范围"设定为"全部"，这次不希望仅仅在阴影部分进行绘制了。

3　将"笔刷大小"设定为120，"柔和度"设定为0.5。

4　不要勾选"检测边缘"复选框。在本例中，绘制的区域中将会有很多细节的变化，因此不需要让软件对边缘进行检测。

5　在父亲头部后面的很亮的区域中进行绘制，向下绘制肩部，一直到礼服上。（请参考示图中红色的区域。）

6　使用平滑和移除工具调整绘制的效果。

7　勾选"检测边缘"复选框。

8　在白色的鲜花上进行绘制。注意不要画到鲜花的阴影部分，否则婚礼的鲜花就会像刚枯萎的模样了。

现在已经绘制完了最基本的部分，接下来需要使用"平滑工具"将边缘的分界线变得模糊一些。这时，如果显示颜色叠层，就会令工作变得容易很多。

9 从"笔刷操作"下拉菜单中选择"透明刷"。

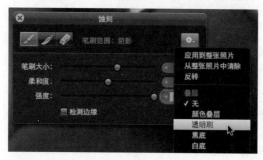

这时，画面上会仅仅显示已经绘制过的笔画，而不会显示图像本身。这样，您就可以更加清晰地看到对笔画的边缘进行平滑处理后的效果，而避免了图像内容对操作的干扰。您需要将父亲的遮罩右侧内部，以及鲜花的右侧边缘进行平滑。

10 在"笔刷"HUD中，选择"平滑工具"，从父亲遮罩的右边开始，将其边缘全部变得模糊一些。

11 之后，将鲜花的右侧进行平滑处理。保持鲜花上方和左侧的明确的边缘。

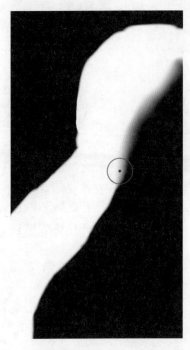
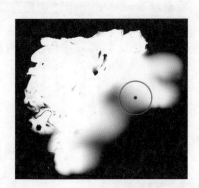

12 完成绘制后，在"笔刷操作"下拉菜单中将"叠层"设定为"无"。关闭"笔刷"HUD。

13 在调整检查器中，将蚀刻的量的设定到0.55，令画面中被蚀刻的区域更暗一些。此时，变暗的区域与画面中其他部分应该是很自然地结合在一起。如果有什么需要调整的地方，使用"平滑工具"进行一些修饰即可。

14 按【M】键，将调整后的图像与原始图像进行比较。确认一定要返回到调整后的图像的显示上。

调整前

调整后

将画面中局部区域进行了一些变亮和变暗的处理后，图像明显地变得更加生动了。

针对整幅图像应用一个笔刷

对于某些场合，如果先对整幅画面应用一个笔刷，然后再擦除某些区域，会显得更加容易一些。

1 在资料库检查器中选择项目"Brinkmann Photos"。

2 按【V】键显示浏览器。

3 双击冰川的图像"IMG_8735"。

4 按【F】键，进入全屏幕模式。

5 按【H】键打开"检查器"HUD，单击"调整"标签。

　　您可以使用偏光滤镜令天空、山脉和湖水的颜色变得更加鲜艳。在这张照片中，只有冰川的部分是不需要偏光效果的。偏光滤镜会压暗阴影和中间调，令这些区域的颜色显得更加丰富，但是并不会影响到高光的部分。在图像中，您可以先对整个图像应用偏光，然后在使用"移除工具"擦除冰川亮部的偏光效果。

　　在调整检查器中可以访问快速笔刷，此外，在全屏幕模式下，通过"检查器"HUD也是可以的。

6 在调整检查器中，从"添加调整"下拉菜单中选择"快速笔刷">"偏光（相乘）"命令。

7 从"笔刷操作"下拉菜单中选择"应用到整张照片"。

　　现在，整张照片都应用了偏光效果，全部变暗了。下面，使用"移除工具"擦除一些不需要这个效果的区域。

8 从"笔刷"HUD中，选择"移除工具"，将"笔刷大小"设定为80。

9 如果需要，请不要勾选"检测边缘"复选框。

10 从冰川下方开始绘制，当画到冰川上部的时候，请勾选"检测边缘"复选框。这样，软件就可以检测到冰川垂直表面与水平表面之间的分界线，防止笔刷画到水平表面上。但是也并不需要过于谨慎，任何画得不准确的地方都是可以在稍后进行修复的。

11 使用"笔刷工具"再调整一下被"移除工具"误擦除的地方。如果需要，可按【Z】键放大显示，尤其是在处理冰川垂直面与水平面之间的分界线的时候。

12 选择"平滑工具"，将"笔刷大小"设定为30。

13 在冰川上表面附近绘制的时候，用"平滑工具"将任何您不希望出现明显分界线的地方画出一些模糊的效果。

14 按【Z】键，观看整幅照片。

15 按【M】键，将调整后的图像与原始图像进行比较。确认返回到调整后的图像上。

调整前   调整后

　　如果感兴趣的话，还可以对比一下增强对比度与偏光之间的区别。您可以制作一个新的版本，然后按照类似的步骤应用增强对比度的调整。您会发现，两种方法的区别很微小，大多数不同都集中在云彩的部分。增强对比度仅仅会将从黑点到50%中灰的部分压暗，而偏光则会压暗图像最黑的地方到整个中间调的范围。

消除光晕

　　消除光晕的笔刷可以移除某个特定区域的色差，比如经常在高对比度的局部出现的紫边的问题。类似问题通常是由于廉价镜头或者旧款的广角镜头所带来的，在高光区域尤其突出。

1 按【V】键显示浏览器。

2 双击"060608_194922_002"照片图像。

3 将光标放在左上的窗户上，按【Z】键放大显示。通常，您需要放大显示图像，以便看到产生紫边问题的位置。

4 将光标移动到屏幕上端，以便显示出工具栏。

5 在"快速笔刷"下拉菜单中选择"光晕消除"命令。

6 在导航框中，将显示比例设定为200%，然后拖曳导航框，以便在画面上看到整个窗户。

7 将"笔刷大小"设定为5，在窗户上的紫边上涂画。如果您觉得没有消除掉足够多的紫色，也可以在HUD中提高强度，然后重新绘制一遍。

8 选择"消除工具"，移除掉那些画出界的地方。

9 按【Z】键观看整个图像。在原始图像和调整后的图像之间进行比较。确认最后停留在修改后的图像上。

您也许会感觉到惊讶，原来窗户上有这么多紫边，这在以前，您可能从来没有关注过。

调整前   调整后

修饰图像

某些时候，照片的问题并不是颜色、色调、或者是幅面，而是照片内容本身。此时，您就可以利用Aperture附带的修饰工具了，包括修复CMOS尘土，以及其他种类的裂纹和划痕等。

Aperture中有两个修饰笔刷，可以将图像上某个位置的内容绘制到另外一个位置上：

▶ 修复——使用"修复笔刷"可以消除某个位置上的高对比度的边缘或者纹理。修复笔刷会将源位置上的像素复制到目标位置上，接着，修复笔刷还会混合色调和颜色，以便模拟目的位置上的整体感觉。

▶ 克隆——笔刷会执行简单的复制和粘贴的操作，将图像的一部分复制到另外一个位置上。与修复笔刷不同，克隆不会进行混合像素的操作。有时，如果修复笔刷令边缘显得过于模糊的话，就可以使用克隆才避免这样的问题。

选择什么样的笔刷类型来执行操作，完全依赖于计划处理的图像区域的情况。

NOTE ► Aperture也包含了污点和修复控制，以便保持与旧版本软件的兼容。如果您的工作是从一个全新的图像修复开始的话，也可以忽略污点和修复控制，直接使用修复笔刷即可。

修复图像

在实际工作中，您可能会从使用修复笔刷解决CMOS尘土和不应该出现的电话线等问题。在本次练习中，狮子的脸上横跨过一条野草。由于使用其他工具会显得过于繁琐，因此，我们使用修复笔刷来解决这个问题。

1 在资料库检查器中选择项目"Uganda Pearl of Africa"。然后双击狮子的照片"IMG_2208"。

2 按【F】键进入全屏幕。

3 将光标放在狮子的鼻子上，按【Z】键放大显示。

4 使用导航框将放大比例设定为150%。

5 摇移图像，对准狮子的鼻子的部分，可以看到，一些杂草从它胸部白毛的部分向上挡住了它的鼻梁。

对于这张照片，每次看到杂草挡在狮子的鼻梁的中间的时候，您可能都会觉得非常不舒服。

在着手工作之前，首先，请忘记那些在网络上或者研讨会上看到的技巧。它们的确有效，但是也需要花费一定的时间来达到完美的最终效果。没有任何一个单独的笔刷可以立刻完成任务。当纹理发生改变，或者碰到明确的边缘轮廓的时候，您就需要启用新的笔刷了。

6 在工具栏上，从"快速笔刷"下拉菜单中选择"润饰"命令。

让我们从杂草上最上端开始处理。您不能使用尺寸比较大的笔刷，而且，其柔和度也需要适量。

在笔刷的HUD中，您可以自己选择修复笔刷的采样源区域，也可以让Aperture自动选择。为了简易起见，我们让Aperture自动选择源区域。

7 在"笔刷"HUD中，选择"半径"为15，设定"柔和度"为0.50。

8 从杂草的最上端开始，在狮子鼻子右侧的疤痕上面，在很小的这个绿色区域上单击一下。

这样，绿色的细条就不见了，而且，新的图像与周围的像素完美地融合在了一起。

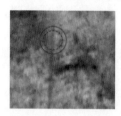

~ 现在看上去，效果非常好。但是，这仅仅是最简单的部分。修复笔刷最适合非常微小的区域，只要单击一下，就可以将CMOS上的灰尘，或者这样的绿色的杂纹清理掉了。

删除修饰笔刷的笔画

接着，我们使用同样的设定，继续处理狮子的鼻子。从鼻子前杂草的最上部开始，一直向下画到鼻子变黑的地方为止。

1 将光标放在狮子鼻子上的疤痕下面的杂草上。

2 沿着杂草向下拖曳，在鼻子变黑的地方停止。

这次效果不好，虽然颜色和纹理都改变了，但是笔刷大小明显不合适。让我们删除这次的操作，尝试调整一下笔刷大小。

3 在工具栏中单击"检查器HUD"按钮，或者按【H】键，显示出"检查器"HUD。

4 在调整窗格的"润饰"部分中，您可以看到当前存储了多少个笔触。单击"删除"按钮，直到笔触的数值为1为止。

目前，笔触的计数为1。刚才的笔画已经被删除了，只剩下第一次绘制的笔画了。

5 再次将光标放在狮子鼻子上的疤痕下面的杂草上。

6 向下绘制，在皮毛变深之前，以及杂草变粗之前，就停下来。

7 由于杂草会变粗，所以下一个笔画就需要将笔刷半径设定得大一些，比如在17左右。

8 向下绘制，在皮毛变浅的地方停止。

现在效果看上去好了很多。这样操作不仅仍然保持着简易的特征，而且在增大笔刷后，画面上也不会在混合入杂草的绿色了。

使用自动和手动源选择进行修复

对于黑色的鼻子上方的浅色皮毛，您将单击两次来进行修复。第二次将会在黑色鼻子与浅色皮毛之间。利用自动选取源和检测边缘将会很容易地完成任务。

1 将光标放在绿色杂草顶部，单击一下。

2 将光标放在黑色鼻子与浅色皮毛之间，单击一下。

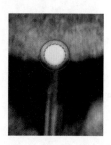

现在，黑色鼻子与浅色皮毛之间明显的分界线仍然很清晰，但是杂草完全去除了。下一步，您将手动选取源目标，以便处理鼻子上下两端的部分，以及中间相对宽阔一点的杂草。

3　在"笔刷"HUD中，取消对"自动选取源"复选框的勾选。

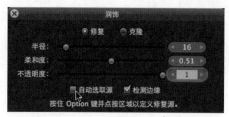

4　将"半径"设定为20，以便覆盖相对宽阔一点的杂草。

由于您将从上面黑色鼻子绘制，所以首先需要选择一个源区域，其中要拥有黑色的平坦的纹理。在需要绘制的位置的左边一点，选择一个区域，就可以满足这次绘制的需要了。您也会注意到，在鼻孔上的纹理与鼻子上有一点点不同，所以，您需要保留这种区别。

5　按住【Option】键单击鼻子的上端，就在杂草左边一点点的位置上。

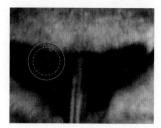

6　从上到下，沿着杂草进行绘制。当源目标的位置要跨越到鼻子的浅色皮毛的地方上的时候，停下来。

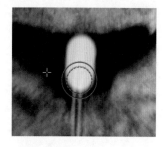

下面，您将选择一个新的源区域，以便处理鼻子的边缘轮廓和上嘴唇。这个区域与笔刷右边的区域很相似。

7　按住【Option】键单击笔刷的右侧，就在鼻子和浅色皮毛的交界线上。

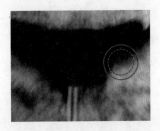

8 在黑色鼻子的边缘上单击一下，并在上嘴唇上单击，移除杂草的项目。您需要在上嘴唇右侧的浅色区域选择源。针对第二次单击操作，我们让Aperture为修复笔刷自动选择源。而且，您也需要令笔刷稍稍增大一些。

9 将"笔刷半径"设定为25，按住【Option】键单击上嘴唇右边的浅色皮毛的位置。

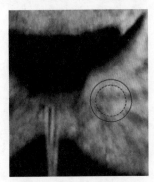

10 将光标放在上嘴唇上，对着杂草的位置，单击一下。

11 在"笔刷"HUD中，勾选"自动选取源"复选框。

将笔刷放在上嘴唇和嘴之间的黑色边缘上，单击。

如果您觉得效果还不满意，也可以删除某些笔触，重新进行绘制。尝试从不同的位置上选择源，或者让Aperture自动选择。您也可以尝试将笔刷半径增加或减少3到5个点。不同的设定参数会带来不同的结果，但最主要的是避免出现机械性的重复纹理。

克隆图像

除了可以修复图像之外，修饰工具还可以在图像内部进行克隆。您可以将图像中某个位置上的像素复制到另外一个位置上。克隆操作比修复要更快速一些，因为它不需要混合像素的运算。在下面练习中，您将使用克隆功能清除狮子口中的任何不希望留下的像素，并继续移除杂草。

1 在"笔刷"HUD中单击"克隆"按钮。

请注意，"自动选取源"和"检测边缘"的复选框消失了。由于克隆需要选择源——它是直接从一个区域到另一个进行复制/粘贴像素——因此，两个选项是不可用的。

让我们从狮子口中的黑色区域中选取一个源。您可能需要移动到画面下方，以便看到更多的狮子口部的画面。

当前可供工作的区域很狭小，所以，您需要先选取一个源区域，进行绘制，然后再选取另外一个源区域，再继续进行绘制。在绘制过程中，请时刻注意十字光标的位置，尤其是当绘制到嘴部的边缘的时候。这时，您可能需要选取新的源区域。此外，选择较小的半径和柔和度的数值，也有助于您顺利地操作。

2 在"笔刷"HUD中，将"半径"设定为10，"柔和度"设定为0.5。

3 按【Option】键单击狮子口部中黑色区域的右侧。

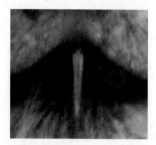

4 将笔刷放在杂草上，并进行绘制。

实际上，仅仅绘制一点点，源区域就会超出其所需要的范围。因此，您需要不断重复相同的操作。在接近下嘴唇的时候就可以停下来了，这部分可以通过修复笔刷完成。

5 单击"修复"按钮。

6 勾选"自动选取源"复选框。

7 在"笔刷"HUD中将"半径"设定为20。

8 在口部和下嘴唇之间的边界上单击。

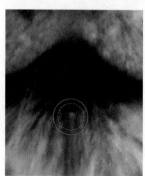

在复杂边界的区域，修复笔刷也不是万能的。比如画面中将要处理的最后这一部分。在下巴的皮毛上没有硬边，相对比较平滑，因此，就可以使用克隆在进行修饰。

9 单击"克隆"按钮。

这里的杂草变细了，所以笔刷也要小一些。同时，提高柔和度也会是操作的效率更高。

10 在"笔刷"HUD中将"半径"设定为15，"柔和度"设定为0.75。

11 按住【Option】键，在与杂草上端平行的右侧位置，单击选择源区域。

12 将笔刷放在杂草的上方，向下绘制，抹去杂草。

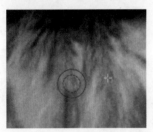

13 按【Z】键，观看整幅图像。

14 比较调整前后图像的不同，或者也可以勾选与取消勾选"调整"HUD中的"润饰"复选框。确认返回到调整后的图像上。

调整前

调整后

至此，您使用克隆和修复工具已经在画面中移除了狮子面前的杂草。

在快速笔刷中包含了几种笔刷类型。通过本次练习，您熟悉了其中几个工具。在下面的练习中，您将继续学习新的工具。

▶ 修饰——修饰不完美的地方。

▶ 磨皮——平滑人物的皮肤。

▶ 减淡（变亮）——令图像变亮。

▶ 蚀刻（变暗）——令图像变暗。

▶ 偏光（相乘）——在保持高光不变的前提下令阴影和中间调变暗。

▶ 增强对比度（叠层）——加强纯黑与50%灰之间的对比度。

▶ 色调——使用角度参数将某种颜色添加到现有的某个色调中。

▶ 对比度——有选择地提高某个区域的对比度。

▶ 饱和度——提高颜色饱和度。

▶ 清晰度——提高局部区域的对比度。

▶ 鲜明度——提高某些颜色的饱和度，但是保留肤色不变。

▶ 模糊——使用笔刷模糊图像的某些区域。

▶ 锐化——使用笔刷锐化图像的某些区域。

▶ 光晕消除——消除紫边。

▶ 噪点消除——减少高ISO带来的噪点。

针对一个调整使用笔刷

快速笔刷不是Aperture中唯一一种可以使用的笔刷，但它是最常用的笔刷之一。几乎在调整检查器中的每一种调整都可以通过笔刷应用到图像上。在本次练习中，您将继续工作在全屏幕的模式下，处理婚礼的照片，并应用黑白滤镜。

NOTE ▶ 只有曝光、白平衡与RAW解码是不能通过笔刷应用于图像的。

1 在资料库检查器中选择项目"Catherine Hall Studios"。如果需要，按【V】键，显示浏览器。

2 双击新人拥抱在一起的图像"48_0912_AT_418-3"。

这张照片很不错，唯一的遗憾就是新人周围建筑物的颜色过于丰富，取代了对新人的注意力。通过黑白控制将这些颜色去掉，然后在用笔刷将新人周围不远的位置上的颜色找回来。

3 在"调整"HUD中，选择"效果">"黑白">"绿色过滤器"命令。

4 在"黑白"调整部分中，从"调整操作"下拉菜单中选择"刷掉黑白"。

在创建一个笔刷的时候，"调整操作"下拉菜单中有两个选项：一个是可以选择将调整应用到图像被绘制的区域上，另外一个则是将调整应用到整个图像，再从被绘制的区域中去掉。在本例中，您将把黑白调整从新人、台阶和大门上去掉，并降低在"笔刷"HUD中的强度参数，令原有的颜色显露出来。

5 在"笔刷"HUD中将"笔刷大小"设定为200，"柔和度"设定为0.25，"强度"设定为0.7。取消对"检测边缘"复选框的勾选。

6 首先在新人的下方开始绘制，然后逐渐覆盖新人和整个建筑物的前脸。关闭"黑白"HUD。

TIP ▶ 如果笔刷没有效果，可确认在"笔刷"HUD中激活了"移除"按钮。

这样就为照片增加了一种怀旧和浪漫的气氛。但是，没有人喜欢在阴天结婚。所以，还需要为天空增加一些色彩。

7 在调整检查器中，单击"笔刷"按钮，访问"笔刷"HUD。

8 在"笔刷"HUD中选择"移除"，将"强度"设定为0.9，勾选"检测边缘"复选框，这样就可以避免将颜色添加到建筑物的墙面上了。

9 在天空中进行绘制，不要将笔刷绘制到建筑物的墙面和屋顶上。

通过绘制新的调整笔刷，使画面的颜色更加简洁，也提高了对照片中人物的注意力。通过结合多种调整笔刷，您可以在一个软件中就完成以往需要多个软件组合起来才能完成的任务。而最棒的是，这些调整都是非破坏性的，您可以随时进行必要的调整，或者尝试不同参数带来的不同效果。

创建一个笔刷的多个应用

在某些时候，一个调整设定在图像的某个区域内是合适的，此外，该调整的另外一种设定也可能会在另外一个图像区域中适用。Apeture可以将不同的调整多次以笔刷的形式应用于图像。这在处理黑白图像的时候尤为有用。下面，让我们将一幅彩色照片转换为黑白，并在图像的不同区域使用不同的黑白过滤器。

1 确认仍然在全屏幕模式下。按【V】键，观看浏览器。

2 从资料路"路径导航"下拉菜单中单击"项目"，并选择"Landscapes"。

3 双击"IMG_3627"照片图像。

针对这幅图像，橙色过滤器适用于天空，而绿色过滤器则适用于墙壁。因此，我们同时使用这两个过滤器来处理图像。

4 在"调整"HUD中选择"效果">"黑白">"橙色过滤器"命令。

滤镜应用到了整幅图像，接下来，您需要使用笔刷，从墙壁上将过滤器带来的效果去掉。

5 在"调整"HUD中，从"黑白"调整操作下拉菜单中选择"刷掉黑白"命令。

6 在"笔刷"HUD中，取消对"检测边缘"复选框的勾选。因为墙壁上有太多明确的纹理了，检测边缘会令软件运算变得很不可靠。

7 从墙壁的下方开始，刷掉黑白的调整，直到全部墙壁都变成彩色的为止。

8 在"调整"HUD中，从"黑白"调整操作下拉菜单中选择"添加新的'黑白'调整"命令。

新的调整出现在上一个调整的下方，并高亮显示。您需要将新的调整仅应用在墙壁部分上。

9 在新的、靠下方的黑白调整中，将"绿色"滑块拖曳到100%，将"红色"和"蓝色"滑块拖曳到0。

> **TIP** 滑块的中央的位置就是0。

10 从靠下方的"黑白"调整中，在操作下拉菜单中选择"刷入黑白"命令。

11 从墙壁的下方开始绘制，直到整个墙壁都变为黑白为止。

10

课程文件： APTS Aperture book files > Lessons > Lesson 10 > Memory_
Card_03.dmg

完成时间： 本课大概需要30分钟的学习时间

目标要点：
⊙ 更新RAW解码方式

⊙ 使用微调控制优化RAW解码过程

⊙ 使用DNG文件

第10课
处理RAW图像

JPEG是一个标准的图像格式，几乎每一个数码相机和数码摄影师都在使用这种格式。JPEG文件是在相机内进行压缩和处理的，去除马赛克阻塞，设定正确的白平衡，锐化图像，以及与其他相机内置的调整。该处理会导致一些微小细节的损失，也会减小在后期对该图像进行各种处理的时候所能接受的范围。

此外，大多数数码单反相机，甚至是一些傻瓜相机都能够以原生RAW格式来拍摄图像。RAW文件会带来一些显著的优势，当然，与JPEG文件相比，它也有缺点，尤其是拍摄数量过于庞大的时候。

在本课中，您将比较调整RAW和JPEG图像工作的区别，熟悉使用Aperture的RAW微调控制RAW的解码。最后，还将学习多种锐化和减噪的技术。

使用RAW+JPEG成对图像

RAW格式的图像文件会直接保存来自相机传感器的信息，不会经过任何相机内部的再次处理。由于RAW格式保留了更多的细节，相比JPEG文件，提供了更多的影像编辑的灵活性，所以RAW文件格式已经成为了一种流行的图像格式。RAW格式的缺点是其专有的性质和文件大小。JPEG是一种普遍通用的格式，几乎任何应用程序都可以打开它。相反，每一个相机制造商都有它自己的相机的专用RAW格式。如果将RAW文件作为长期存档的格式，就显得不太稳妥了。

当决定拍摄RAW或JPEG图像时候，您可以有第三种选择。许多数码单反相机可以同时拍摄RAW+ JPEG图像。这样做会令您兼顾获得JPEG文件的速度和可靠性，高品质的

RAW文件的灵活性。这样拍摄的代价是需要更多存储卡和硬盘，以便容纳更多的文件。Aperture在管理这样的图像的时候，可以与管理普通文件一样的轻松自如。在本次练习中，您将通过导入设置来决定Aperture如何处理RAW + JPEG文件。

1 在Dock中单击"Finder"图标。

2 在"Finder"中找到"APTS Aperture book files" > "Lessons" > "Lesson 10" > "Memory_Card_03.dmg"文件。

3 双击"Memory_Card_03.dmg"文件，将其加载到文件系统中。完成后，您将在桌面上看到一个可移动介质的图标，其名称为"NO_NAME"。

Aperture将会自动切换到前台，并显示导入浏览器，已经模拟存储卡的这个移动介质中所有的图像。

4 在资料库检查器中选择项目"RAW Examples"，令新导入的照片存放在这个项目中。

5 在导入存储卡的图像之前，先单击"导入设置"下拉菜单，取消对"文件类型"和"备份位置"的选择。

6 在右边的"导入设置"对话框中，确认RAW+JPEG对已经自动出现在界面上。将"储存文件"设定为"在Aperture资料库中"。

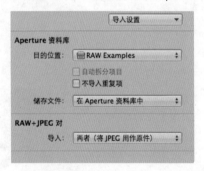

在对RAW+JPEG设置中，您可以选择仅仅导入一种格式文件，或者两种格式都导入。如果选择后者，Aperture会将其视为同一个文件，您可以选择使用哪个格式文件作为首要的原始文件用于浏览和使用。而另外一种格式的文件则会安静地隐藏在背后。

那么，哪一种格式的文件应该被当做首要的原始文件呢？这取决于您打算如何处理拍摄的图像。如果仅仅是执行一些简单的图像编辑，比如裁剪、拉直，轻微的色调与颜色修正，那么JPEG文件就可以。在Aperture中，JPEG文件浏览和操作起来的速度都非常快。如果您需要对照片进行比较复杂的调整，就可以选择使用RAW格式。无论您选择何种格式，对于任何一张照片来说，都可以单独进行选择。

7 在RAW+JPEG的"导入"下拉菜单中选择"两者（将JPEG用作原件）"。

TIP ▶ 如果您决定仅仅导入JPEG文件，而将RAW文件作为备份，您也可以稍后再导入它们，并使用匹配的RAW文件命令，将其与JPEG文件匹配在一起。

8 确认所有照片都被选择了，然后单击"导入所选"按钮。

当导入完成后，Aperture会显示一个对话框，允许您弹出存储卡，也可以同时删除或者保留存储卡上的照片。

9 选择"弹出"，单击"保留项目"按钮。

10 如果需要，按【V】键几次，直到切换到拆分视图。

在已经导入的图像的右下角，您可以看到有一个小小的带有J字样的图标。这个图标表示该图像是RAW+JPEG对，并以JPEG图像作为原件。

您可以随时切换到观看RAW文件的模式。在RAW+JPEG对切换中，唯一能够识别的就是图像上的小图标，以及调整检查器中的信息。在从JPEG切换为RAW后，通过调整检查器可以看到新增加出来的参数。

NOTE ▶ 在信息检查器的相机信息部分中也会显示RAW或者JPEG图像的信息。

11 选择日落的图像"CRW_2725"。然后在菜单栏中选择"照片">"将RAW用作原件"命令。

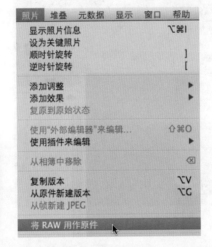

图像右下角的小图标中的字样变更为R，表示当前观看的是RAW格式的图像。接下来，我们熟悉一下RAW文件带来的更多的特性。

比较RAW和JPEG文件

无论您选择了导入RAW文件还是JPEG文件，它们在Aperture中都是无缝地集成在一起的。在检视器和浏览器中，几乎感觉不到它们的区别。尽管RAW文件经常是JPEG文件大小的五倍之多，但是在调整方面，RAW具有高度的灵活性。在本练习中，您将比较RAW和JPEG文件在同样设置条件下的调整效果。

1 确认选择的是"CRW_2725"照片图像。

2 在调整检查器中，将"曝光"滑块向左拖曳到−1.5。

当图像整体变暗后，它仍然保留了丰富的红色的云彩。当切换到JPEG后，曝光的设定仍然会保持不变。但是，您将会发现画面有了巨大的区别。

RAW图像

3 在菜单栏中选择"照片"＞"将JPEG作为原件"命令。

JPEG图像

您可以看到，云彩部分显得很平淡。其原因是RAW文件比JPEG文件具有更大的宽容度。因此，RAW文件中会看到更多的高光和阴影中的细节。也正因为这个原因，RAW文件通常会作为图像编辑的一种格式。

4 在审视完图像后，还原曝光调整参数。

解码一个RAW文件

Aperture支持超过150种相机和它们的RAW格式。每个被Aperture所支持的RAW格式类型都具有一个预置的校准数据，以便Aperture实现针对大多数情况适用的解码运算。如果需要，您也可以针对某个图像单独控制其解码参数，以便获得更理想的效果。RAW微调控制可以修改OS X解码RAW文件的参数。此外，针对某种相机，您也可以定制解码方式。

> **NOTE ▶** 考虑到不同类型的RAW文件，某些控制项目可能是不可用的。这表示软件对该RAW解码方式或者相机类型不能实现完整的支持。

更新RAW解码

RAW文件必须经过解码后才能显示在屏幕上。Aperture使用一种RAW解码引擎来完成这个工作。如果资料库文件是通过旧版本的Aperture创建的，那么RAW文件使用的就是旧版本的RAW解码器。Aperture 3包含有新版本的解码引擎，可以提高处理速度。

由于更改RAW解码方式会改变图像看上去的模样，所以Aperture在默认情况下是不更改已经存在的图像的解码方式的。对于现有的项目，您无需更新解码方式，除非希望完全重新编辑这些图像。如果需要，您可以仅仅对某些图像的解码进行更新，或者是整个项目。

对于大型的资料库，您可以使用搜索功能来找到哪些照片还没有使用最新的解码方式。

1 在资料库检查器中选择项目"RAW Examples"。

2 在工具栏的最右边单击"过滤器HUD"按钮。

3 在"过滤器"HUD中，从"添加规则"下拉菜单中选择"文件类型"。

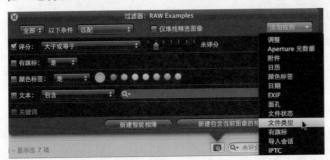

4 勾选"文件类型"复选框。

5 从"添加规则"下拉菜单中选择"调整"。

6 将文件类型设定为RAW，将调整设定为不包括RAW解码3.0。此时，浏览器中将会仅显示资料库中还没有使用最新的解码引擎的RAW文件。

NOTE ▶ 如果对于资料库中的某个图像有可用于更新的RAW引擎，在调整面板中将会出现重新处理按钮。

此时，您可以选择某些照片进行更新。

7 关闭"过滤器"HUD，在浏览器中选择图像"Milford Road"、"South Island NZ"。

8 在菜单栏中选择"照片"＞"重新处理原件"命令。在弹出的对话框中单击"重新处理照片"按钮。完成后，单击"好"按钮。

通过这样的方法，可以更新某个图像的RAW解码方法。当然，您也可以更新整个资料库。

9 如果希望重新处理资料库中的所有照片，可单击检查器的"资料库"标签，然后选择"照片"。

10 在菜单栏中选择"照片">"重新处理原件"命令。

在弹出的对话框中，您可以选择处理所有照片，或者经过调整/未经过调整的照片。在本例中，您需要选择所有照片。这样可以更新资料库中的全部图像文件。

11 使用默认的选择，然后单击"重新处理照片"按钮。

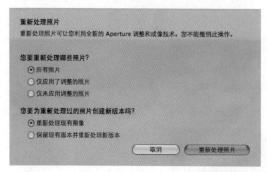

NOTE ▶ 更新RAW处理方式会改变图像看上去的模样，而且，如果图像数量众多的话，这个操作也会花费大量的时间。

12 当所有图像都更新完毕后，清除"过滤器"HUD中的设定。

在检视器中，图像看上去可能差别并不明显，但是您会注意到在调整检查器中，所有RAW文件都具有了RAW微调的控制。接下来，我们将学习如何使用这些控制项目。

调整增强和色调增强

下面，让我们来熟悉一下RAW微调控制中的两个调整：增强和色调增强。如前所述，Aperture包含了一套相机配置文件，用于支持不同类型的相机。这些配置文件中包含了一些特殊的信息，比如每款相机的图像特征，用于如何调整RAW文件，以便决定图像的颜色和对比度如何进行呈现。这些调整参数适用于某款相机的大多数图像，而且，您也可以针对某幅图像进行单独的调整。

增强控制了对比度。但是它与往常的对比度调整还不太相同，它带来的效果要更加微弱。

1 选择项目"RAW Examples"，清除"搜索"栏。在检视器中，选择"CW_2725"照片图像。在菜单栏中选择"照片">"将RAW作为原件"命令。

2 按【F】键进入全屏幕模式，按【H】键打开"检查器"HUD。单击"调整"标签。

3 在"调整"标签中，单击"添加调整"下拉菜单，选择"RAW微调"。

在调整检查器中出现了RAW微调，其中包含了若干参数。我们从最上面的增强开始操作。增强0.00数值表示在RAW解码过程中没有进行任何对比度调整。1.00的数值表示进行了苹果推荐的针对该型号相机的最大限度的对比度调整。根据当前的图像，您也可以选择降低增强的数值。

3 将"增强"滑块拖曳到最左边,观看在没有任何增强作用下的图像效果。

4 轻轻地向右拖曳"增强"滑块,逐渐增加一些数值,直到您认为满意为止。

默认的增强数值

较低的增强数值

色调增强是与增强协同使用的。色调增强会在提高对比度的同时保持图像的色度。如果增强设定为9,色调增强则不会有任何作用。如果图像的增强和色调增强都设定到1.00,那么颜色的色度就会变得几乎最高。这对于风景照而言可能效果会很好,但是会带来不自然的肤色,所以,要谨慎地在人物摄影中这样设定参数。

5 将"色调增强"滑块拖曳到最右边,检视图像的效果。

6 慢慢地将"色调增强"滑块向左拖曳,直到您觉得满意为止。

现在,图像会相对暗了一些,而云彩变得更红,阳光也更加偏黄。在调整增强的时候,请注意图像的高光和中间调。在调整色调增强的时候,红色、黄色要比蓝色、绿色变化得更加明显。但是即便如此,其色调变化也是相对比较微小的。

调整色调增强之前

调整色调增强之后

使用锐化和噪点消除

令照片影像显得不够锐利的原因有很多,例如特定焦距的镜头的问题,相机内部处理的问题,或者是拍摄环境的问题。在一定程度上,通过锐化可以减轻类似的问题,但是对于画面失焦来说,则是完全另外一个层次的问题,请不要混淆。锐化仅仅是一种增强对比度的小窍门,而不是修正对焦的方法。

锐化带来的一个副产品就是图像上的噪点往往会增加,同理,消除噪点往往会令图像显得不那么锐利。因此,您有时可以同时应用锐化和噪点消除,然后在两个调整之间取得一种平衡。

Aperture有两个锐化的方法,在RAW微调也可以进行一些非常微弱的锐化。在本次练习中，您将使用边缘锐化，它的作用力相对会显得比较大一些。

应用边缘锐化

在处理RAW文件的时候，Aperture会使用RAW微调中的锐化参数自动针对不同机型的图像进行锐化处理。与其他RAW微调的参数一样，这里的锐化的效果非常微小。如果您需要更有力度的锐化，就可以使用边缘锐化。

> **TIP** Aperture也包含一个锐化的调整，但它是针对整个图像内容的锐化，包括噪点。而边缘锐化相对来说则是一种更加方便有效的工具。

1 在全屏幕模式下，按【V】键显示出浏览器。

2 如果需要，单击"过滤器"HUD搜索栏上的"还原"按钮。

3 双击山地大猩猩的图像"IMG_9896"。

4 将光标放在大猩猩的前额上，按【Z】键，以100%的比例观看图像。

拍摄这张大猩猩的照片的镜头比较软，所以，如果能够将图像的锐度提高，尤其是眼睛的部分，就会令照片大为增色。下面，我们放大眼睛的部分，然后应用边缘锐化。

5 将光标放在导航框上。

6 将放大框拖曳到大猩猩的脸部，并将显示比例设定为150%。

7 从"添加调整"下拉菜单中选择"边缘锐化"。

在高对比度的区域，边缘锐化进行3次对比度增强的运算，令暗的像素更暗，亮的像素更亮，从而令边缘的轮廓显得更加锐利。

边缘锐化中有3个参数：强度、边沿和衰减。强度控制整个效果的力度；边沿则是个阈值，决定了哪些像素被认定是边缘；衰减则决定了第二次和第三次锐化的强度。

目前，"强度"数值为0.8。我们保持它不变，调整一下边沿和衰减的参数数值。

8 为了强调大猩猩眼睛旁的皱纹，我们将"边沿"滑块设定为0.5。

9 将"衰减"滑块拖曳到0.8，增强后面两次锐化运算的强度。

您可以将调整前的图像与调整后的进行比较，体会参数变化带来的效果。

10 取消对"边缘锐化"复选框的勾选，返回到调整前的状态。再次勾选/取消勾选，比较图像的变化。

边缘锐化之前　　　　　　　　　　　　　　　边缘锐化之后

> **TIP** 边缘锐化的参数很值得保留一套预置，以便反复使用。因为多数相机/镜头的组合产生的图像锐化的问题基本上是一模一样的。当您找到一套最适合当前相机/镜头的边缘锐化参数后，这套设定就基本上可以适用于它们拍摄的所有照片了。

使用RAW微调中的降噪

在进行锐化图像的时候，应该时刻注意噪点的问题。尽管Aperture在解码RAW文件的时候会试图降低噪点，但是之后的边缘锐化可能又会突出噪点的问题。针对佳能、尼康和索尼的相机，在RAW微调控制中会有降噪的控制项目。如果这个参数可用，也许会带来很不错的效果。

1 保持对大猩猩图像的选择，将"降噪"滑块拖曳到最左边，观看在没有任何降噪处理运算下的图像效果。

此时，可以清晰地看到在眼睛和前额上增加的噪点。当使用了默认的降噪参数后，图像会得到明显的改观。下面，我们将当前图像的降噪运算恢复为默认数值，然后观看另外一幅图像的效果。

2 在"RAW微调"中，双击"降噪"滑块，其数值会恢复为0.50。

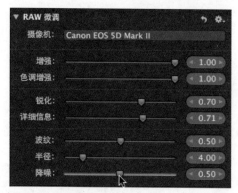

3 按【Z】键观看整个图像。

下面，我们观看另外一幅图像，该图像没有进行过任何锐化，但是因为ISO数值很高，所以具有明显的噪点。

4 双击大猩猩照片，返回到浏览器中。

5 双击小孩的照片"IMG_9619"，在全屏幕的检视器中显示它。

6 将光标移动到右边小孩的脸部，按【Z】键放大到100%显示。

7 在"RAW微调"中，将"降噪"滑块拖曳到最右边。此时，图像得到了最大程度上的降噪。

您可以将当前数值的效果与默认的0.50的数值进行比较。双击滑块即可恢复到默认数值。

8 在"RAW微调"中，双击"降噪"滑块，将数值恢复到0.50。

降噪前　　　　　　　　　　　　　　　　降噪后

　　通过这些锐化和降噪工具，您可以来回调整滑块，以便在锐化图像和降低噪点之间取得一种平衡。

　　锐化和降噪也没有先后次序的分别。由于Aperture支持非破坏性的编辑，您可以任意尝试不同的参数组合。

使用噪点消除调整

　　对于RAW图像，仅仅通过RAW微调就可能会获得非常好的降噪效果。但是对于JPEG图像或者旧的型号的相机，由于没有RAW微调的功能可供使用，您可能就需要标准的噪点消除的调整了。

1　按【Z】键观看整张照片。

2　按【V】键，返回到浏览器中，双击日落的图像"CRW_2725"，在全屏幕模式下观看该图像。

3　将光标放在画面右侧的山坡的阴影上，按【Z】键放大该区域。

　　尽管该图像是RAW格式的，但由于它是旧款的相机拍摄的，无法使用RAW微调的功能。针对该图像，您可以使用噪点消除来进行适当的调整。

4　在"调整"HUD中，从"添加调整"下拉菜单中选择"噪点消除"命令。这样，噪点消除的调整就会出现在界面上。

"半径"滑块是用于确定多大尺寸的噪点是需要被消除的。"边缘细节"滑块会带来一些软化图像的控制，它决定了有多少边缘的细节是需要保留的。如前所述，高对比度的区域通常就是边缘，因此，在这个部分进行比较少量的噪点消除，有助于防止整幅图像看上去显得不够锐利。在实际调整后，几乎很难说什么样的参数是正确的，什么样的参数是错误的。您需要亲自进行实践，依靠自己的感觉来判断。

5 调整半径和边缘细节滑块，直到您认为满意为止。

6 将"半径"滑块设定为1.5，将"边缘细节"滑块设定为2。

7 取消"噪声消除"复选框的勾选，然后再次勾选，反复比较图像前后的变化。

噪点消除之前

噪点消除之后

如您所见，对于不能使用RAW微调的图像，通过噪点消除的调整也可以达到很不错的效果。同时，这个噪点消除也同样适用于RAW图像和JPEG图像。

消除RAW图像的摩尔纹

如果图像中具有高对比度、线性的图案，比如摩天大楼的窗户，或者是木栅栏，都会在数码相机的传感器上产生衍射的图像。

为了解决类似的问题，Aperture包含了摩尔纹和半径滑块，用于消减摩尔纹的现象。在RAW解码的过程中，摩尔纹控制就可以消除一些图像中的问题。摩尔纹滑块决定了被修改的高频信号的数量，而半径滑块则决定了被应用该调整的区域的大小。

1 按【Z】键观看整幅图像。

2 在视图中选择"Woodpecker"照片图像。

3 将放大镜放在鸟的肩部。

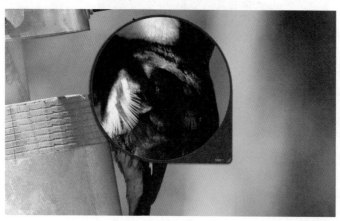

从放大镜右下角的下拉菜单中选择100%。拖曳放大镜的右下角，缩小它的体积。仔细观察，在局部画面中可以看到摩尔纹和一些噪点。

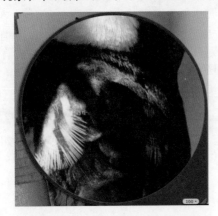

5 如果需要，单击"添加调整"菜单，选择"添加RAW微调"命令。

6 将"摩尔纹"滑块拖曳到最右边，数值为1.00。

> **NOTE ▶** 与所有RAW微调中的控制一样，您必须停止拖曳滑块，松开鼠标键后，图像才会根据滑块定义的参数数值对图像进行解码。所以，每次调整后，都应该松开鼠标键，等待图像重新进行解码后，再检查其效果。

7 将"半径"滑块拖曳到最右边，增大摩尔纹调整所应用的区域。

在调整了"摩尔纹"滑块，增大半径后，图像中的摩尔纹的问题减轻了许多。

8 关闭"放大镜"。

存储RAW微调预置

如果您发现某款相机的照片经常需要进行相同的RAW微调，就可以存储一个该调整的预置，以便重复使用。

比如，您可以为日间拍摄的照片和夜间拍摄的照片分别设定一个预置。也可以专门为高ISO的照片设定一个消除噪点和进行锐化的预置。

1 在调整检查器中，从"RAW微调"操作下拉菜单中选择"存储为预置"。

2 在弹出的对话框中，输入一个描述性的名称，单击"好"按钮。

从"RAW微调"操作下拉菜单中选择"新建立的预置名称，就可以将其应用到其他图像上了。

如果您觉得某款相机拍摄的所有图像都需要使用新建立的RAW微调预置，也可以将这个预置作为默认的设定。

> **TIP ▶** 如果您又改了主意，希望还是使用苹果推荐的相机默认的设置，还可以还原预置。在"RAW微调"中，从"预置"操作下拉菜单中选择"Apple-相机默认值"。

使用DNG文件

目前有许多种不同的RAW文件格式，每种格式都对应于某款相机的型号。针对这个情况，Adobe创建了一种兼容的、开放的文件格式DNG。Adobe也发布了一个DNG转换器软件，供用户免费下载使用。它可以将大多数RAW文件转换为DNG文件。因此，如果Aperture还不支持某种RAW文件，您可以预先将其转换为DNG文件，然后再导入到Aperture中。

如果Aperture已经对DNG文件中所包含的RAW格式有了支持，就会使用针对该相机的RAW解码来打开RAW文件。如果Aperture没有对DNG文件中所包含的RAW格式有支持，就会使用存储在DNG文件中的相机信息来解码RAW文件。

NOTE ▶ 如果使用的DNG文件来自于Adobe DNG转换器软件，您就不能使用"转换为线性图像"选项。

Aperture支持超过150种数码相机的RAW格式，也可以使用大多数的DNG文件。如果需要了解最新的支持情况，请访问www.apple.com/aperture/specs/raw.html。

课程回顾

1. RAW文件比JPEG文件有哪些优势？

2. 如果使用JPEG文件，在哪里能找到边缘锐化的控制？

3. 对与错：RAW文件的大小与JPEG文件相同，但是RAW文件在高光和阴影部分有更多细节。

4. 如果您发现来自同一款相机的全部RAW图像都需要进行相同的调整，那么如何将针对单独一个图像的调整应用给所有RAW图像呢？

答案

1. RAW文件具有更多的细节和更宽广的动态范围，在编辑的时候提供了更多的灵活性。

2. 在添加调整菜单中可以选择使用边缘锐化。

3. 错。RAW文件比JPEG文件要更大。

4. 在完成调整后，选择存储为相机默认值。

寻求精神元素

75 000，这是唐·霍尔茨的Aperture资料库中的照片数量。如果每天拍摄20张照片，10年时间，其总数量也仅仅是刚刚接近这个数值而已。

霍尔茨拥有很多高端客户，比如《国家地理》、《旅行者杂志》、《体育画报》、《历史频道》和《HBO》，他为我们提供了一些整理图像方面的非常有价值的信息。

您经常拍摄什么类型的照片，风景还是人物？

一半一半吧。我觉得很难只拍摄其中一个题材。在拍摄人物的时候，其所在的场景也是非常值得拍摄的。反之亦然。

您是如何整理照片的？

主要按照题材进行分类。不过，经常会有一些图像会同时出现在不同的相簿中。比如，一个塞内加尔的妇女的肖像照片，会标记到人物相簿中，也会标记到塞内加尔这个地名的相簿中。

您经常在偏远地区拍摄。您是如何设定现场的设备，以及如何将图像传输到您的MacBook Pro上的呢？

如果算上我所有需要的器材，我一般会用两台佳能5D相机拍摄，有时会用3台。众多的镜头及附件。2个三脚架，5块4GB的CF卡，1块160GB的移动硬盘，以及一个大幅面的4x5传统胶片相机。

我通常会将所有的图像通过读卡器导入Aperture。如果有时间，我还会将图像备份到移动硬盘上。如果其他卡都已经满了的话，CF卡是作为最后一个要使用的介质。这样，每个图像我都具有3个备份。回到工作室后，我会将原始照片导入到iMac，然后刻录到DVD光盘中备份。

您是在现场就开始处理照片，还是等回到工作室后再进行呢？

一般我是尽量及时地开始编辑照片。首先会删除那些明显的废片，以便节省传输和编辑的时间。

您评价照片的基准是什么？

最重要的是照片是否有灵魂，是否足够深刻。在我进行锐化、曝光调整、合成照片等工作之前，我要考虑照片是否具有一种精神元素，能够令观众驻足更长的时间。

您如何筛选出喜欢的照片？

我同时使用评星和堆栈。评星一般是在初始的编辑过程中。之后，我会使用堆栈来整理同一主题的不同照片，将最棒的保留在堆栈的最上面。

未来，您会使用地理坐标的功能吗？

我旅行过的地方太多了，所以这个功能对我来说是一种非常有用的功能。我也经常进行一些随意的旅行，完全没有预计的行程安排，也不会走回头路。所以，有很多地点都难以再次确认了。有了地理坐标的信息，如果我需要重新拍摄的话，就知道该回到哪里了。或者，如果客户需要，我也可以将这个信息提供给他们。

在进行艺术创作的时候，谁能为自己编写一份行程单呢？但是依靠Aperture的绝佳功能，霍尔茨却能够随心所欲地进行艺术领域的各种探险。

第3篇
共享您的照片

11

课程文件： APTS Aperture3 Library

完成时间： 本课大概需要90分钟的学习时间

目标要点：
- ⊙ 熟悉幻灯片预置
- ⊙ 定制幻灯片相簿
- ⊙ 添加标题、转场和照片特效
- ⊙ 混合主要和次要音频轨道
- ⊙ 按照节拍编辑幻灯片
- ⊙ 共享到Youtube

第11课
创建动态的幻灯片

我们拍摄照片的主要目的之一就是：分享给其他人。本课就开始讨论这方面的话题。对于专业摄影师来说，这表示要将照片演示给客户看。对于普通摄影爱好者来说，他们的客户可能是朋友、家人，或者他们自己。

无论您打算如何分享照片，Aperture都提供了一些简单的、可定制的选择。您将在后面的课程中学习它们的使用方法。其中，最具动感的分享方式就是创建一个幻灯片了。您可以在其中加入照片、视频，以及音乐，制作出一个多媒体风格的幻灯片，为演示大幅增加魅力。

使用幻灯片预置和相簿

在Aperture中有两个创建幻灯片的方法：幻灯片预置和幻灯片相簿。幻灯片预置是最快速、最简单的创建方法，但是不能导出或者存储。幻灯片相簿则可以定制，并像其他相簿一样被存储在资料库中。您可以将幻灯片相簿导出到iPod上、Web上，或者Apple TV上。下面，我们首先创建几个幻灯片预置。

使用幻灯片预置

使用幻灯片预置是将照片创建为幻灯片的最简单的方法。如果不需要导出或者存储幻灯片，那这个方法就再合适不过了。它也适用于希望通过手动操作播放幻灯片的场合。

1 在资料库检视器中选择相簿"NW Africa Five Star Images"。

2 按【V】键，仅显示浏览器。这个项目包含了"People of NW Africa"中的最优秀的照片。使用这些照片创建一个幻灯片。

目前，图像是按照时间顺序从左到右、从上到下排列的。幻灯片中将会按照这个顺序播放照片。您可以在浏览器中重新排布照片的先后顺序，这样也会更改其在幻灯片中的顺序。

3 在浏览器中将照片"Senegal 2006-11-03 at 07-30-35"拖曳到第一位。

接下来，让我们播放一下幻灯片。

4 在菜单栏中选择"文件">"播放幻灯片显示"命令。在弹出的对话框中可以看到带有照片的幻灯片预览，以及一个可以选择预置的下拉菜单。

5 在"幻灯片显示预置"下拉菜单中选择"快照"。

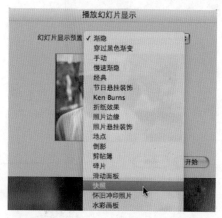

预览现在会按照快照的预置显示。

6 在"幻灯片显示预置"下拉菜单中选择"照片边缘"。

7 单击"开始"按钮，在全屏幕模式下播放幻灯片。

8 按【Esc】键，停止播放，并返回到浏览器中。

手动翻页一个幻灯片预置

使用幻灯片预置的一个最重要的优势就是简单，它还有另外一个特点，就是允许手动翻页。

不同的幻灯片预置会按照不同的时间长度来显示每张照片，然后会自动翻页到下一张照片。这个方式适用于大多数情况，但您也可以手动进行翻页。当您在现场进行演示的时候，如果需要不同照片有不同的播放时间，就可以用到手动翻页的功能了。

1 在菜单栏中选择"文件">"播放幻灯片显示"命令。

2 在"幻灯片显示预置"下拉菜单中选择"手动"。

3 单击"开始"按钮，在全屏幕的浏览器下显示第一个图像。

4　按空格键或者向右方向键，翻页到下一个图像。

TIP▶ 按向左方向键是翻页到上一个图像。

　　在默认情况下，图像之间的切换会使用简单的叠化效果。当然您也可以定制预置，或者使用自己设定的预置。

5　按【Esc】键返回到浏览器。

6　在菜单栏中选择"文件" > "播放幻灯片显示"命令。

7　从"幻灯片显示预置"下拉菜单中选择"编辑"，打开"幻灯片显示"对话框。

TIP▶ 您可以在菜单栏中选择"Aperture" > "预置" > "幻灯片显示"命令，打开"幻灯片显示"对话框。

　　在这里，您可以修改各种预置的设定，或者是创建自己的预置。下面，我们创建一个需要手动翻页的幻灯片显示预置，将翻页效果设定为"照片边缘"。

8　在对话框中单击"加号"按钮，创建一个新的预置。

NOTE▶ 由于在单击"加号"按钮之前选择的是"手动预置"，因此，新建的预置的参数就是基于手动这个预置的。

9　在"预置名称"区域中，将名字修改为"Manual Photo Edges"。

　　此时，该预置的时序设定为手动浏览幻灯片。接着，需要将主题设定为照片边缘，并将背景颜色设定为中灰色。

10　在"主题"的下拉菜单中选择"照片边缘"。

11　单击背景参数上的"颜色块"的三角按钮，展开调色板。

TIP▶ 也可以单击"颜色块"，打开OS X的颜色调板。

12 将光标放在调色板下部的灰色渐变横条上。

13 当RGB的数值都显示为130的时候，单击灰色横条的中间部分，选择该颜色。

14 单击"好"按钮，关闭对话框，存储预置的设定。

15 单击"开始"按钮，播放幻灯片。

16 按空格键或者向右方向键几次，向后翻页。

17 按【Esc】键，返回浏览器。

在现场演示的过程中，手动翻页可以灵活地控制每张照片所显示的时间。而相比之下，幻灯片画布又提供了更灵活的将幻灯片分享到网络，或者是iPad上的方法。

创建一个幻灯片相簿

创建幻灯片相簿的方法与创建普通相簿的方法一样。您可以先选择希望添加到相簿中的图像，之后，也可以将更多的图像添加到该相簿中。下面我们使用项目"Catherine Hall Studios"中被评分为5星的照片制作一个幻灯片相簿。

1 在资料库检查器中选择项目"Catherine Hall Studios"。

2 在"过滤器"HUD中将"评分"滑块设定为大于或者等于5星。然后关闭过滤器。

现在，浏览器中仅会显示出评分为5星的图像。您将使用这些图像创建幻灯片。

3 在浏览器中选择一个图像，然后按【Command–A】组合键，选择所有图像。

4 在工具栏中选择"新建"＞"幻灯片显示"命令。

　　在弹出的对话框中为幻灯片显示命名，选择"主题"，预览当前的效果。对话框中还有一个可以将当前浏览器中选择的项目添加到该相簿中的复选框。在本练习中，保持它被勾选的状态。

5 在"幻灯片显示名称"栏中输入"Cathy and Ron's Wedding"。

6 在"主题"栏中选择"水彩画板"，并观看预览效果。

7 单击"选取主题"按钮，创建新的幻灯片。

　　在资料库检查器中，会在项目Catherine Hall Studios下方出现一个幻灯片相簿。在浏览器中会以时间线的方式显示图像出现的顺序。

　　您可以移动播放头的位置，预览幻灯片在不同时间上的效果。

8 将播放头移动到任何一个图像上，浏览器中则会显示在该时间点下幻灯片的效果。

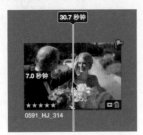

NOTE ▶ 在浏览器中，您必须将光标放在图像上面才能改变播放头的位置。仅将光标放在图像之外的灰色区域上，播放头的位置是不会改变的。

9 单击"播放"按钮，可以在全屏幕下播放幻灯片。按【Esc】键可以退出播放。

　　至此已经可以导出幻灯片了。但是，这里还有几个很不错的功能，可以为幻灯片的建立提供很多方便。

添加、删除和重新整理幻灯片中的照片

除了在创建幻灯片之前选择图像之外，您也可以随时将任何项目中的某个图像添加到幻灯片中。您可以根据需要删除或者重新排序现有幻灯片中的图像。

1 在资料库检查器中选择项目"Catherine Hall Studios"。

2 在"搜索"栏中单击"还原"按钮，消除当前的搜索条件，显示出所有的图像。

3 将图像"03_0079_HBD56CB0"拖曳到幻灯片显示"Cathy and Ron's Wedding"中。

当前幻灯片中的图像是按照日期与时间的顺序播放的，于是这个图像就变成了第一张照片。下面，让我们修改一下图像的播放顺序。

4 在资料库检查器中选择幻灯片显示"Cathy and Ron's Wedding"。

5 将图像"03_0079_HBD56CB0"拖曳到戒指的照片"01_0093_i_AT_058"的后面。

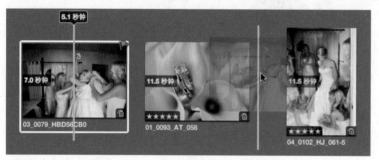

现在，可以尝试播放一下幻灯片，检查设定的效果。您可以在全屏幕下播放幻灯片，这是与真实演示完全相同的效果。此外，您也可以在检视器中播放，以便同时观察到其他信息。

6 将光标放在最左边的图像的左边，这样就可以从开头开始播放了。

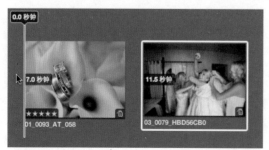

7 按空格键，或者单击工具栏上的"预览幻灯片"按钮，播放幻灯片。

> **TIP** 幻灯片会使用图像的预览图进行播放，而不是原始文件，这样可以提高播放的效率。有时，您也会需要一些低分辨率的图像，比如在导入到DVD、网络或者是移动设备上的时候。如果需要不同的预览图像的分辨率，您可以在预览的偏好设置中进行调整。

8 当播放头移动到第四个图像"09_0221_HJ_122"上的时候，按空格键，或者单击"预览幻灯片"按钮，停止播放。

有一张比当前图像更出色的照片，因此，让我们删除现有的这张照片。在幻灯片中删除一个图像的时候，不会将其从项目中删除，而仅仅是将其从幻灯片相簿中移除了。

9 在浏览器中选择"09_0221_HJ_122"照片图像，按【Delete】键。

后面的两张照片的顺序出现了不合理的问题。在传统的婚礼情节中，在新人结婚之前是不应该先看到他们两个在一起的照片的。在幻灯片的时间线上，您可以将这些照片移动到更合适的位置上。

10 在工具栏上单击"显示检视器"按钮。这样就可以同时看到更多的图像了。

11 在浏览器中拖曳一个选择框，选择图像"12_0480_HJ_252和24_0487_AT_224"。

12 将图像拖曳到第一张黑白照片与新娘坐在台阶上的照片的中间。

13 在工具栏中，再次单击"显示检视器"按钮，返回到幻灯片编辑器视图中。

修饰幻灯片

在演示幻灯片的时候，选择的照片与其播放的顺序是最主要的工作。此外，还有很多其他因素会影响幻灯片播放的效果。通过以下的练习，您可以熟悉这些情况。首先，让我们从主题开始。

修改主题

您可以随时修改主题，与创建幻灯片的时候选择一个主题一样的简单。将新的主题应用到现有幻灯片后，有可能会彻底改变幻灯片播放时候的感觉。经典的主题与Ken Burns主题具有最多的选项，因此，我们先来尝试一下Ken Burns主题。

1 在幻灯片编辑器的工具条上单击"主题"按钮，然后选择"Ken Burns"主题。

2 单击"选取主题"按钮，令Ken Burns主题替换现有的水彩画板。

3 按空格键，或者在工具栏上单击"预览幻灯片"按钮，播放幻灯片几秒钟。

> **NOTE ▶** Aperture在主题的应用中使用了面部识别技术，所以，无论主题如何裁剪、摇移和缩放图像，都不会截掉画面中人物的脸部。

4 按空格键，或者在工具栏上单击"预览幻灯片"按钮，停止播放。

在观看幻灯片的时候，您可能会觉得画面变换的节奏太快了。每个主题都会有默认的每张照片的显示时间长度，对这个参数的改变可以是针对某个单独的图像，或者是全部图像。

修改照片的持续时间

在一个幻灯片中，通过调整每张照片播放的时间长度，可以灵活地控制观众的注意力。

对于婚礼的内容，当前幻灯片播放的速度略快了一些。因此，您可以增加整个时间长度，令观众有更多时间来欣赏照片。其中，对于某些不需要过于吸引观众注意力的照片，也可以适当将其时间长度缩短。

1 在幻灯片编辑窗口中单击"幻灯片设置"按钮，显示出编辑选项。

2 单击"默认设置"按钮。默认设置是应用在整个幻灯片上的。所选幻灯片的设置仅会应用在浏览器中选择的照片上。

3 在"播放幻灯片"栏中，单击向右的箭头，将每张幻灯片播放的时间增加为4秒。或者在数值栏中单击，输入"4"，按【Return】键。

现在，每张幻灯片的时间长度都改变为了4秒。在浏览器中可以看到幻灯片上的时间标记也都更新为4秒了。

> **TIP ▶** 如果使用了多点触控板，那么在单击数值栏后，用两指左右横扫，也可以增加或者减

少数值。如果使用苹果的Magic鼠标，单指左右滑动也可以实现同样的功能。

4 按空格键，或者在工具栏上单击"预览幻灯片"按钮，播放幻灯片几秒钟。

5 按空格键，或者在工具栏上单击"预览幻灯片"按钮，停止播放。

好，现在婚礼照片的时间都变长了，效果看上去好了许多。但是有几张风景的照片并不需要过多的注意力。所以，让我们把这3张照片的时间变短。

6 在浏览器中选择"57_1070_AT_481"照片图像。当您在浏览器中选择某张幻灯片后，右边设置的部分就会自动切换到所选幻灯片。

7 在播放幻灯片的数值栏中，将其设定为3秒。

使用这个参数，也可以 同时修改多个幻灯片的时间长度。

8 在浏览器中选择"60_1082_HJ_599"照片图像。

9 按住【Shift】键，在浏览器中继续选择"61_1083_HJ_600-2"照片图像。

10 将播放幻灯片的时间长度设定为3秒。

好，现在将播放头放在开始的位置，准备播放幻灯片。

11 将播放头放在新娘坐在台阶上的照片上。按空格键或者工具栏上的"预览幻灯片"按钮，现在这几张幻灯片播放的速度快了一些了。

虽然每个主题都会有不同的参数，但是它们都是可以进行调整的。某些主题的参数多一些，而某些主题可能会具有其他主题不具备的参数。好，下面让我们来看看Ken Burns

主题的情况。

修改Ken Burns效果

Ken Burns是著名的电影制作人，他以在PBS的纪录片中巧妙使用了大量历史照片而为大众所知。面对这些照片，他经常通过摇移和缩放的技术来引导观众的注意力。Ken Burns主题就是利用了这样的技术，还可以控制摇移和缩放的参数。

在幻灯片中的第二张照片看上去应该适用于使用Ken Burns的效果，这样，开始阶段观众的目光会集中在新娘身上，然后画面变宽广，显示出其他女宾。

1 在浏览器中选择第二个图像"03_0079_HBD56CB0"。

2 在幻灯片编辑器中，单击"裁剪"右边的"编辑"按钮，在界面上显示出裁剪叠层信息。

 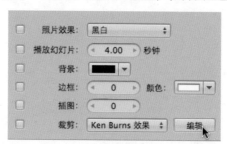

在检视器中显示了Ken Burns开始和结束的叠层。

3 单击"预览幻灯片"按钮，或者按空格键开始播放，观看当前的Ken Burns的效果。

4 如果需要翻转缩放与摇移的效果，可以单击叠层信息上的"翻转"按钮。这样开始和结束的状态就会对调一下。

5 单击"预览幻灯片"按钮，或者按空格键开始播放，观看翻转后的效果。

目前看，在结束的位置上，应该包含右边更多的女宾的画面。

6 单击红色的结束叠层，选择它。

7 将右下角向右拖曳到图像的边缘附近。

8 将左上角向下拖曳一点。

9 将光标放在结束叠层的中间，此时光标会变成小手的图标。

10 拖曳结束叠层，改变它的位置，避免裁剪掉新娘的手部。

11 单击"预览幻灯片"按钮，或者按空格键开始播放，观看新的Ken Burns的效果。

12 返回到幻灯片编辑器，单击裁剪参数右边的"完成"按钮。

这样，您就应用了一个Ken Burns主题，但是并没有令每张幻灯片都出现摇移和缩放的效果，仅仅是改变了其中的一张幻灯片。

设定宽高比和裁剪图像

考虑到幻灯片可能会导出给不同的设备进行播放，比如iPod、iPhone和高清电视，因此，您可能需要针对不同设备为幻灯片设定不同的宽高比。在下面练习中，我们假设幻灯片要在高清电视上播放。

1 单击"默认设置"按钮。

2 在"宽高比"下拉菜单中选择"HDTV（16:9）"。

好，现在检视器显示出了宽屏幕的宽高比效果，并裁剪了当前的图像，以适应新的显示的范围。如果您对默认的裁剪效果不满意，也可以使用以下任一方法进行修改：

▶ 使用Ken Burns效果进行摇移和缩放。

▶ 适合帧，将会显示出照片的全部内容，但是在四周边缘可能会出现表示没有照片内容的黑框。

▶ 填充帧，将会用照片内容填充满当前画面，但是照片四周有可能会被裁剪掉一些内容。

这次，我们选择使用第三种方法，填充帧。在浏览器中的第一个图像是戒指的照片，它非常适于作为第一张幻灯片。但如果没有Ken Burns的效果，会显得更好一些。如果给照片增加个边框，也会令其显得更具有婚礼的意味。

3 选择浏览器中的第一个图像"01_0093_i_AT_058"。

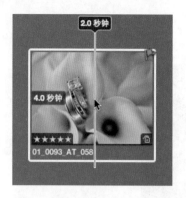

4 在幻灯片编辑器中，确认在默认设置中。

5 在"裁剪"下拉菜单中选择"填充帧"，这样就移除了Ken Burns效果，并令画面完全填满了当前的幅面。您也可以再次调整照片的位置，以及裁剪的尺寸。

6 单击"裁剪"按钮，显示出绿色的裁剪叠层。

> **TIP** ▶ 在检视器中双击图像，也可以直接打开"图像缩放"HUD，并控制图像的裁剪和缩放。

7 将光标放在画面中央，然后向下拖曳，直到裁剪的边框到达画面的底部。

8 单击"好"按钮，确认当前的裁剪参数。

> **NOTE** ▶ 在幻灯片编辑器中对照片进行裁剪的操作，不会影响到该照片在资料库中的裁剪。

最后，我们为照片添加一个白色边框，而照片则会显示在黑色背景上。

9 在幻灯片编辑器中，将光标放在边框栏上，光标会变成带有"I"的形状。

10 向右拖曳，直到数值变为10。此时在检视器中的照片周围会出现一个白色的边框。

11 在插图数值栏中输入"5"，按【Return】键。

以上您进行的调整操作，为幻灯片播放的效果带来了很多细节上的改进。下面，让我们再多挖掘一些技巧。

使用标题、转场和照片特效

标题、转场和照片效果可以为幻灯片带来更动感的效果、更丰富的信息。但是，如果添加过多的信息，也会给幻灯片的播放带来负面的效果。因此，在从基本的幻灯片设置开始修饰其效果的时候，请务必斟酌新的修改是否符合您要传达的目的，是否能与观众产生适当的信息沟通。

创建与格式化标题

尽管Aperture允许您在每张幻灯片中都添加标题，但在实际应用中，通常仅仅需要一个或者两个标题。比如在开始的部分介绍幻灯片的内容，在结束的时候提供联络信息，或者是一个很简单的结尾致词。在本练习中，我们就来为幻灯片创建这样的标题。

首先，为婚礼幻灯片的演示增加一个开场的标题。

1 在幻灯片编辑器中，单击"默认设置"按钮，然后勾选"显示标题"复选框。

好，在第一张幻灯片中添加了一个标题，其文本内容是在资料库检查器显示的当前这个幻灯片的名字。

2 在复选框的右边，单击"字体"按钮，打开"字体"对话框。

3 在"系列"中选择"Bodoni SvtyTwo SC ITC TT"。

4 将"大小"设定为72，然后关闭"字体"对话框。

5 单击"颜色块"旁边的三角按钮，显示调色板。

> **TIP** 直接单击"颜色块"可以打开OS X的颜色调板。

6 在调色板上单击，选择一种符合婚礼幻灯片的颜色。

在完成开场标题的制作后，下面再来处理一下结束的标题。为幻灯片添加上摄影工作室的信息，以便为您的业务起到一定的推广作用。

7 在浏览器中找到并选择最后一张幻灯片"80_1346_HJ_762"。

8 在工具栏的操作下拉菜单中选择"插入空白幻灯片"，这样就在被选择幻灯片的后面添加了一个空白的幻灯片。

NOTE ▶ 在本例中，您将通过在空白幻灯片上添加一个标题来学习相关的操作。当然，也可以选择菜单命令，直接添加一个带有标题的空白幻灯片。

9 选择浏览器中最后的空白幻灯片。

10 在幻灯片编辑器中单击"所选幻灯片"按钮，然后单击"背景颜色"的三角按钮，显示出调色板。

11 选择一种深红色。

12 在所选幻灯片中勾选"下方的文本"复选框，为幻灯片添加文字信息。

13 从"文本"下拉菜单中选择"自定"，这样可以输入自己想要的文本内容。

14 在检视器中，三连击文本以选择其内容。

15 输入"Catherine Hall Studios"，按【Return】键换行。在下一行中，输入"www.catherinehall.net"。

16 按【Esc】键，退出文本编辑模式。

17 单击"文本颜色"的三角按钮，展开调色板。

18 选择一种淡灰色。确保文本与背景颜色有足够的反差。

19 拖曳文本，重新放置它的位置，直到出现黄色的对齐参考线，确保在垂直方向上文本位于屏幕的中央。

在"字体"对话框中也可以调整投影、间距和对齐等排版的参数。现在，标题信息已经添加完毕。接下来，需要设定幻灯片之间的转场效果。

1 选择新娘在教堂外与父亲在一起的照片"0591_HJ_314"。

2 从"转场"下拉菜单中选择"穿过白色渐变"。

这样，当前选择图像与下一个图像之间的渐变就被修改了。下面在检视器中预览一下效果。

3 按空格键或者"预览幻灯片"按钮，观看转场的效果。

4 再次按空格键或者"预览幻灯片"按钮，停止播放。

如果您感觉转场的时间长度过长或者过短，也可以设定转场的速度。当前速度的数值为0.5秒。我们可以把这个速度再加快一些，令转场效果就像是闪光灯闪了一下一样。

5 在"速度"数值栏中，单击向左的箭头，将数值设定为0.25秒。

6 将光标移动到被选择的图像"0591_HJ_314"上。

7 按空格键或者"预览幻灯片"按钮，观看转场的效果。当转场效果播放完毕后，再次按空格键或者"预览幻灯片"按钮，停止播放。

8 在浏览器中，拖曳一个选择框，选择后面几个图像，包括"0677_HJ_356和0743_HJ_403"照片图像。

9 从"转场"下拉菜单中选择"穿过白色渐变"。

10 在"速度"栏中，单击向左的箭头，令数值为0.25。

11 将光标移动到刚刚修改了转场的图像中的第一个图像"0591_HJ_314"上。

12 按空格键或者"预览幻灯片"按钮，观看转场的效果。当转场效果播放完毕后，再次按空格键或者"预览幻灯片"按钮，停止播放。

在设定好转场后，3个典礼的照片将会在幻灯片中处在一种比较突出的位置上。但除此之外，您还可以有更多的办法来强化这种感觉。目前，两个图像是彩色的，另外一个图像是黑白的。您可以在调整窗格中将彩色图像转换为黑白的，而在幻灯片编辑器中则有一个更直接的方法。

使用照片效果

在幻灯片编辑器中包含了几个常用的照片效果，如黑白、棕褐色和复古。在调整检查器中，应用类似的效果会改变项目中的照片。而在幻灯片编辑器中应用这些效果，它们会被限定仅仅在幻灯片中被使用。

1 选择典礼的图像"0677_HJ_356和0743_HJ_403"。

2 从"照片效果"下拉菜单中选择"黑白"，然后勾选其复选框。

现在，两个图像都已经转换成了黑白照片，其效果类似于在调整检查器中应用了高对比度的黑白效果。

NOTE ▶ 与调整不同，在幻灯片中应用了照片效果后，在浏览器中的缩略图不会显示使用了效果后的模样，而仅仅会在检视器中看到最终的画面。

3 将光标移动到第一个图像"0591_HJ_314"上。

4 按空格键，或者单击"预览幻灯片"按钮，观看转场的效果。在播放完3个黑白图像后，按空格键停止播放。

至此，您通过标题、转场和照片效果改善了幻灯片演示的效果，而且工作效率非常高，没有花费更多额外的精力。如您所见，这些技巧可以优化您的幻灯片，令观众将注意力完全放在您的照片上。

混合音乐和声音效果

在对幻灯片进行了视觉上的改善后，还可以借助音频来优化幻灯片的演示过程。在幻灯片编辑器中可以添加音乐、声效，甚至是配音，为幻灯片演示带来完整而丰富的体验。

添加一个主音频轨道

对于创建合适的氛围来说，音乐是一种非常有力的工具。在Aperture中可以通过音频浏览器访问音乐样本、iTunes库和幻灯片主题音乐。此外，您还可以通过iTunes商店购买各种各样的版权音乐。

1 在幻灯片编辑器的右下角，单击"音频浏览器"按钮，切换到音频浏览器。

在音频浏览器的上部是声音来源列表，在源列表下面则是每种源中包含的音乐。如果在数码相机中录制了音频片段，并导入到了Aperture中，那么在源列表中选择Aperture音频就可以看到它们。这次，使用主题音乐中的歌曲，将其添加到幻灯片中，作为主要的音频轨道。

2 在源列表中，选择"主题音乐"。

3 将"主题音乐"中的"Eine Kleine Nachtmusik"拖曳到浏览器的灰色区域上。

NOTE ▶ Aperture中提供的音乐仅限于个人使用，并不授权于商业应用。

当光标移动到浏览器的灰色区域上后，整个背景都会变成绿色，表示您将要添加一个主音频轨道。

4 将音乐放置在浏览器的灰色区域上（目前它变为绿色）。请不要将音乐拖放在某个幻灯片上，否则音乐将不会自动适用于幻灯片的整体时间长度。

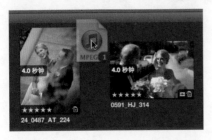

您无需担忧主音频轨道的开始和结束点的问题。主音频轨道永远从幻灯片的最开始位置开始。背景音乐会在幻灯片结束的时候结束，或者在其自己的结束点结束，以先到达哪个点为准。

TIP ▶ 如果主音频轨道的音乐在幻灯片结束之前就结束了，您可以在主音频轨道上添加更多的音乐，或者令主音频轨道循环播放，直到幻灯片结束。

5 单击"播放幻灯片"按钮，在全屏幕下从最开始播放幻灯片。观看完成后，按【Esc】键停止播放，退出全屏幕模式。

> **TIP** 删除主音频轨道的方法是：选择绿色的轨道，按【Delete】键。

看，音乐真的带来了很大的改善。在完整地播放完幻灯片后，您会发现音乐在幻灯片结束之前就结束了。修复这个问题的方法有多种，它们都不需要从幻灯片中移除现有的照片。对于本例来说，您可以令幻灯片适合于音乐的长度。

匹配幻灯片和音乐的时间长度

当音乐没有精确地匹配幻灯片的时间长度的时候，您的选择包括：从现有幻灯片中移除精彩的照片，添加新的音乐，或者令现有的音乐循环播放，以便适合于幻灯片的时间。此外，您还可以调整每张幻灯片的长度，令其适合于音乐的时间长度。

实际上，您不需要进行时间上的计算，仅需要选择所有幻灯片，或者其中部分幻灯片，然后让Aperture计算出如何令幻灯片的结尾正好对上音乐的结尾。

在当前幻灯片中，前半部分是非常重要的，需要放慢节奏来观看。您可以让场景的与宴会照片的时间略微缩短一些。

1 在浏览器中选择图像"57_1070_AT_481"。

2 按住【Shift】键单击浏览器中的最后一张幻灯片——摄影工作室标题的幻灯片。

3 在工具栏的操作下拉菜单中选择"使所选幻灯片适合主音频轨道"。这样，被选择幻灯片的时间长度会自动进行调整，令最后一张幻灯片的结尾与音乐的结尾准确地对齐。

4 将光标放在"62_1089_HJ_604"照片图像上。

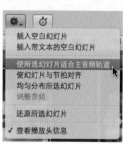 

5 按空格键或者单击"预览幻灯片"按钮，观看幻灯片效果，直到幻灯片结束播放。

插入iLife声音效果

环境音或者声效也可以添加到幻灯片的演示中。尽管Aperture并不附带音频效果，但您可以利用各种来源的声效，比如来自iLife的iMovie和GarageBand中的声效。

如果iLife中的声音特效直接可以通过Aperture访问，那么它们就可以被添加到幻灯片中，改善演示的效果。

NOTE ▶ 为了完成这个练习，计算机中必须已经安装了iLife应用程序。

1 在Aperture中，确认选择了音频浏览器。

2 如果需要，单击"iTunes"的三角按钮，展开其中的内容，并调整窗口，以便看到尽可能多的信息。

3 在OS X的Dock中单击"Finder"图标。

4 从菜单栏中选择"前往">"电脑"命令。

5 在"Finder"中找到"Macintosh HD">"Library">"Audio">"Apple Loops">"Apple"。

在Apple文件夹中，您将会看到文件夹"iLife Sound Effects"。这里包含了250MB的免费的声效和音乐。下面，我们将这个文件夹添加到Aperture的音频浏览器中。

5 将"iLife Sound Effects"文件夹拖放到Aperture的源列表上。

在源列表中的"iTunes"之下将会出现新的文件夹，其中包含了"iLife Sound Effects"文件夹。

在iLife Sound Effects中，您可以按照分类选择声效。展开某个分类后，就可以在源列表下方的界面中看到其中包含的内容了。当然，也可以展开所有的分类，以便更快速地进行浏览和查找。

6 在源列表中，选择名称为"文件夹"的文件夹。

7 在音频浏览器下方的"搜索"栏中输入"camera"，搜索任何带有camera字符的声效。

8 在音频浏览器中，选择"Camera Shutter"。

9 在音频浏览器中，单击声效附近的"播放"按钮。

10 在浏览器中找到应用了穿过渐变到白色的3张幻灯片。选择其中的"0591_HJ_314"照片图像。

11 将Camera Shutter声效拖曳到带有闪光效果的幻灯片"0591_HJ_314"的上面，但是先不要松开鼠标键。

12 扫视"0591_HJ_314"照片图像，直到您看到白色渐变开始的部分，然后松开鼠标键。

> **NOTE ▶** 将音频文件拖放到浏览器的幻灯片上会创建出第二个音频轨道。将音频文件拖放到浏览器的灰色区域上则会将音频添加到主音频轨道上。

13 将光标放在新娘和她的父亲的幻灯片"0591_HJ_314"上。

14 按空格键或者单击"预览幻灯片"按钮，观看幻灯片效果。

好，现在相机闪光的效果通过音效增加了很强的现场感。下面，为剩下的两张带有渐变的幻灯片也添加上同样的照相机快门的声效。

15 将照相机快门的声效拖放到图像"0677_HJ_356"末尾的渐变的位置上。

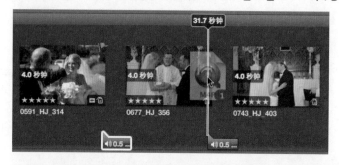

16 同样，继续将照相机快门的声效拖放到图像"0743_HJ_403"末尾的渐变的位置上。

17 将光标放在新娘和她的父亲的图像"0591_HJ_314"上。

18 按空格键或者单击"预览幻灯片"按钮，观看3张幻灯片效果。完成后，按空格键停止播放。

如果您觉得声效的时间与幻灯片转场的时间匹配得还不够完美，可以在浏览器中拖曳音频效果的项目，调整它们的位置。

> **TIP ▶** 选择绿色的项目，然后按【Delete】键就可以直接删除该音频轨道项目。

好，现在音频都处理完毕了。监听了音乐后，感觉音量有点低，尤其是在同时听到照相机快门声效的时候。下面，您将调整一下音乐和声效的相对音量。

调整音频音量

混合音频轨道的工作与为幻灯片选择合适的音乐和声效的工作一样，都是非常重要的。不合适的混音经常会令幻灯片的播放显得滑稽可笑。下面，我们就来调整一下音乐与照相机快门声效的相对音量。

1 在浏览器中双击第一个照相机快门音效，打开"音频调整"HUD。

在"音频调整"HUD中有一个"将主轨道的音量降至"复选框，当前数值为40%。在勾选了这个复选框后，当播放到次级音频轨道项目的时候，主轨道的音量就会自动降低。当次级音频轨道上的项目播放完毕后，主轨道的音量又会自动恢复正常。这个特性被称为"躲闪"，当您在幻灯片中添加了配音后，在播放到有配音的地方，主音频轨道的音量会自动"躲闪"，保证观众能听清楚配音的声音。单击一下，就可以启动这个功能，而不必再手工进行音量的调整。但是，在本例中，单击一下却不能解决问题。您希望的是主音频轨道永远保持一个固定的音量，因此就不能勾选这个选项了。

2 在"音频调整"HUD中，取消对"将主轨道的音量降至"复选框的勾选。

3 在浏览器中单击"照相机快门声效"，然后按住【Shift】键单击第三个声效。

4 在"音频调整"HUD中，取消对"将主轨道的音量降至"复选框的勾选。

这样，主音频轨道的音量会在整个幻灯片的播放过程中都保持一致。为了验证效果，您需要再次播放一下幻灯片。

5 将光标放在"0591_HJ_314"照片图像上。

6 按空格键或者单击"预览幻灯片"按钮，观看带有照相机快门声效的幻灯片效果。完成后，按空格键停止播放。

好，现在听上去觉得照相机快门的声音还是略吵闹了一些。您可以使用"音频调整"HUD将它们的音量降低一些。

7 在浏览器中，按住【Shift】键选择3个照相机快门声效。

8 如果需要，双击任何一个声效，打开"音频调整"HUD。

9 在"音频调整"HUD中，将"音量"滑块降低到75%，然后关闭"音频调整"HUD。

10 单击"播放幻灯片"按钮，在全屏幕下播放整个幻灯片。

好，现在幻灯片已经调整完毕，可以准备导出了。但是，请不要着急，可以再花一点时间体验几个非常优秀的功能。虽然它们并不一定适合于当前的婚礼的幻灯片，但是对其他项目却可能是有很大帮助的。

使用视频

现在，大多数新款的数字单反相机都具备了录制视频的功能。只需要简单的切换，就可以在拍摄之后开始录制视频，而且使用的是同一台相机、同一块存储卡。为此，Aperture增加了管理视频片段的功能。虽然Aperture并非是iMovie或者Final Cut Pro这样的视频剪辑软件，但是它包含了摄影师所需要的一些管理视频的功能。您可以导入、整理、排序和评价视频，如同对照片进行类似的操作一样。您也可以在幻灯片中使用这些视频片段，将其与照片和音频轨道混合在一起。

NOTE ▶ 您可以使用Aperture直接从数字单反相机中导入、整理和播放音频片段。

1 在资料库检查器中选择项目"Williamson Valley"。

在浏览器中，凡是视频片段，在其缩略图的右下角都会有一个白色摄像机的小图标。

2 双击片段"Williamson Valley Ranch"，令主要窗口中仅显示检视器。

3 在视频控制中，单击"播放"按钮。

4 双击片段"Williamson Valley Ranch"，返回到浏览器模式。

5 按【Command-A】组合键，选择浏览器中所有的图像。

6 选择"新建" > "幻灯片显示"命令。

7 选择"经典"主题，输入"Williamson Valley Ranch"作为幻灯片的名称。然后单击"选取主题"按钮。

8 将播放头放在浏览器中的第一个图像"IMG_0845"上。

9 按空格键或者单击"预览幻灯片"按钮。在播放完毕视频片段Jake in Field后，再次
按空格键停止播放。

10 双击视频片段"Jake in Field"。

11 在视频控制中，从操作菜单中选择"修剪"。

12 将黄色开始点向右拖曳，在马出现在画面之前停止。

13 将黄色结束点向左拖曳，在马消失在画面之后停止。

14 单击"修剪"按钮，确认这次编辑。

15 单击"播放"按钮，观看新调整后的效果。

TIP 您不能为视频片段应用调整，但是可以将幻灯片编辑器中的黑白、棕褐色和复古的效果应用到视频片段上。

16 双击视频片段"Jake in Field"，返回幻灯片编辑器。

17 在浏览器中，将光标放在视频片段Jake in Field之前一点。

18 按空格键或者单击"预览幻灯片"按钮。在播放完毕视频片段Jake in Field后，再次
按空格键停止播放。

通过在幻灯片编辑器中修剪和添加视频片段，您可以在创建幻灯片中利用起手头的所
有类型的素材。如照片一样，Aperture并不会修改原始的视频片段，任何编辑操作都是非
破坏性的。

如果您需要对视频片段进行更复杂的处理，在iMovie中可以访问Aperture的资料库，
以便进行视频剪辑。

符合节拍

在编辑多媒体幻灯片演示的时候，最困难的任务莫过于令图像、视频都能有一个合适

的节奏了。即便是经验丰富的专家，也可能要花费大量时间和精力来调整演示的节奏感。幸运的是，在Aperture中，您可以令幻灯片与音乐的节拍同步，轻松地优化幻灯片播放的节奏。

1 确认音频浏览器仍然显示在界面上。

2 从源列表下拉菜单中选择"Jingles"。

3 找到"Acoustic Sunrise"。将叮当声的音频拖放到浏览器的灰色区域中，确认它被放置在主音频轨道上。

4 从工具栏的"操作"菜单中选择"使幻灯片与节拍对齐"命令。

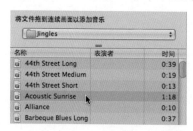

此时会显示一个进度条，说明音频正在被分析中。当分析完成后，每个幻灯片和视频片段都会根据最邻近的节拍缩短或者变长。

5 将光标放在幻灯片的最开始的地方，按空格键或者单击"预览幻灯片"按钮，从幻灯片的开始部分进行播放。监听一段时间，确认幻灯片与音乐节拍进行了匹配后，再次按空格键，停止播放。

与之前不希望出现的"躲闪"的音频一样，当主音频轨道碰到与视频片段的音频重叠的时候，其音量又自动降低了。因此，您需要取消自动躲闪的功能。

6 在浏览器中按【Command】键单击所有视频片段。

> **TIP** 此外，您也可以按【Command-A】组合键选择所有片段，然后按【Command】键单击幻灯片中的照片，以取消对照片的选择。

7 单击"幻灯片设置"按钮，然后单击"所选幻灯片"按钮。

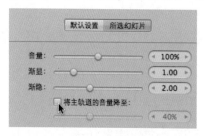

8 取消对"将主轨道的音量降至"复选框的勾选。

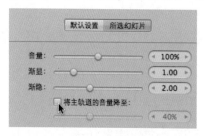

9 将光标放在幻灯片的最开始，按空格键播放幻灯片。此时，主轨道音频的音量保持一致不变了。再次按空格键停止播放。

使幻灯片与节拍对齐是一种为幻灯片建立合适的节奏感的快速而简便的方法。它的实际效果不错，但如果您有更多的时间，也可以尝试手动调整幻灯片的时间长度，进一步优化幻灯片的节奏。

实时录制模式的编辑

在体验了Aperture将幻灯片与音乐节拍同步的功能后，您可能还希望有更灵活的方法。有些时候，您希望根据音乐中的内容来安排幻灯片的节奏，而不仅仅是节拍。此时，在播放幻灯片的时候，您可以激活实时录制模式的编辑功能，每按一次【Return】键，便令幻灯片翻页一张。它的操作与在播放幻灯片的时候手动翻页类似，但这时软件会自动记录翻页的时间点，并存储在幻灯片中。之后，幻灯片每次播放的时候，都会按照相同的时间节奏来翻页。

1 在工具栏中单击"在录制模式下开关幻灯片时间长度"按钮。

2 在浏览器中将光标放在幻灯片的开始位置。

3 按空格键开始播放。

4 当您希望幻灯片翻页的时候，按【Return】键。

5 完成后，将光标放在幻灯片最开始的位置，单击"播放幻灯片显示"按钮，观看播放效果。完成后，按空格键停止播放。

至此，您已经熟悉了很多在幻灯片编辑器中的功能。在将照片、音频和视频安置在幻灯片中，调整好时间节奏，完成了最后的修饰后，您就需要决定如何将幻灯片发出去了。

分享您的幻灯片

幻灯片实际上就相当于一段短小的影片，在分享给其他人的时候，您可以有几种不同的选择。一个影片文件，也类似于图像文件，可以存储为不同的格式。某些格式的质量非常高，但是需要配置更高的计算机才能流畅地播放，而某些格式虽然质量差一些，但却适合在小巧的移动设备上播放。而最常见的则是导出多种格式的影片文件，以便适合于不同的播放和观看平台。

将幻灯片传送到iPhone、iPad或者iPod Touch上。

通过将幻灯片导出到iTunes上，再将影片同步给连接的移动设备，您可以直接将幻灯片传送到iPhone、iPad或者iPod Touch上。这样，即使没有连接互联网，您也可以将幻灯片演示给客户、朋友和家人。

1 在资料库检查器中，选择幻灯片"Williamson Valley Ranch"。

2 在幻灯片编辑器中，单击检视器右上角的"导出"按钮，打开"导出"对话框。

3 在"存储为"栏中为影片命名。

> **TIP** 最好将播放路径也放在名字中，比如Williamson Valley Slideshow for iPod iPhone。

Aperture会自动在"图片"文件夹中创建一个"Aperture Slideshow"文件夹。当然，您也可以在这里选择其他的文件夹，以存储导出的文件。

4 在"导出给"下拉菜单中选择"iPhone，iPod touch"选项。这个选项适用于在iPhone、iPod touch和iPod nano上播放幻灯片。

> **TIP** 如果希望在更老的第五代iPod上播放幻灯片，需要在"导出给"的下拉菜单中选择"iPod"。

5　确认勾选了"自动将幻灯片显示发送到iTunes"复选框，这样影片除了会存储在"Aperture Slideshow"文件夹中之外，还会发送到iTunes。

6　单击"导出"按钮，开始压缩并存储影片文件。

　　当导出完成后，iTunes会自动打开，并处在选择了影片分类的状态下。您的幻灯片会显示在iTunes的窗口中。双击幻灯片，即可在iTunes的界面内观看。

7　使用USB线缆将iPhone或者iPod与计算机连接好。

8　当iTunes识别了连接的移动设备后，选择该设备。

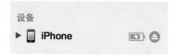

9　在iTunes窗口中单击"影片"标签。

10　在iTunes窗口中勾选"同步影片"复选框。

　　NOTE ▶ 此时可能会出现一个警告信息，提示您在iPhone或者iPod中已经有影片，当前的同步操作是与一个新的资料库进行同步。您可以选择替换掉原有移动设备中的影片，或者也可以选择取消这次同步操作。

11　勾选在列表中的幻灯片。

12　单击"应用"按钮。

13　当同步完成后，返回到Aperture中。

NOTE ▶ 这个操作过程也适合于将幻灯片同步到Apple TV，并在高清电视上播放的要求。但是，您需要在"导出给"下拉菜单中选择"Apple TV，并在iTunes设备的分类中选择Apple TV。

iTunes自动将影片传输到iPod或者iPhone上。之后，您可以取消移动设备与计算机的连接，随时在移动设备上观看幻灯片的影片。

将幻灯片发布到Youtube上

Youtube可以将影片公布出来，供访问者进行浏览。将幻灯片发布到Youtube上后，可以按照设定模式方便全球各地的朋友来观看。下面，您将通过QuickTime创建一个符合Youtube规范的文件，并上传到Youtube上。

1 在资料库检查器中选择幻灯片显示"Williamson Valley Ranch"。

2 在幻灯片编辑器中单击"导出"按钮，打开"导出"对话框。

3 在"存储为"栏中输入影片的名称。

4 在"导出给"下拉菜单中选择"YouTube"。

NOTE ▶ 您也可以选择"HD 720P"，为影片导出一个高分辨率的文件。

5 取消"自动将幻灯片显示发送到iTunes"复选框的勾选。

6 单击"导出"按钮，压缩影片并存储文件。

在导出完毕后，文件将会存储在"图片"文件夹中的"Aperture Slideshows"文件夹中。双击该文件可能会根据之前的设定而打开iTunes。通过QuickTime软件可以将影片上传到YouTube上。当然，您也可以直接到YouTube网站上进行上传。

7 在OS X的"Finder"中，打开"图片"文件夹，然后双击"Aperture Slideshows"文件夹。

8 右键单击幻灯片影片"Williamson Valley Slideshow for YouTube"。

9 选择"打开方式" > "QuickTime Player"命令。

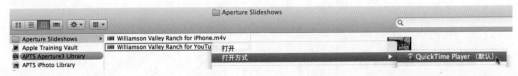

10 在QuickTime Player中选择"文件" > "共享" > "YouTube"命令。

在"YouTube登录"对话框中，输入用户名和密码。如果您没有用户名，需要预先在YouTube网站上注册一个。

11 单击对话框中的"取消"按钮。

12 单击播放工具栏最右边的"共享"按钮，这里也可以看到共享的选项，包括其他可以发布影片的地方，如Facebook和Vimeo。

通过这些方法，您可以将影片发布到互联网上。

13 退出QuickTime Player软件，返回到Aperture中。

好，在将动态的幻灯片影片上传到视频网站上后，您就拥有了更加广泛的观众。Aperture是您所有工作的中心枢纽，照片、音频和视频都可以在这里进行组装成为幻灯片，以便将来自各种媒体类型的信息顺利地分享给世界各地的观众。

课程回顾

1. 与选择使用幻灯片相簿相比，选择一个幻灯片预置有什么优点？

2. 如果希望定制幻灯片之间的转场，可以选择哪两个主题？

3. 在默认设置中修改转场类型与在所选幻灯片中修改转场类型有什么区别？

4. 如果直接将一段音频文件拖放到某个幻灯片上，会有什么效果？

5. 对与错：在Aperture中可以直接将幻灯片导出并上传到YouTube上。

6. 相比自动设置幻灯片时间长度，哪两种调整幻灯片时间长度的方法更具优势？

7. 在播放幻灯片的时候，如何手动录制幻灯片翻页的时间点？

答案

1. 如果需要快速地创建一个幻灯片，并不需要在之后存储下来或者进行导出就可以使用幻灯片预置。使用幻灯片预置还可以手动翻页，比如根据您演讲的进度，自己来控制翻页的时间点。

2. 最常用的主题是经典和Ken Burns。只有它们允许您修改幻灯片的转场。

3. 默认设置中的参数会影响到幻灯片中的每一个幻灯片。而所选幻灯片中的参数仅仅会影响被选择的幻灯片。

4. 直接将一段音频文件拖放到某个幻灯片上会创建出一个次级音频轨道。如果将音频文件拖放到浏览器的灰色区域上，会创建一个主音频轨道。

5. 错。Aperture可以将幻灯片影片文件导出到"图片"文件夹中的"Aperture Slideshows"文件夹中，但是不会自动上传到YouTube上。您可以使用 QuickTime软件进行上传，或者直接在YouTube网站上进行上传。

6. 您可以在默认设置或者所选幻灯片中设定播放幻灯片的时间长度。前者会影响 所有的幻灯片，而后者则会影响当前选择的幻灯片。您也可以在操作下拉菜单 中选择"使幻灯片适合主音频轨道"命令。

7. 单击"在录制模式下开关幻灯片时间长度"按钮（其图标是一个闹钟的样 子），然后一边播放一边根据需要按一下【Return】键。按【Return】键的时间 点就是幻灯片翻页的时间点。

12

课程文件：	APTS Aperture3 Library
完成时间：	本课大概需要60分钟的学习时间
目标要点：	⊙ 在Facebook和Flickr上发布照片
	⊙ 建立和定制Web日记
	⊙ 发布一个Web日记
	⊙ 使用照片流

第12课
在网络上展示您的照片

　　将照片发布在互联网上是目前最流行的一种分享方式。您既可以发布到个人网络相册中，也可以发布到公开的社交网站上。

　　在网络上发布照片有很多优势，比如会拥有很多全球各地的观众，而且这样就不需要单独安排一个时间要求客户到您的工作室来观看照片。由于网络发布极为迅速，照片可以立即被看到，您也可以在最短时间内获得来自专家和爱好者的反馈信息。

　　在本课中，您将了解Aperture中分享照片的多种方式，包括Facebook和Flickr。您也将会创建一个自定的Web日记，将照片与文字描述结合起来发布在网络上。

将照片发布到Facebook和Flickr上

　　Aperture内置了将照片发布到Facebook和Flickr上的功能。在工具栏上有"共享"按钮，单击后可以直接登录相应的网站，然后发布照片。

NOTE ▶ 您必须连接互联网，并具有Facebook和Flickr的账号，才能进行下面的练习。

发布到Facebook上

　　Facebook很适合于用户广泛地分享他们的照片，尽管它并非专门面对专业摄影师和摄影发烧友。每天有平均2亿5千万张照片发布在Facebook上，因此，它是网络上最流行的照片分享渠道之一。

1　在资料库检查器中选择相簿"NW Africa Five Star Images"。

2　按住【Command】键单击浏览器中的前3个图像。

3 在工具栏中单击"共享"按钮，在菜单栏中选择"Facebook"。这时会弹出"Facebook登录"对话框。

如果这是您第一次在共享菜单中选择Facebook的话，就会弹出这个对话框。此时，输入您的Facebook的账号和密码，然后单击"登录"按钮。这将允许Aperture访问的您的Facebook账户，但是并不会令Aperture访问您的任何个人数据。

在连接到Facebook账户上后，Aperture将会询问您希望将图像保存在哪个相簿之下，是否允许照片公开。

4 选择当前已有的某个相簿，或者创建一个新的相簿。并确定您的照片是否可以公开给所有人，还是限定某些指定的人才能观看。

5 单击"发布"按钮。

在单击"发布"按钮后，在资料库检查器中将会创建一个Web的部分。在这里单击"Facebook"将会在检视器中看到"NW Africa Five Star Images"相簿。

TIP 在Aperture中，您可以选择某个Facebook相簿，然后选择"文件">"删除相簿"命令，这样就可以删除Facebook中的某个相簿了。这时还会弹出一个警告信息，说明相簿中的照片和相关注释都会被从Facebook账户中移除。

在Aperture中，您也可以改变Facebook相簿的图像，并在一个浏览器软件中打开Facebook的页面。

6 在资料库检查器中，按住右键单击Web项目的"Facebook"，并选择"访问相簿"。

这样会启动Safari软件，加载您的Facebook相簿页面。您可以在Aperture中为Facebook相簿添加图像，然后再上传到该相簿中。

7 回到Aperture的资料库检查器，选择项目"NW Africa Five Star Images"。

8 选择图像"Senegal 2006-11-03 at 15-41-51"。

9 在工具栏中选择"共享">"Facebook"命令。

由于在此前已经登录过Facebook账户，所以，Aperture这次不会在要求您登录，而是直接弹出"相簿名称和隐私控制"对话框。

10 从"相簿"下拉菜单中选择相簿"NW Africa Five Star Images"，单击"发布"按钮。

Aperture将会同步更新Facebook中对应的相簿。在完成后，您就可以浏览Facebook，观看更新后的情况。

11 单击Dock上的"Safari"图标，切换到Safari中。

12 此时，您应该是在旧的Facebook相簿页面上，因此，单击Safari的"刷新"按钮，重新加载这个页面。

在刷新完毕后，请注意在相簿NW Africa Five Star Images中增加了一个新的图像。以上，通过简单几个操作，您可以轻松地将图像发布到Facebook上。

13 在Safari中退出Facebook账户，然后退出Safari软件。

Facebook是一个非常常用的社交网站，很适合于将照片分享给朋友和家人。而对于专业摄影师而言，它也非常有助于您吸引潜在的客户。

发布到Flickr上

Flickr是Yahoo拥有的一个网站，它是世界上第二大的照片分享网站。您可能会更希望将照片发布到这个网站上，以便获得更具有摄影基本知识的用户的评论和建议。

1 在资料库检查器中选择相簿"NW Africa Five Star Images"。

2 在浏览器中，按住【Command】键单击前3个图像。

3 在工具栏中选择"共享">"Flickr"命令。

如果您从来没有单击过"Flickr"这个按钮，那么此时就会弹出主"设置"对话框。单击"设置"按钮就会打开Safari，并显示出Yahoo的登录页面。在该页面中，您需要输入您的Yahoo账户和密码。登录进入Flickr后，您需要单击"好的，我授权"按钮，以便Aperture能够访问您的Flickr账户。这个操作不会令Aperture可以访问您的任何个人数据。

> **TIP** 如果需要从Aperture中移除Flickr或者Facebook账户，可在资料库检查器中选择Flickr或者Facebook账户，然后右键单击该账户，选择"删除账户"命令。这不会删除在网站上的照片，它仅仅是移除了在这台计算机上通过Aperture登录这些网站的能力。

4 在完成授权后，返回到Aperture中。

此时会弹出一个"发布"对话框，允许您为即将上传的图像指定Flickr相簿、隐私和图像尺寸。

5 设定好这些参数后，单击"发布"按钮。

单击"发布"按钮后，在资料库检查器的Web项目中将会出现一个Flickr的账户。当您选择这个账户后，NW Africa Five Star Images相簿将会显示在检视器中。当相簿上传完毕后，在资料库检查器的相簿名称右边会出现一个发布的图标。

> **TIP** 如果需要删除整个Flickr相簿，可在Aperture中可以选择"文件">"删除Flickr相簿"命令。这样，所在图像都会从Flickr页面上被移除。

在Aperture中也可以删除Flickr相簿中的某个图像，其操作步骤与删除Facebook相簿中的图像是一样的。

6 在资料库检查器中选择Flickr账户，然后在检视器中选择相簿"NW Africa Five Star Images"。

7 选择图像"Senegal 2006-11-03 at 07-30-35"，按【Delete】键。

此时会弹出一个"警告"对话框，说明图像和相关的标注信息都会被立刻删除。但是Aperture项目中的任何图像版本都不会被改变。

8 单击"删除"按钮,确认删除的操作。

> **TIP** 您可以在Aperture的资料库检查器中将新的图像添加到Flickr相簿中。当添加完毕后,您可以在资料库检查器中Flickr相簿的右边单击"发布"按钮。

9 在资料库检查器中单击Flickr部分的"发布"按钮,更新相簿。

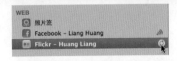

10 在资料库检查器中右键单击Flickr部分的"发布"按钮,选择访问相片集,浏览Flickr页面。

在上传中,图像的关键词将会作为Flickr的标签,照片的所有EXIF数据也都会发布在网站上。如果在Aperture的偏好设置的高级部分中勾选了在发布的照片中包括位置信息,那么图像包含的GPS数据也会出现在Flickr上。

创建一个Web日记

如果您希望对照片相册的展示有更多的控制,那么您可以在Aperture中创建Web日记和网页。

当您需要创建包含了文字和照片的网页的时候,Web日记是最具灵活性的选择。在创建Web日记之前,您可以首先选择图像,或者首先创建一个空的Web日记,然后在逐渐添加图像。

> **NOTE** 网页相簿和智能网页相簿与一个Web日记类似,但是功能略少,也不允许您在图像旁边放置文字。

下面,我们先选择相簿"NW Africa Five Star Images",并随后开始创建一个Web日记。

1 在相簿"NW Africa Five Star Images"中,按【Command-A】组合键选择所有图像。

2 在工具栏中选择"新建">"Web日记"命令。

此时会弹出"Web日记"对话框,允许您进行一些设置。这里可以修改Web日记的名字,也可以选择几个主题作为排版样式。

3 将新的Web日记命名为"Don Holtz Portfolio"。确认勾选了"将所选项添加到新的
Web日记"复选框。

4 选择"主题插图收藏"。然后，单击"选取主题"按钮。这时会出现网页编辑器，其
中已经包含了在浏览器中选择的图像。

如果在创建Web日记之前没有预先选择图像，您也可以随时在创建之后为其添加图像。

5 在资料库检查器中选择项目"People of NW Africa"。

在这个项目中，评分为4星以上的都可以放在Web日记中。下面，使用"过滤器"HUD，
您可以轻松地找到这些图像，并添加到Web日记中。

6 按【V】键仅显示浏览器，然后单击"过滤器HUD"按钮。

7 从"过滤器"HUD的"评分"下拉菜单中选择"是"，然后将滑块拖曳到4颗星的位置。

现在，只有4星的图像会显示在浏览器中。下面，将这些图像添加到Web日记中。

8 按【Command-A】组合键，选择浏览器中的所有图像，然后将它们拖放到资料库检
查器中的Web日记"Don Holtz Portfolio"中。

NOTE ▶ 这与将图像添加到网页中的方法是一样的。而在智能网页中包含的图像则依据智能

设置中的搜索条件来定。

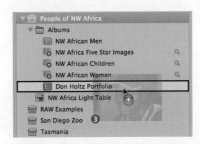

现在已经设定好了Web日记的排版样式，所有的图像也都收集到浏览器中了。接下来，您可以开始将图像添加到页面上了。

将图像添加到Web日记的页面上

您可以使用几种不同的方法将照片添加到页面上，并通过几个控制令寻找照片的工作更加的简易。

1   在资料库检查器中选择Web日记"Don Holtz Portfolio"。在浏览器中选择以下图示中的4个图像，然后将其拖曳到检视器的页面上。

现在，4个图像已经被添加到了页面上。在浏览器的缩略图上显示了红色的使用标记，当前数字为1。这个数字表示该图像被添加到页面中的次数。

TIP ▶ 如果将光标放在检视器中Web页面上的图像的缩略图上，就会出现减号的图标，单击这个减号就可以将图像删除。

下面，我们设定浏览器的显示方式，令其仅显示那些没有被放置到页面上的图像。

2   单击"显示未被放入的图像"按钮。

在浏览器中，某些图像是堆栈的。由于只有堆栈中首选的图像会被放入页面，因此，在这里可以将堆栈折叠起来，以简化界面中的显示。

3   在菜单栏中选择"堆栈" > "关闭所有堆栈"命令。

现在，可以继续将图像添加到页面中了。

TIP ▶ 如果您希望添加堆栈中的其他非首选的图像，您可以先将其提取出来，然后再添加到页面中。

自动创建和填充页面

Aperture可以根据图像的元数据，比如日期、关键词和评分，自动创建和填充页面内容，而无需一个一个地创建页面，再一个一个地添加图像。

1 在工具栏的页面操作下拉菜单中选择"为每一天新建页面"命令。

在浏览器中显示的所有图像都会被添加到按照片拍摄日期而建立的页面中。在页面窗格中，您可以调整页面在网站中观看的顺序。

2 在页面窗格中，选择最下面的页面。

3 从页面操作下拉菜单中选择"将当前页面上移"命令。

这样，被选择的页面就从第三个页面向前移动到第二个页面中了。

NOTE ▶ 单击工具栏上的"加号"按钮和"减号"按钮，可以添加和删除页面。

一旦图像添加到了页面中，您就可以自定Web页面的显示方式了。

改变和修改Web页面主题

您不需要学习和熟悉有关网页的代码知识，就可以改变页面的主题，定制图像的排布，并在页面上添加文字信息。

改变一个Web页面的主题

您可以随时修改页面的主题。在更换了主题后，所有的图像和文字都会根据新主题的规定而重新排布。

1 单击"主题"按钮。

2 从"主题"列表中选择"图片"。

3 单击"选取主题"按钮。

NOTE ▶ 使用同样的方法可以修改网页主题。

这个主题需要一个标头图像。而且，最好在第一页中就加上标头图像，而不是将它放在后面的两个页面中。

4 单击"显示所有图像"按钮，在浏览器中观看所有图像。

5 将"Mauritania 2006-11-06 at 07-42-27"照片图像拖放到页面上方的标头图像的灰色区域中。

NOTE ▶ 并非所有的主题都具有一个标头图像。

6 将光标放在标头图像上，显示出"图像缩放"HUD。

7 将"缩放"滑块向右拖曳，直到画面中仅显示出人物的眼睛的部分。

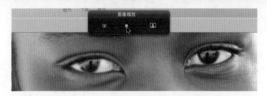

8 拖曳图像，令人物的眼睛位于画面的中央。

> **TIP ▶** 如果将新的图像再次拖放到标头图像的区域中，那么新的图像就会替换旧的图像成为标头图像。

9 在页面窗格中选择列表中的第二个页面。

10 在页面模板的下拉菜单中选择"带文本的标头"。

此时，模板页面上将不会具有图像的位置，它会被一段文字所替换。

好，现在页面已经设置完毕。在输入文字之前，让我们再对图像做一点点调整。

修改Web日记的排版布局

在使用了新的主题后，我们需要重新排布一下主页面上的图像，使其显得更加整洁。

如果需要改变图像的顺序，只需要拖曳图像到新的位置上即可。

1 选择页面列表中的最上面的页面。

2 将妇女微笑的图像向左拖曳，直到绿色的竖线出现在页面的最左边。

3 当绿色竖线出现在第一个图像的左边的时候，松开鼠标键。

您也可以控制图像缩略图的大小，以及在横排和竖列中会显示出多少个缩略图。

在工具栏中的"栏数"栏中将数值设定为2。

这样，每页中的竖栏就变成了2个。下面，再放大一下缩略图，令其适合于新的页面布局。

5 将宽度设定为320，放大图像。

> **TIP** 在"使图像适合"的下拉菜单中，还可以选择矩形、方形和宽度等选项。

如果在一个页面中同时具有竖版和横版的照片，那么控制图像的布局就显得尤为重要。

在一个Web日记中显示元数据

考虑到Web日记会有不同的观众，显示出图像的EXIF和IPTC元数据是很必要的工作。

在第2课中您使用过不同的元数据视图，在Web日记的图像缩略图中也可以显示出相应的信息。

1 从"元数据视图"下拉菜单中选择"名称和说明"选项。

这样，每个图像的名称和说明都会显示出来。如果图像没有说明，那么就仅会显示出名称。

在默认情况下，当浏览者单击页面上图像的缩略图后，Web日记会放大显示该图像。在页面编辑器中，您可以预览这个过程和效果，也可以为放大显示的图像指定不同的元数据视图。

2 在Web日记的页面上，将光标放在妇女站在门口微笑的第一个图像上。

3 单击"详情"按钮，放大显示该图像。

4 从"元数据视图"下拉菜单中选择"EXIF信息"。

5 向下卷动，观看页面上显示出来的EXIF信息。

6 单击"索引"按钮，返回到主页面。

1.　　　　　　　　　　　　　　　　Ⅲ索引

　　在熟悉了这些功能后，您可能会希望创建一个特殊的元数据视图，以便在Web日记的页面上使用。但是现在，我们先介绍一下其他类型的可以添加在页面上的文字信息。

在一个Web日记中添加文本

　　在一个Web日记中，文本不仅仅是用于显示有关图像的技术信息，更重要的是展示相簿蕴含的故事情节，为每张照片添加说明。

1 在第一个页面中，三连击包含了文本"站点标题"的标头文本，输入"Don Holtz Portfolio"。

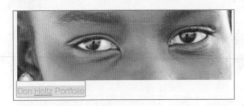

2 在页面的最下方，三连击文本"©此处是文稿版权"，输入"© Don Holtz"。

> **TIP** 如果预先在Aperture偏好设置的"导出"中进行了Web版权的定义，在这里就会自动出现相应的信息。

　　接着，在第一个页面上增加一些有关摄影师的信息。

3 单击"添加文本块"按钮，在页面上添加一个文本块。在页面下方找到这个文本块。

4 在"文本块"中输入如下信息：

From Iceland to Taiwan to the Sahara Desert, Don Holtz's assignments have taken him around the globe. His clients and projects have included National Geographic, Traveler Magazine, and Sports Illustrated。

接下来，需要将文本块放置在图像的上面，并处于页面中居中的位置上。

5 单击"文本块"上方的横栏，将其拖动到页面中图像的上方。

6 当您在两行图像缩略图的上方看到绿色插入线后，松开鼠标键。

仅仅几分钟的时间，您就创建了一组漂亮的页面，每个图像都可以放大显示，还可以展现出很多详细信息。现在，您可以将它发布到网络上了。

发布Web页面

在创建好Web页面后，您可以导出这些页面，将其上传到您选择的服务器上。

1 单击"导出网页"按钮。在弹出的对话框中可以指定文件的存储位置。文件的名称默认为是相簿的名称。

NOTE ▶ 在创建网页的时候请注意，很多服务器都不允许使用带有空格的文件名。

您可以选择发布的文件中有关缩略图和细节图像的图像质量。您既可以在这个对话框中的下拉菜单中选择质量，也可以预先编辑对缩略图的质量的设定。

2 在"缩略图图像预置"下拉菜单中选择"Web缩略图–JPEG–中等质量"选项。

3 从"细节图像预置"下拉菜单中选择"Web详细信息–JPEG–最佳质量"选项。

4 将桌面作为存储位置，单击"导出"按钮。Aperture将会在桌面上创建一个包含有导出文件的文件夹。

> **TIP** ▶ 如果需要检查导出操作的进程，可以选择"窗口"＞"显示活动"命令。

5 当导出完毕后，按【Command–H】组合键隐藏Aperture。

6 在桌面上，双击打开文件夹"Don Holtz Portfolio"。

7 双击其中的"index.html"，在Safari中观看这个网站——这相当于是在本地观看网站，因为我们不是从互联网上的某个服务器上下载这些文件的。

8 观看完毕后，退出Safari。

9 在OS X的Dock中，单击Aperture图标，返回到Aperture中。

> **TIP** ▶ 您可以使用FTP软件将网站文件夹中的内容传输到网站服务器上。如果需要，也可以将文件夹压缩为ZIP文件，然后通过电子邮件发送给需要的人。

至此，您已经熟悉了Aperture创建网页进行照片分享的功能。但这并不是唯一的方法。您可以轻松地导出照片的不同版本，并通过您喜欢的网络服务进行分享。在下一课中，您还将学习导出照片的版本和原件，打印照片和影集。

使用照片流

很多用户都至少有一台苹果计算机，或者是一台安装了Windows系统的PC，还可能拥有不止一台iOS设备。Aperture可以利用iCloud的照片流服务，将照片发布到所有连接了iCloud的设备上。这些设备将会自动收到最新的照片，当然，您也可以选择不进行自动更新，但如果激活了自动更新的功能，照片流和iCloud就会保持在所有设备上的自动同步。

> **NOTE** ▶ 为了使用照片流，您必须拥有一个iCloud账户。如果需要，请参考http://support.apple.com/kb/PH2605。

在Aperture的偏好设置中可以启用照片流，也可以启动自动导入和上传功能。

1 在菜单栏中选择"Aperture"＞"偏好设置"命令。

2 在"偏好设置"对话框中选择"照片流"。

3 勾选"启用照片流"复选框，启用这个服务。

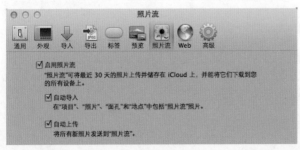

> **TIP** 如果您没有在当前计算机中设定iCloud信息，您就会被要求首先登录到iCloud中。如果您没有一个iCloud账户，可以单击"取消"按钮。

如果自动导入和自动上传功能被启用了，当您通过某台设备拍摄了一张照片后，而该设备也连接了相同的iCloud照片流账户，Aperture就会自动将这张照片下载到资料库中。而任何导入到Aperture中的照片也都会自动上传到iCloud的照片流中。

您可以禁用这两个自动化的功能，但仍然在Aperture、iCloud和其他连接了相同的iCloud账户的设备之间共享照片。如果您拥有大量的照片，尤其是RAW文件的时候，手动控制就显得非常必要了。不然，某个设备的存储空间就很可能迅速地被照片所填满。下面，我们来看一下如何手动上传照片到照片流中。

4 在资料库检查器中选择项目"People of NW Africa"，然后选择其中的3个图像。

5 从工具栏中选择"共享" > "照片流"命令。

被选择的图像将会上传到您的照片流账户中。在资料库检查器中的照片流右边会显示出一个状态图标。

6 在资料库检查器中选择"照片流"就可以观看存储在其中的图像。

此时，在浏览器中显示出3个上传好的图像。如果照片流中有您需要下载的图像，可直接选择它们，然后拖曳到希望存放它们的项目中即可。

> **TIP** 如果需要从照片流中删除某个图像，直接选择它，右键单击该图像，然后在菜单栏中选择"删除"命令即可。

课程回顾

1. 对于Aperture工具栏上内置的照片分享网络服务（Facebook和Flickr）来说，哪个服务允许您控制谁才能观看您的照片？

2. 如何预先为一个Web日记指定一个主题？

3. 如何在每张照片下放置一段简短的描述文字？

4. 如何发布Web日记?

5. 如何在Aperture中启用照片流?

答案

1. Facebook和Flickr都允许您控制观看照片的观众范围。

2. 选择"新建">"Web日记"命令,在弹出的对话框中可以选择"主题"。

3. 首先,在每个图像的说明元数据中撰写相应的描述文字。然后,在页面编辑器中选择包含有说明的元数据视图。

4. 您可以导出页面文件,然后上传到您指定的服务器上。

5. 首先需要登录到iCloud账户上,或者创建一个免费的iCloud账户。在"偏好设置"中登录到iCloud上。在Aperture中的菜单栏中选择"Aperture">"偏好设置"命令,选择"照片流"。勾选"启用照片流"复选框。

13

课程文件： APTS Aperture3 Library
完成时间： 本课大概需要60分钟的学习时间
目标要点： ⊙ 创作、校样与购买印刷的相册
⊙ 准备和订购打印的照片
⊙ 导出原始图像和不同版本的图像

第13课
通过最终图像制作相册、打印照片、存储文件

在Aperture中，您不仅可以导入和修饰图像，也可以把它们导出，当然这也是一种必备的功能。虽然目前最流行的共享方式就是将照片分享在互联网上，但是将它们制作为相册，打印出单幅的照片，仍然是很多用户非常偏爱的一种展示方式。

在本课中，您将学习在保有所有的元数据的前提下如何获得图像的原始文件，以及经过精心修饰的不同版本的图像。也会利用之前使用过的婚礼的图像素材设计制作一本精美的相册，并进行高质量的打印。

创建一个相册的排版

在本次练习中，您将体验Aperture的灵活的创建相册的功能。依据专业设计的模版主题，将喜爱的照片排布在相册中。通过苹果打印服务，可以将相册打印出来，或者，也可以将相册转换为PDF文件，然后送到某个打印服务中心进行打印制作。

观看相册的主题

在创建一个相册之前，让我们先花一点时间来熟悉一下Aperture提供的相册的主题。

1　在项目"Catherine Hall Studios"中选择所有图像。然后在工具栏中选择"新建">"相册"命令。

> **TIP** 您也可以令相册不归属于任何一个项目，方法是取消对任何项目的选择，然后选择"新建">"相册"命令。

此时会出现"主题选择"对话框。不同的主题会提供不同的默认的排版布局。当然，您也可以从无到有地建立自己的排版设计。

在默认情况下，相册的主题就是在"相册类型"下拉菜单中显示的"加大"。

2 在左边的窗格中，单击一款其他的主题。每次单击某个主题，右边窗格中就会显示使用了该主题的预览效果。

NOTE ▶ 如果想要查看打印价格，可单击"选项和价格"按钮，然后在苹果网站的页面会看到美国、加拿大、日本以及部分欧洲国家的打印服务的最新价格。

3 在"相册类型"下拉菜单中选择"中"，右边窗格中的预览图也随之变化。

NOTE ▶ 加大的相册仅仅有精装版一种选择（封面封底是硬皮的）。中和小的相册只有简装版的选择（封面封底是软皮的）。大的类型的相册，则同时具有这两种版本的选择。

请注意，不同的主题还会有不同的子版本，比如储存簿就有白色和黑色的不同版本。

4 单击"相册类型"下拉菜单选择"小"。在窗格中可以看到，小的相册只有一种主题。

5 单击"相册类型"下拉菜单，选择"自定"。

现在，左边窗格是空白的，在对话框下方有一个"新建"按钮。"选项和价格"按钮则变成了虚的。这表示，这样的相册只能自己进行打印，苹果不提供针对它的打印服务。

6 单击"新建主题"按钮。

在"新建自定相册"对话框中，您可以在这里创建一个新的主题，为主题起一个名字，定义相册大小，以及其他排版布局的参数。如果单击"好"按钮，在自定主题的分类中就会出现一个新的主题。在本次练习中，我们先不这样进行操作。

7 在"新建自定相册"对话框中单击"取消"按钮。在"相册类型"下拉菜单中选择"加大"。这样，在左边窗格就显示出了该类型下的所有主题。

针对婚礼的相册，我们选择一个不那么传统风格的主题。

8 选择"摄影小品"。

TIP ▶ 通常，主题的名称用于暗示相册排版的模样，但是自定的名字则可以提供更多的信息。

9 在"相册名称"栏中，输入"Cathy and Ron's Wedding"，然后单击"选取主题"按钮。Aperture将会把这个相册放置在当前被选择的项目中。

与之前创建Web日记的流程类似，您可以在浏览器中选择图像，检视器中则会显示您编辑的当前页面。为了便于导航，在页面窗格中显示出了相册中所有页面的缩略图。

在初始状态，相册中不会有任何图像，您需要手动选择图像，并将其放置在希望其出现的页面上。

改变母版页面

在浏览器上方，您可能会注意到这里显示了浏览器中的图像的数量。而在检视器下方，则会显示当前相册的页面数量，以及相册的类型。

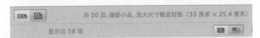

仔细检查一下即可发现，相册有20个页面，外加封面，与图像的数量也相距甚远。实际上，某些页面中是可以放置多个图像的。

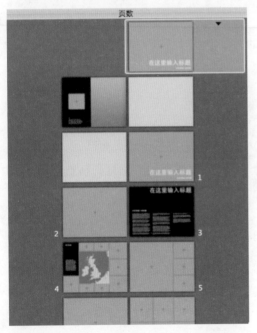

但是，这有可能造成页面中图像面积很小的问题。因此，我们来修改一下页面设置，令其仅仅包含单独的一张照片。

1　在页面窗格中，单击"页面4"。

2　单击页面4左边出现的灰色方块上的黑色小三角。这时会弹出一个窗口，显示出当前主题所有的可用的母版。

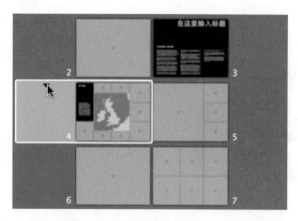

注意，在某些母版名称前会有一个对勾，这表示该母版在当前相册排版中被使用了。

3 从"设定母版页面"的菜单中找到并选择"2联，带文本选项A"。

您也可以一次选择多个页面，同时改变它们使用的母版，加快编辑速度。

4 在页面窗格中，单击选择页面5，然后按住【Shift】键单击"页面7"。

5 在"设定母版页面"的下拉菜单中选择"1联完整满版"。这样，被选择的页面将会使用1联完整满版的母版形式，整个相册也不需要过多的图像了。

将图像添加到页面上

将图像添加到页面上的方法就是直接将图像拖曳到页面上的图像预留位置上。下面，就让我们开始这部分工作。

在页面窗格中，第一个图像是封面图像，第二个图像是用于扉页上的。因此，让我们首先完成这两个图像的选择。

1 在页面窗格中，单击相册的封面。

2 在浏览器中，找到戒指的图像"01_0093_AT_058"，将其拖放到检视器中的空白图像预留位置的方块中。

3 在页面窗格中选择下一个页面。

4 在浏览器中选择"08_0207_HJ_114"照片图像。将该图像拖放到检视器中扉页上的图像预留方块上。

实际上，虽然拖放的操作很简单，但是页面越多，操作就越繁琐。在Aperture中还有另外一种放置图像的方法，可以按照顺序将图像排布到预留的空的位置上。下面，我们就来使用这个方法。

在页面上自动排布图像

通过自动排布图像可以非常迅速地将所有浏览器中的图像（或者被选择的）都放置到页面中的预留位置上。

如果仅选择部分图像，自动排布就会按照单击这些图像的顺序进行放置，而不是图像在浏览器中的排列顺序。

1 按【Command】键，并按照如下顺序单击这些图像：03_0079_HBD56CB0、04_0102_HJ_061-5、09_0221_HJ_122、10_0236_HJ_131、13_0300_HJ-162、17_0311_HJ_163、16_0328_AT_154和19_0374_HJ_187。

2 从相册操作弹出菜单中选择"给所选图像建立自动流"命令。

NOTE ▶ 通过浏览器，您可以发现某个图像在相册中被使用了多少次。每个放置到了相册中的图像都会在右上角出现一个红色的标记，其中包含了该图像在相册中被使用的次数。只有在浏览器中，才能看到图像上的这个标记。

好，现在前9个图像都按照其在浏览器中的选择顺序放置到了相册中。剩下的页面中将使用其他没有使用过的图像。

3 从相册操作下拉菜单中选择"给未被放入的图像建立自动流"命令。

这样，剩下的图像也都自动地放置在了相册中。

添加上所有的图像后，相册的页数从20增加到了26。请注意，一本相册最多可以容纳99页。接下来，我们调整一下某些页面的布局，删除一些没必要出现的照片，以便减少相册的页数。

删除和重新排布页面

通过自动排布的功能可以很快地完成最初的页面排版工作，但经常出现的问题是，某些照片并没有被放置在您希望它出现的页面上，或者页面的位置上。而且，由于图像数量比较多，自动排布也经常会令相册页数增加。下面，我们删除几个页面，并移动另外一些页面在相册中的顺序，令翻看画册时观看照片的顺序更加符合婚礼上的逻辑顺序。

1 在页面窗格中单击"页面14"，按住【Shift】键单击"页面15"。这两个页面中的照片是有关婚礼中庆祝的照片，应该放在相册的前半部分。

2 将这两个页面拖曳到页面4的左边，松开鼠标键。

在拖曳的时候，会出现一条绿色的竖线，它表示如果松开鼠标，页面就会被移动到绿线的位置上。在移动了某些页面后，其他页面会自动地根据情况重新排布自己在相册中的位置。

3 为了能够在检视器中同时看到两个页面的排布情况，在工具栏中单击"显示全部跨页"按钮。

考虑到这是一些婚礼庆典的照片，新人的影像应该是这本相册中最主要的部分。因此，让我们调整一下排版布局，令大家把注意力集中在几张庆典的照片上。

4 从"设定母版页面"的下拉菜单中选择"2联，带文本选项A"。这样，在这个部分打开的相册将会使用"2联，带文本选项A"的布局，页面上仅会出现4张照片。

接下来，我们删除最后6个页面，令相册的页数下降到20页。如果我们仍然需要被删除页面中的某些照片，也可以稍后再添加回到相册中。

5 在页面窗格中选择"页面21"，按住【Shift】键单击"页面26"。

6 单击"减号"按钮。此时会出现一个警告提示信息，说明相册最少的页数应该为20。删除这些页面后，相册数量正好是20，所以，单击"删除"按钮。

至此，相册的封面和开始几页的简单排版都已经完成。接下来将会调整一下这些页面上的图像。

自定图像和页面排版布局

每种相册主题都包含了一套母版页面的排版布局，这些母版可以分别应用到相册中的任何一个页面上。当然，您也并非被限定在这些排版布局的范围内，您可以在任何页面上添加照片、文字，并调整其大小和式样。

令图像适合于图像的预留位置方块

在设定了最基本的相册结构后，现在需要仔细调整每个页面上的图像了。某些图像裁剪后，效果并不理想，需要进行一些修改。

1 在页面窗格中选择"页面9"。

2 在检视器中单击新娘和女宾的照片。

这本来是一张竖幅的人像照片，但现在缩放而充满了整个页面。针对这张照片来说，最好还是能够看到照片的全部内容，即使那样会令页面左边空白出来。

3 按住【Control】键单击照片，然后选择"照片框对齐">"缩放以适合居中"命令。

这样，照片会缩小，以便能够看到整幅照片的内容。但是页面背景的白色也显露了出来，而且显得面积过大，与相册的风格有点冲突。因此，下面我们将背景调整为黑色的。

4 从"背景"下拉菜单中选择"黑色"。现在图像背景变成了黑色。

下一个页面很有意思，它有一张跨页的照片。但是现在照片中的人物的头部被挡在边框之外了，令我们看上去感觉很不舒服。

5 在页面窗格中选择"页面10"，在检视器中双击图像，打开"图像缩放"HUD。

6 在检视器中，将光标放在图像上，将其向下拖曳一些，令人物的头部不再被遮挡。

7 继续向右拖曳一下"图像缩放"滑块，令照片放大一点。

8 在检视器中，将光标放在图像上，拖曳图像，令两个页面的中缝正好位于新娘和新郎之间。

9 继续调整图像位置，直到您对最后的构图满意为止。

好，在修改了裁剪参数后，这个跨页的照片看上去就精美了许多。

> **TIP** 在编辑一个相册的时候，浏览器可以显示所有可用的图像，或者是仅仅那些没有被放置到页面上的图像。单击搜索栏旁边的"显示所有图像"或者"显示未被放入的图像"的两个按钮，就可以在这两种显示模式之间切换。

调整照片在预留位置方块中的幅面是一种最常见的编辑工作。另外一个比较少见的功能则是利用Aperture的地点功能在页面上制作地图。

自定地图

某些主题会在页面上排布地图。如果是有关旅行或者事件的相册的话，有了地图就可以非常清晰的向观众表明有关地点的信息。如果项目或者照片已经包含了地理位置的数据，地图就会自动显示出相应的位置。如果项目或者照片还没有相关的地理位置的数据，您仍然可以在相册中创建一个地图。

之前您选择的摄影小品的主题中就包含了地图。实际上，任何带有地图的主题都会在相册中放置一个带有地图的页面。

1 在页面窗格中选择"页面15"。

这个地图是跟随主题而来的。您将使用这个地图来表示婚礼的地点。但是当前的页面中还放入了一张照片，遮挡在地图的上面，我们将删除这张照片。

2 在页面上选择地图上的照片，按【Delete】键。

此时，照片被删除掉了，但是仍然遗留下了用于放置图像的方框。为了删除这个方框，您需要将页面当前的内容编辑模式转换为布局编辑模式。"编辑内容"按钮可以令您修改放置在页面上的图像，而"编辑布局"按钮则可以令您修改页面的布局。

3 在检视器的上部，单击"编辑布局"按钮。

请注意，此时放置图像的方框发生了变化。当单击"编辑布局"按钮后，页面上的方框变得可以缩放大小、移动位置了。在本例中，您将仅删除这个方框，以便开始后面编辑地图的工作。

4 确认选择了方框，按【Delete】键删除它。

5 双击地图，打开"地图选项"HUD。

针对这些图像或者项目，如果地点的功能已经启用，就表示地图的信息就已经比较完整了。在本例中，并没有地点的信息，所以，您需要手动输入婚礼的地点。让我们先为地图添加一个标题。

6 在"标题"栏中输入"Sonoma, California"。地图的标题将会添加到地图的左下角上。

7 单击"添加地点"按钮，为地图添加一个地点位置。

8 双击"未命名"的地点，将其添加到地点列表中。

9 输入"The Fairmont Sonoma"。

10 从Google结果中选择"The Fairmont Sonoma"。这样，地图会聚焦在加州北部，在地图上添加一个地点标记，并用文字表示其为"The Fairmont Sonoma"。

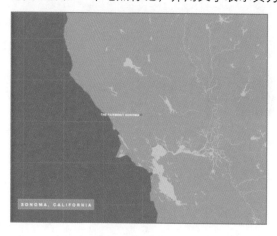

11 将"缩放"滑块拖曳到最右边，尽量放大地点标记的位置。

地图上显示了有关照片内容涉及到的地理位置。您也可以在地图列表中添加更多地点，甚至制作地点之间的旅行路线。由于婚礼仅仅涉及到一个地点，因此，地图的制作就相对简单了许多。

在图像方框中修改图像

在使用了自动排布图像到相册中后，您可能会需要变换图像在页面上出现的顺序。让我们快速地浏览一下现有的页面，检查一下是否需要这个工作。

1 在页面窗格中选择"页面17"。在这个页面上，新人的照片以满版的形式出现，感觉非常不错。因此，页面17不需要任何修改，让我们在页面窗格中选择"页面19"。

2 由于在页面19中的图像略多，因此，在页面窗格中选择"页面19"。接着，在"设定母版页面"下拉菜单中选择"2联，带文本选项A"。

页面18延续了之前页面的照片主题。该图像需要被替换掉，因为其他图像都是宴会厅的内容。我们将用一个没有使用过的图像来替换页面18中的第一个图像。

3 在工具栏中单击"显示未被使用过的图像"按钮。现在，浏览器显示出了22张照片，它们都是没有被放置在当前相册中的。

4 在浏览器中，找到图像"60_1082_HJ_599"，这张照片是拍摄了婚礼的大蛋糕。将它拖放在页面18上的新人的照片上。

好，至此，相册中的主要内容看起来已经很不错了。后面相册的结尾部分的图像还需要一些调整。

放置新的图像预留方框

在之前移除了一些页面后，浏览器中剩下了一些还未被使用的图像，其中某些图像是非常精彩的。为此，我们在相册的结尾创建自定的页面，以便容纳这几张照片。

1 在页面窗格中向下卷动，以便能够看到页面20。

在浏览器中的最后一张照片很适合作为这本相册的结尾。照片中新人在宴会结束后，拥抱在一起，面对镜头微笑。此外，这里还有一张非常不错的夜景照片。在本例中，您将同时使用它们创建一个定制的排版布局。

注意，在编辑布局模式下，您可以添加图像预留方框、改变它的大小，并将夜景照片作为整个页面的背景。

2 在检视器的上部，单击"编辑布局"按钮。

3 从"添加"按钮的下拉菜单中选择"添加照片框"命令。这样，在页面中就会出现一个空白的图像预留方框。

NOTE ▶ 如果希望选择"添加"按钮中的菜单项目，就必须先选择编辑布局模式。

4 在浏览器中，将最后一个图像"80_1346_HJ_762"拖曳到新添加在页面上的图像预留方框中。

目前，图像与方框的尺寸还不匹配。在编辑布局模式下，您可以调整方框的大小和位置。

5 在检视器中，单击新人的照片，显示出围绕在图像四周的裁剪控制手柄。

6 向上拖曳方框上沿中间的控制手柄，直到接触到页面的顶端。现在可以看到照片中的更多内容了。接着再调整一下方框的下沿。

7 向下拖曳方框下沿中间的控制手柄，直到接触到页面的底端。现在可以看到整幅照片的内容了。

这张新人的照片非常精彩，而且是在相册的最后一页，为此，我们再为图像增加一个边框。

8 在页面窗格下方，从相册操作下拉菜单中选择"显示布局"选项。

在页面窗格的上方出现了布局选项检查器，其中显示了当前在相册布局编辑器中被选择的对象的尺寸和位置。您可以使用这些控制来防止图像预留方框。

9 在布局选项检查器中将"照片边框"的"宽度"设置为0.5。

这样，照片就具有了一个黑色边框。但是，与深色的背景相比，边框实际上比较难于发现。

10 在检视器中选择背景的夜景照片。

11 在设定照片过滤器的菜单中选择"涂料 – 淡"选项。

这样，背景上会遮上一层淡淡的灰色，令前景的照片与边框突显出来。

好，相册排版的工作已经完毕。接下来，您可以填写文本内容，甚至撰写一些诗歌。但是，这已经超出了本书的内容。让我们还是把精力收回到技术问题上：订购和打印相册。

订购相册

与iPhoto一样，Aperture可以访问苹果专业相册打印服务。在下面的练习中，您将设定一个苹果账户，并下单订购一本相册。

NOTE ▶ 如果您并不真的希望设定账户并购买一本相册的话，仅浏览练习的步骤即可。

1 在检视器中单击"购买相册"按钮。Aperture会快速查看一下相册内容，如果有任何问题，比如空白的文本块，都会弹出警告信息。

2 如果出现警告信息，但是您仍然希望继续的话，可单击"继续"按钮。

Aperture会检查互联网连接，并弹出对话框，要求您填入苹果账户信息，或者创建一个新的苹果账户。

如果以前使用过苹果账户，Aperture会弹出对话框询问您是否允许使用该账户连接到打印服务上，此时，您可以单击"允许"按钮。

以下练习的步骤假设您已经可以使用苹果账户了。

3 输入账户信息和密码，单击"Sign In"按钮。

完成后，"相册购买"对话框将会显示一个"预览相册"按钮，以及一个"继续"按钮。单击"预览相册"按钮将会创建当前相册的PDF版本，并在预览软件中打开，以便您观看相册的效果。

TIP ▶ 在交付打印之前，当然最好是要预览一下相册的效果。

4 单击"继续"按钮，进入到订购页面的最后部分。

在默认情况下，相册会发货到您的苹果账户所绑定的邮寄地址，您也可以指定发货到另外一个地址。

5 从"发货"对话框中选择一种发货方式。当前订购相册的费用也会显示在这里，并可能会根据发货方式的不同而有所不同。

6 如果您真的希望购买的话，可单击"Place Order"按钮。否则，按"Cancel"按钮。

如果已经订购，那么Aperture会将所有必要的数据，包括图像和文字内容，上传给打印服务机构。考虑到您的互联网连接速度、相册尺寸和图像数量的不同，上传的时间也可能不同。

在完成后，您的相册将会在打印服务机构进行打印制作，并随后会发送到您指定的收货地址。

打印图像

在Aperture资料库中的图像可以通过各种方式在世界各地传播。除了最流行的互联网发布之外，Aperture也支持最传统的照片打印。您可以将其摆放在书桌上，悬挂在客厅中，或者是举办一个真实的摄影展。

在本次练习中，您将在屏幕上对图像进行打印前的校样，然后根据不同的打印机和纸张设定打印预置。

在屏幕上校样

苹果计算机的屏幕与您的打印机具有很多差异，包括色域、分辨率。与现实相比，即便您使用了经过仔细校正的显示器，所见即所得的高端图像技术仍然可能是一种遥不可及的理想。但是，Aperture的屏幕校样的功能可以尽量避免您受到技术的阻碍，而获得尽可能好的效果。

1 在资料库检查器中选择项目"Catherine Hall Studios"。

2 在"搜索"栏下拉菜单中选择"5星"。

3 在浏览器中选择最后一个图像"80_1346_HJ_762"。在检视器中观看这个图像。

4 按【V】键，仅显示检视器。

这幅照片的反差很大，也包括非常多的细节，均匀的大面积的渐变，非常适合于测试校样和打印效果。

5 在菜单栏中选择"显示">"打样描述文件"命令。

"打样描述文件"的子菜单中包含了大量输出描述文件。您可以使用这些描述文件来观看被选择的图像在某种打印设备上输出的预览效果。

6 从"打样描述文件"的子菜单中选择匹配您的打印机的某个描述文件。如果在列表中没有相应的描述文件，也可选择"普通CMYK描述文件"命令。

为了匹配描述文件，屏幕上显示的图像有了一点点变化。

7 按【Shift-Option-P】组合键几次，反复切换屏幕显示与校样显示。可以发现，校样后的颜色发生了变化，尤其是肤色与背景中红色的部分。

现在，屏幕上的图像类似于实际打印出来的照片效果。下面，我们来设定一个打印预置。

每种打印尺寸都有其自己的形状，通常被称为宽高比。比如，一张8x10的照片会显得比4x6的更高一些、更窄一些。为了令图像能够适合这些打印尺寸，打印工作室通常会将图像略微放大一些，或者裁剪一点。为了获得最好的效果，您应该预先将图像裁剪为与打印尺寸相同的宽高比。

使用打印预置

在Aperture中进行打印的时候，您可以通过多种控制和选项来精细地调整打印效果。为了提高效率，您可以将这些设定参数保存为一个打印预置，以便反复使用。

NOTE ▶ *如果在当前计算机上没有添加一个彩色打印机，您仍然可以跟随以下练习中说明的步骤，体会一下打印预置的功能。*

1 按【V】键，返回到拆分视图。

2 选择图像"80_1346_HJ_762"，然后按住【Command】键单击图像"24_0487_AT_224"。

3 在菜单栏中选择"文件">"打印图像"命令，或者按【Command-P】组合键显示Aperture打印窗口。在窗口左边的区域中，显示的是标准的预置。

4 在打印窗口的左下部分，从操作下拉菜单中选择"复制预置"，将其命名为"5x7 my printer"。您将把有关打印的参数存储在这个新的预置中。

5 在"打印机"菜单中选择您的打印机。如果当前没有连接打印机，那么就保留其默认的选择。

6 从"颜色描述文件"的下拉菜单中选择适合于您的打印机的一个描述文件，或者，也可以选择"普通CMYK描述文件"。

此时，在右边的预览图像会有些许的变化，以匹配于您刚刚进行的设定。

7 从"纸张大小"下拉菜单中选择"A4"，从"图像大小"下拉菜单中选择"5x7"。

8 在"每页照片数"栏中输入"2"。

此时，预览窗口中将会显示出当前选择的尺寸的纸张上会被打印两个图像。对于一般

的打印，这些设定已经足够了。但是Aperture仍然包含了更多的选项，可以令您更加灵活地控制打印效果。

NOTE ▶ 如果该打印机支持的话，Aperture会自动向打印机发送16位色彩的图像数据。相比8位的色彩，16位的色彩会具有更宽的色域，更平滑的颜色过渡，更少的颜色损失。

使用扩展的打印选项

下面，通过扩展的打印选项进行更多的调整，以改善图像的质量。

1 在打印窗口的下方，单击"更多选项"按钮。

第一组附加的控制参数是行与栏。通过栏间距可以令页面上的两个图像分开一些。

2 将"栏间距"的数值设定为0.5厘米。

在将RGB的图像打印到纸张上的时候，打印使用的是CMYK色彩空间。因此，这里就需要进行色彩空间的转换。对于转换来说，需要尽可能地保留图像中最重要的颜色质量。了解转换的技术将有助于您在颜色变化的时候保持图像内容的观感。

3 观看附加选项中渲染的部分。

感性的和相对比色渲染是两种从技术上进行色彩空间转换的算法。相对比色尽可能地将图像颜色对应于打印机可以打印出来的颜色。其弱点是容易受到打印机本身色域的限制，比如在打印渐变的蓝天的时候，可能会由于无法打印出更多的蓝色而出现色带的问题。感性的渲染方法则会偏重于保持色调的平稳过渡。其弱点则是，可能会为了保持这种平滑，而令某些位置的颜色与原始图像的颜色有些区别。

4 将"渲染意图"设定为"感性的"。

5 确认勾选了"黑度补偿"复选框。这个选项会尽量保持图像中最黑暗部分的细节。

在这里还有一些类似于调整检查器中的对图像的调整选项。如果您已经知道打印机打印的时候会略深一些，或者缺少一些锐度，那么就可以在这里进行一点调整，而无需专门建立一个新的图像版本。

TIP ▶ 在调整锐化的参数的时候，您可以单击"显示放大镜"的图标，在预览图像上检查其效果。

6 从打印窗口下部的"操作"下拉菜单中选择"存储预置"。这样，就将已经设定好一系列参数存储在了一个预置文件中。日后，就可以在不同的打印工作中反复使用这个预置了。

7 在打印机上安装符合打印描述文件规定的纸张，包括尺寸和类型，然后单击"打印"按钮进行打印。如果不希望进行打印，单击"取消"按钮。

> **TIP** ▶ 如果此时并不希望打印，您也可以在"打印"对话框中单击左下角的"PDF"按钮，然后选择在预览软件中打开，观看其效果。或者，也可以将其存储为一个PDF文件，以备稍后再进行打印。

如果您自己没有一台高质量的打印机，也可以选择"文件"＞"订购冲印照片"命令，通过苹果打印服务获得照片。无论用哪种方式，打印预置都可以节省打印设置的工作，方便您获得需要的照片。

> **NOTE** ▶ 请注意，由于计算机屏幕和打印机墨水呈现色彩的方式完全不同，所以您在屏幕上看到的永远不会与打印机打印出来的一模一样。您可以多进行几次打印测试，以便评估它们之间的差异。

交付数字图像文件

在很久以前的模拟世界中，一名专业摄影师总是会精挑细选出一些照片来呈现给客户。如您在之前练习中学习到的，Aperture也可以进行照片的打印，或者通过苹果打印服务机构来制作相册和冲印照片。在数字世界中，您会经常需要交付原始的RAW格式文件，或者经过调整和修饰的数字图像。Aperture提供了丰富的导出选项，以便您可以交付各种格式的数字文件。

导出原始图像

针对引用的图像，Aperture的资料库中并不包含它们的原始文件。如果需要将这些图像提交给客户，可直接在保存有它们的文件夹中找到这些图像，复制给客户即可。针对受到管理的图像，由于它们是存储在Aperture资料库中的，所以必须利用导出命令，复制一个新的图像，然后才能提交给客户。

即便是引用的图像，您也可以使用Aperture的导出功能。这不仅可以令您更准确地导出需要的文件，还可以使用各种排序、重新命名的功能。此外，还可以在最终文件中添加IPTC元数据的信息。

> **NOTE** ▶ 导出原件的意思就是对原来导入Aperture的图像进行复制，它不会包含任何后期在Aperture中进行的调整。

1 在资料库检查器中单击项目"Catherine Hall Studios"，然后在菜单栏中选择"显示"＞"浏览器"命令。在浏览器中会显示出所有5星的图像，这些是准备要导出的图像。

2 按【Command-A】组合键，选择所有图像，然后在菜单栏中选择"文件" > "导出" > "原件"命令，或者按【Command-Shift-S】组合键。此时会弹出"导出原件"对话框。

3 在对话框中找到桌面，单击"新建文件夹"。

4 将文件夹命名为"Originals with custom name"，单击"创建"按钮。

在对话框中会显示一个空白的文件夹。

5 在对话框中的"子文件夹格式"下拉菜单中选择"项目名称"。

6 在"名称格式"下拉菜单中选择"自定版本名称和日期/时间"，然后在"自定名称"文本框中输入"Wedding"。

> **TIP** 您可以自定文件夹名称和文件名称的预置，以满足您导出的需求。在Aperture的菜单栏中选择"Aperture" > "预置" > "文件夹命名可以定义文件夹名称的信息"命令；选择"Aperture" > "预置" > "文件命名可以定义文件名称的信息"命令。

7 在"元数据"下拉菜单中选择"包含IPTC"选项。这样，所有的IPTC元数据，包括关键词、标题和评分都会嵌入到导出的原始文件中。

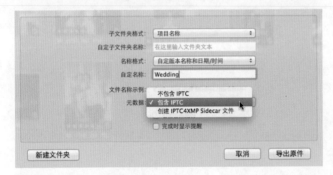

> **TIP** 在菜单栏中选择"元数据" > "将IPTC元数据写入原件命令也可以将这些信息包含在原始文件中"命令。

8 单击"导出原件"按钮。

> **TIP** 在导出图像数量比较多的时候，您可以勾选"完成时显示提醒"复选框，可以在Aperture完成导出任务后弹出提示框，提醒您任务已经完成。

当导出开始进行后，对话框将会关闭，您可以继续进行其他工作。由于图像数量比较少，导出在几分钟后即可完成。完成后，原始文件的名称将会是Wedding后面带着每张照片所拍摄的日期和时间。

在Aperture中，您也可以按照高质量的16位TIFF、PNG和PSD格式导出图像的不同版本。其导出设置的内容与导出原件基本类似，只是有个别选项的区别。在导出完成后，您可以将这些图像文件用于不同的用途。

至此，您已经完成了所有13课的学习，从导入、整理、评价，一直到编辑、共享和打印。毫无疑问，Aperture还有很多内容值得您深入挖掘，其中某些信息会包含在本书的附录中。但此时，您已经可以开始利用Aperture管理和编辑您自己的照片了。

课程回顾

1. 将图像自动排布在页面上有哪两种方法？

2. 关键词可以嵌入到原始文件中吗？

3. 如何发现一个图像被用在某个相册中的次数？

4. 对与错：导出的原件会包含在Aperture中您对该图像所做的所有编辑和调整。

答案

1. 自动流功能可以快速地放置所有的图像，您也可以将浏览器中被选择的图像自动排布在相册中空白的图像预留方框中。

2. 是的，在"导出原件"对话框中，在"元数据"下拉菜单中选择"包含IPTC"选项。这样，所有的IPTC元数据，包括关键词、标题和评分都会嵌入到导出的原始文件中。选择"元数据">"将IPTC元数据写入原件命令也可以将这些信息包含在原始文件中"命令。

3. 在浏览器中，每个已经被添加过的图像上都会有一个标记，说明其被添加的次数。

4. 错。导出的原件不会包含在Aperture中您对该图像所做的所有编辑和调整。

出色的修饰

人们常说：一个好的艺术家知道什么时候放下手中的画笔。罗恩·布林克曼的引人入胜的旅游摄影作品正是对此的一个印证。他的探险精神驱动他按下快门，而他的谨慎与细致则令其成为了一名优秀的图像编辑。

布林克曼曾经是电影视觉效果总监，也为亚马逊和苹果担任过的技术指导，他还与朋友合作主持每周摄影的播客。

您首选的相机是哪款？有什么特别的优势吗？

佳能40D是我的终极武器！松下的LX3常用于随手拍，而iPhone则是随时随地能够拍摄的相机。我的大多数照片都是在旅行的时候拍摄的，包括风景、艺术展馆、野生动物，以及当地各种各样独特的事物。

您会调整大多数的照片，还是仅仅调整挑选出来的一部分？

通常是挑选出来的照片。有些时候会对多张照片进行调整，以便找到最好的感觉，然后再对其中一张进行更深入的修饰。

对于挑选出来的照片，一般会进行哪些基本的调整？

我倾向于拍摄的时候稍微曝光过度。所以，如果感觉照片效果正是我希望的，我就使用Aperture的亮度调整，稍微压暗一些。

如果当前拍摄的照片并不十分理想，比如场景具有非常大的动态范围，我就会首先调整曝光和高光恢复。由于我经常拍摄户外的场景，因此总是需要平衡高光（反光、蓝天）和阴影的色调。我经常反复使用这些工具，以及高光和阴影的调整，以便将照片中所有的细节都囊括在一个可见的范围内。

当我认为照片符合以上基本要求后，还可能会调整清晰度，使用各种颜色工具调整饱和度和色调，最后会进行一点锐化。所有调整的目的都是为了保持更多的细节。

除了基本调整之外，您会进行多少修饰的工作？

我会进行大量的修饰工作。现在Aperture 3具有了笔刷调整的功能，因此，几乎有一半以上的照片都会通过笔刷进行局部的修饰。大多数照片都会获得非常不错的效果。

在什么情况下您会使用JPEG，而不是RAW？

我基本上都是拍摄RAW格式。现在Aperture也支持LX3的RAW格式了，所以，我仍然会继续用RAW格式进行拍摄。Aperture对RAW文件处理的工作流程很不错，几乎察觉不到它对后期处理带来的更多要求。

在调整图像的时候，您认为普通用户容易犯哪些最常见的错误？

我经常看到一些过度饱和与锐化的照片。虽然照片表面看上去很诱人，但的确是过度了。可以尝试过一段时间再回来检查经过调整的照片，以确保没有做出过份的调整。

作为业内的专家，罗恩为我们提供了非常明智的建议。如果需要了解更多有关罗恩的信息，请访问他的网站：www.digitalcomposting.com。

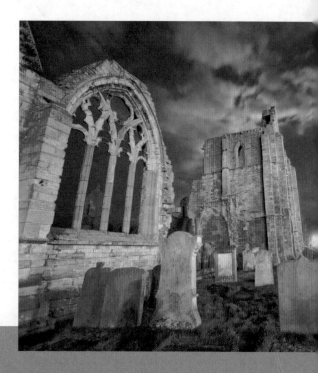

附录A
设定工作环境

工作环境将会影响您对图像的评判。此时，您的眼睛既可能是您最好的朋友，也可能是个骗子。因此，您需要花费一些时间来评估一下工作环境，从正在使用的苹果显示器，一直到墙面上的涂料。在这个附录中将不会提供一个具体的设定步骤，而且，如果您熟悉OS X的使用，就能够通过操作系统进行适当的设置，以利于您对图像的评估工作。

调整系统偏好设置

多数用户都会觉得苹果默认的桌面背景图像和界面的颜色很漂亮。然后，在进行严肃的色彩评估与图像校正的时候，这些优势就变成了缺点了。以下提供一些在OS X的系统偏好设置中调整参数的技巧。

在系统"偏好设置"中，选择"显示器"，然后选择"LCD显示器的物理分辨率"。有关屏幕的物理分辨率的信息，您可以在其产品规格中查到。

NOTE ▶ 如果您使用古老的CRT显示器，就要确保颜色的菜单中选择了上百万色。

接着，调整一下苹果系统的界面，避免它影响您对颜色的判断。打开桌面和屏幕保护程序的预置，单击选择"桌面"标签，选择"深灰色"，作为桌面背景。接着，在"通用偏好设置"中，将外观和高亮显示颜色都定义为石墨色。

这样，就可以把彩色的红、黄、绿的按钮变为灰色的按钮。

现在，系统的界面显得比较灰暗了，这有助于您对照片的评判。

校准显示器

照片管理中的一项重要工作就是尽量令计算机屏幕的颜色接近打印机或者分享设备的颜色。您可以通过多种方法对显示器和其他设备进行校准。OS X内置了一种色彩管理技术，称为ColorSync。该技术使用工业标准的ICC描述文件来校准色彩，并可以创建管理工作流程。为了满足专业的色彩管理的工作流程的需求，您处理照片的所有设备都需要具有对应的使用分光光度计测量的描述文件。

使用多台显示器

在一台计算机上连接多个显示器，可以扩大屏幕显示面积，为图像编辑和屏幕校样的工作带来更好的体验。除了可以使用扩展屏幕之外，Aperture还可以定义在第二个屏幕上显示什么内容。比如在主显示器上显示Aperture的界面，而在第二个显示器上以全屏的模式显示当前被选择的图像。

NOTE ▶ 即使您目前没有使用多个显示器，也可以继续阅读本附录，以便在未来工作的时候有机会迅速地将双屏幕显示的优势发挥出来。

将第二个显示器连接到计算机上

不同的计算机系统连接第二个显示器的硬件要求也可能会不同。比如，使用MacBook Pro连接第二个显示器的方法是：

1 关闭计算机。

2 将显示器的线缆连接到苹果计算机对应的端口上，确认连接稳固。

3 打开显示器（苹果雷电端口的显示器会自动开启电源）。

4 启动苹果计算机。

> **更多信息▶** 苹果技术支持网站中有更多连接多个显示器的信息。

在OS X中设置多个显示器

在计算机连接了两个显示器后，需要进行适当的配置，以最大限度地发挥它们的优势。在系统偏好设置中，您可以将它们设定为连续的桌面，也就是一个显示中的桌面可以延续到另外一个显示器上。这个模式被称为扩展桌面模式，在Aperture中也是利用了这个模式的特点来进行图像的显示。

> **NOTE▶** 在连接了两个显示器后，Aperture将会控制第二个显示器，因此您需要保持扩展桌面的模式。如果将显示方式转变为镜像模式，Aperture的操作就会出现问题。

在系统"偏好设置"的"显示器"中，在"排列"标签下可以将相对应的屏幕的位置与它们真实的物理位置对应一致。您可以拖曳蓝色方块的位置，将其对应于实际显示器的排列位置。蓝色方块上的白色横栏表示主菜单栏的位置，这个白色横栏位于哪个蓝色方块上，该蓝色方块代表的显示器就被指定为主显示器。

在Aperture中配置多个显示器

在计算机连接多个显示器后，在Aperture中就可以进行相应的设置工作了。Aperture会将带有菜单栏的显示器视为主检视器，另外一个显示器视为备选检视器。在默认情况下，在主检视器上显示Aperture软件界面，在备选检视器中显示图像。

在"显示">"备选检视器"的子菜单中，您可以指定备选检视器的功能。

> **NOTE▶** 如果当前计算机没有连接第二个显示器，那么备选检视器的菜单就不可用。

对于备选检视器，Aperture提供了5种可用的方式：镜像、备选、跨越、黑色和关闭。

在镜像的时候，备选检视器中会显示与主显示器中的检视器一模一样的内容。其区别是在备选检视器中会以全屏的模式显示图像，而不会显示出任何界面元素。

如果选择备选，那么备选检视器仅会显示当前选择的图像，或者是当前被选择的多个图像中的首选图像。

如果选择跨越，那么在选择了多个图像的时候，其中某些图像将会移动到备选检视器中显示，而其他的图像则保持在主检视器中显示。这样，被选择的图像就能够以尽可能大的面积显示在屏幕上。至于哪些图像会在备选检视器上进行显示，是由Aperture根据图像尺寸和显示器分辨率来灵活决定的。

如果希望隔离第二个显示器，也可以选择黑色。唯一的例外是，在浏览器视图模式下，被选择的浏览器中的图像将会以全屏的方式显示在备选检视器中。

如果您不希望Aperture利用第二个显示器，而是留给其他软件，也可以选择关闭。这样就会显示出苹果系统的桌面，其他软件也可以将界面显示在第二个显示器上。

使用联机拍摄功能

Aperture可以使用联机拍摄的功能，意思是通过Aperture软件直接控制照相机进行拍摄。

使用USB或者火线端口将照相机连接到苹果计算机上后，您可以首先选择一个项目，该项目作为存储即将拍摄的照片的项目。在菜单栏中选择"文件">"网络共享">"启动会话"命令。然后使用"会话"HUD控制相机进行拍摄。

并不是所有的照相机都支持联机拍摄，有些支持的，也需要进行一些特殊的设置后才能进行。有关Aperture联机拍摄所支持的照相机列表，请参考http://support.apple.com/kb/HT4176。

某些照相机必须设置为指定的通信模式后才能进行联机拍摄。这时，需要将照相机设定为PTP模式。

某些照相机同时支持遥控计算机控制与照相机快门控制，有些则仅仅支持其中一种。

某些照相机在联机拍摄的时候必须插入存储卡。

不支持使用大容量存储模式的照相机。

在使用Aperture或者图像捕捉软件进行联机拍摄的时候，要避免计算机进入睡眠模式。否则，照相机可能就无法再次被计算机所识别了。您可能需要退出并重启Aperture软件，或者断开照相机连接，之后再重新连接。

附录B
扩展Aperture的功能

在一开始使用Aperture的时候，其众多的功能和特性可能会令您目不暇接。但是当你逐渐开始建立自己的资料库，慢慢熟悉了它们之后，您可能还会觉得需要更多的功能。Aperture可以通过两种方式扩展其功能：一是通过其他公司的插件，二是通过Automator和AppleScript。

添加插件

插件是一种小程序，它可以运行在一个大型软件之中，比如Aperture。Aperture具有一种非常灵活的插件结构，可以支持多种第三方的插件：

▶ 图像编辑插件——它可以扩展图像调整的能力，加入特殊的工具，比如降噪、可选的调整、镜头校正等。

▶ 导出插件——虽然Aperture包含了直接共享到Facebook、Flickr和iCloud照片流的功能，但是您仍然可以通过超过二十种插件获得更丰富的导出选择。比如在SmugMug或者Picasa中分享照片，或者将图像上传到FTP备份服务器，或者创建Flash风格的Web相册。

▶ 相册插件——在Aperture中创建的相册可以通过苹果打印服务购买。借助其他的相册插件，您可以通过其他相册制作机构获得相册。

▶ 附件——这一类插件包含了许多第三方的Web主题，可以为您在互联网上分享照片提供很多极具创意的设计样式。

更多有关Aperture的插件信息请参考www.apple.com/ aperture/resources。

使用Automator和AppleScript

Automator是OS X包含的一个应用程序，它用于自动地执行某些复杂的任务。Automator可以执行一组连续的指令，或者单独某个命令，比如选择项目，或者设定IPTC标签。您可以将单独的某些指令串联在一起，形成一个工作流程。一个工作流程则可以自动执行多个您原来可能需要手动单独操作的任务。

比如，Automator可以令Aperture完成以下任务：

▶ 创建一个投放文件夹，自动为放进来的图像添加指定的关键词、旗标、评分或者IPTC元数据。

▶ 从一个被选择的项目中自动导出所有的图像，并将其压缩为ZIP文件，然后上传到一个FTP服务器上。

▶ 在导入完成后，自动从Aperture发送一个SMS文本信息。

Automator也可以自动执行涉及多个软件的任务，比如Mail、Photoshop等。

使用预置的工作流程

从苹果的Automator网站上可以下载许多预置的工作流程，这些工作流程可以通过简单的一次单击就可以完成一些非常复杂的工作。

在Aperture资源网站www.apple.com/aperture/resources/plugins. html#automation中可以找到如下工作流程：

- ▶ Aperture In−Design Integration
- ▶ Aperture Caption Palette
- ▶ Publish for Approval
- ▶ Aperture PDF workflows
- ▶ Aperture Hot Folder
- ▶ Scan and Import Mail image attachments
- ▶ Aperture and Keynote Integration

所有这些工作流程的文件都很小，而且是免费下载的。

学习如何使用涉及Aperture工作的Automator

如果您希望制作针对Aperture的工作流程和其他自动处理的命令，可以下载Aperture 3 AppleScript参考文件：http://images.apple. com/aperture/resources/pdf/Aperture_3_AppleScript_Reference.pdf。

在该文档中讲述了如何针对Aperture使用AppleScript制作命令集。

词汇表

加色 从光源本身得到颜色元素的图像。RGB 是一种常见的加色形式。另请参阅 RGB。

调整 对图像外观所作的任何更改。另请参阅笔刷调整。

"调整" HUD 一种浮动的关联窗口，可以用于调整图像。

调整检查器 观看并执行对图像的调整的主要区域。在检查器上部会显示直方图，之下一般会显示曝光、增强、高光和阴影、白平衡这些调整。

Adobe RGB（1998） 常用于打印的颜色描述文件。另请参阅颜色空间。

相簿 Aperture 资料库中一种仅保存版本的容器。您可以在项目级别或在项目中创建相簿。有一些专门类型的相簿，包括相册、看片台、网页、Web日志和幻灯片显示之类的相簿。另请参阅文件夹、资料库、项目、智能相簿、版本。

备选 堆栈中紧靠着精选照片的照片。当堆栈中有多张照片应该获得精选位置时，备选照片就显得很有用了。另请参阅图像、精选照片、堆栈。

环境光 画面（室内或室外）中已经存在的灯光特征，摄影师未另外提供的任何光线。

数码转换 此过程会将相机的数码图像感应器所捕捉到的光能量电压值变换成二进制（数字编码），以便于处理和储存。另请参阅数码化、量化。

视角 帧内所显示画面的区域。由镜头的焦距所决定。

光圈 光线所穿过的镜头中的可调整光圈或快门。度量单位为光圈系数。另请参阅光圈系数。

宽高比 照片高度与宽度之比。北美的常用宽高比是 3.5 × 5、4 × 6、5 × 7、11 × 14 和 16 × 20 英寸。

音频附件 已附加到照片的音频文件（在捕捉照片的相机中或者在 Aperture 内附加到照片）。音频附件通常是摄影师在拍摄照片时所录制的音频乐谱。

音频片段 Aperture中音频分段的实例；音频文件的版本。另请参阅音频文件、版本。

音频文件 磁盘上被Aperture中的音频片段所引用的源媒体文件；音频片段的原件。另请参阅音频片段、原件。

自动对焦 相机中自动将镜头聚焦于主体或场景的特定部分的系统。另请参阅自动对焦点叠层。

自动对焦点叠层 检视器中照片上所显示的叠层，会显示相机所使用的自动对焦模式以及用来聚焦于所捕捉照片的焦点。您可以通过在"信息"检查器的"相机信息"面板中单击"自动对焦点"按钮，来打开自动对焦点叠层。您也可以通过将鼠标指针放在"自动对焦点"按钮上，来临时地查看自动对焦点叠层。另请参阅自动对焦。

背景 图像背面的区域，显示在主体之后。另请参阅景深、前景。

背光 朝向相机镜头的光源，从主体后面发出光。背光可以使主体的轮廓突显于背景，这往往会生成影子。另请参阅面光、侧光、影子。

Bayer模式颜色过滤器阵列 附加到数码图像感应器表面的红、绿、蓝镜头的特定排列。绿镜头的数量大致是蓝镜头和红镜头的两倍，才能适应人眼察觉颜色的方式。另请参阅电荷耦合器件（CCD）、互补型金属氧化物半导体（CMOS）、数码图像感应器。

位深度 每个通道在一个像素中能够显示的颜色色调值或阴影的数量。在图像的像素中增加颜色通道的位深度，会以指数方式增加每个像素可以表示的颜色数量。另请参阅颜色通道、颜色深度。

模糊快速笔刷 这种快速笔刷调整可柔化已刷过调整的图像区域。另请参阅调整、"笔刷"HUD、快速笔刷。

散射灯光 自然光源和人造光源（闪光灯和钨丝灯），借助反射表面重定向到主体，产生自然光和填充阴影的效果。另请参阅色温、填充灯光、白平衡调整。

包围 此过程根据曝光表所建议的光卷值和快门值来拍摄同一张照片的3个镜头，也就是说，以小于建议曝光值达某一光圈系数的曝光值来拍摄一个镜头，以建议曝光值拍摄另一个镜头，而以大于建议曝光值达某一光圈系数的曝光值来拍摄第三个镜头。您也可以将包围范围缩小为光圈系数的分数。在采光很困难的情况下，可以使用包围来确保以正确的曝光来捕捉场景。另请参阅自动包围。

浏览器 Aperture界面的一部分，显示资料库、文件夹、项目或相簿的内容。浏览器将照片显示为一行缩略图（连续画面视图）或显示为缩略图网格（网格视图），或者按文件信息来显示照片（列表视图）。另请参阅连续画面视图、网格视图、列表视图、检视器。

笔刷调整 在Aperture中，这种调整是用笔刷来一次性地刷到图像，而非应用到图像。大多数调整都可以用笔刷来刷到图像上。另请参阅调整、笔刷调整叠层、快速笔刷。

笔刷调整叠层 在Aperture中，这种遮罩工具用于识别已经应用到图像的透明刷。另请参阅"笔刷"HUD、快速笔刷。

"笔刷"HUD 此浮动窗口用于针对所选调整，设定笔刷的尺寸、笔刷边缘的柔和度以及透明刷的强度。"笔刷"HUD还包含用于删除透明刷、处理叠层、将调整限制于特定色调范围以及检测边缘的控制。另请参阅笔刷调整叠层、检测边缘、快速笔刷。

蚀刻 对图像一部分进行更长时间曝光——减淡的反义词。蚀刻会令画面更暗一些。

校准 此过程可以为设备创建精确的颜色描述文件。校准设备可确保在设备间精确地转换颜色。另请参阅设备特征化。

相机 一种摄影设备，通常包含一个暗盒，其一端是镜头，另一端是感光胶片或数码图像感应器。另请参阅数码傻瓜相机、数码单反相机（DSLR）。

采集/捕捉 a.采集是指接受数码图像感应器和相机处理程序所收到的图像，并将该信息储存在相机的存储卡上的过程。b.捕捉是指在通过网络共享相机拍摄照片时在Aperture中录制该照片的过程。另请参阅相机、数码图像感应器、图像、存储卡、网络共享拍摄。

采集卡 在照相机中存储数字图像的介质。

中央加权测光 这种测光可测量整个取景器中的光，而且会给相框加上侧重点。中央加权测光是消费相机中一种最常见的测光。另请参阅评估测光、曝光表、点测光。

颜色通道 数码图像的颜色信息所分成的单个通道。每个颜色通道均表示3种单独的主色之一，这些主色以不同组合来表示最终图像。每个通道均具有一种位深度；大多数数码图像文件的每个通道均具有8位，这意味着每个通道都具有256个色阶。另请参阅位长度、颜色深度。

电荷耦合器件（CCD） 这种数码图像感应器可按行录制像素信息。另请参阅互补型金属氧化物半导体（CMOS）、数码图像感应器。

克隆笔刷 Aperture中的一种润饰笔刷，用于校正和模糊化图像中的瑕疵，方法是从外观类似的图像区域复制像素，并将像素粘贴到包含要替换的像素的区域。另请参阅图像、像素、修复笔刷、润饰调整、润饰。

特写镜头 在此照片中，主体离相机通常只有3英尺。例如，大头照通常称为特写镜头。花瓣上的一只蚂蚁，占据了相框的一大部分，这样的镜头也是特写镜头。

CMYK 此工作空间用于打印青墨水、洋红墨水和黄墨水以不同组合构成的块，从而生成一种颜色来反映适当的光颜色。黑墨水（K）会在最后添加到照片，以在页面上生成纯黑色。另请参阅减色、工作空间。

色偏 由于颜色不平衡而导致图像中出现的不自然色调。诸如室内照明这样的人造光源往往会造成色偏。通常，可通过调整色阶、色调或白平衡来移除图像中的色偏。另请参阅白平衡调整。

颜色深度 可以在图像中使用的可能颜色范围。数码图像通常有3个选项：灰度、8位和16位。颜色深度越大，提供的颜色范围越广，但需要的储存空间也越大。另请参阅位长度、颜色通道、灰度。

颜色差值 此过程根据通过数码图像感应器上的红、绿、蓝元件来捕捉的光，计算附加颜色值。

颜色管理系统（CMS） 此应用程序可以控制和解释设备与成像软件之间的颜色重现，以确保准确度。另请参阅 ColorSync。

颜色空间 此数学模型用于描述可见光谱的部分。一个设备的颜色会从设备相关值映射到颜色空间中的设备无关值。一旦处于独立空间中，颜色就可以映射到与另一个设备相关的空间。另请参阅设备相关、设备无关。

色温 描述光的颜色质量。色温的度量单位为开氏度（K）。另请参阅开氏度（K）、白平衡调整。

色度计 此乐器能够使用颜色滤镜来测量样本的颜色值。色度计用于确定两种颜色是否相同。然而，它不会将据以测量样本的光考虑在内。色度计通常用于校准显示器和打印机。另请参阅校准。

比色法 一种客观敏锐地测量颜色的专门技术。

ColorSync 此颜色管理系统是 Mac 操作系统的一部分。在 OS X 中，ColorSync 与整个操作系统完全集成，可供所有原生 OS X 应用程序使用。另请参阅颜色管理系统（CMS）、颜色匹配方法（CMM）、ColorSync 实用工具。

ColorSync 实用工具 此集中式应用程序可以用于设定偏好设置、查看已安装的描述文件、给设备指定描述文件以及修复不符合当前 ICC 技术规格的描述文件。另请参阅 ColorSync、国际色彩联盟（ICC）、描述文件。

国际照明协会（CIE） 此组织成立于 1931 年，为一系列表示可见光谱的颜色空间制定了标准。另请参阅颜色空间、设备相关、设备无关、实验室绘制。

比较照片 在Aperture中，此照片设定为保留在屏幕上，用作查看其他照片的参考对象。比较照片以绿色边框指示。另请参阅图像。

比较模式　评估图像的一种高级方法。在检视器中可以选择某个图像（围绕着黄色边框），然后将其与其他图像进行比较。

互补金属氧化物半导体（CMOS）　数字图像传感器的一种类型，能够平行地记录图像中的所有项目（基本上是一次全部），从而以更高速率将数据传输到存储装置。

合成　此过程将两个或多个数码图像合并为一个数码图像。另请参阅效果。

合成　画面中视觉元素的排列。

压缩　数码图像文件数据减小大小的过程。丢失压缩是通过移除多余的或不太重要的图像数据来减小数码图像文件大小的过程。无损压缩用数学方法统一多余的图像数据（而不是将其丢弃），从而减小文件大小。另请参阅解压缩、LZW压缩。

联系表　Aperture中的一个打印预置，可以将被打印的所有图像的缩略图打印出来。

对比度　图像中亮度值和颜色值之间的差别允许观众区分图像中的对象。高对比度图像的值范围非常广，从最暗的暗调到最亮的高光。低对比度图像的值范围较窄，因此外观"较平"。另请参阅对比度参数、曲线调整、密度、单调。

对比度快速笔刷　这种快速笔刷调整可以给已刷过调整的图像区域应用额外的对比度。另请参阅调整、"笔刷"HUD、对比度、快速笔刷。

裁剪　此过程仅打印或分发原始图像的一部分。裁剪图像的一般目的是创建更有效的合成。裁剪图像的另一个原因是使图像适合特定的宽高比，如4x6。另请参阅调整、宽高比、合成、裁剪调整、效果。

曲线调整　Aperture中的一种调整，可通过应用从输入到输出的曲线，选择性地重新映射图像的色调范围。如果操纵该曲线，则可以修改图像中的色调值。另请参阅调整、对比度。

清晰度　图像中细节的清晰度。另请参阅分辨率。

密度计　此仪器专门用于测量照片的光密码。另请参阅设备特征化。

密度　图像重现不同深色的能力。深色中将高清晰度的图像称为密集。另请参阅对比度、单调。

景深　焦点在前景到背景之间的照片区域。由光圈开口和镜头焦距共同确定景深。另请参阅光圈、背景、焦距、前景。

去饱和　从图像中移除颜色。如果彻底去色，则会生成灰度图像。另请参阅黑白调整、灰度、饱和度。

目的描述文件　这种工作空间描述文件可以定义从来源描述文件进行颜色转换的结果。另请参阅描述文件。

检测边缘　Aperture中的一种"笔刷"HUD设置，可以检查像素值中的差别来确定可能的硬边缘，然后对笔刷进行限制以免影响那些边缘以外的像素，从而简化了将调整绘制到照片特定区域的过程。另请参阅"笔刷"HUD。

设备特征化　此过程为诸如显示器或打印机这样的设备创建唯一的自定描述文件。对设备进行特征化，涉及使用专门的专用硬件和软件来确定设备的确切色域。另请参阅校准、色域。

设备相关　描述颜色值，而这些值依赖于设备重现颜色的能力。例如，打印机不能在纸张上重现显示器所产生的某些颜色。显示器所产生的颜色在打印机色域的范围之外。因此，这些颜色被视为设备相关。另请参阅色域。

设备无关 描述标准颜色空间（如 CIE Lab 和 XYZ），在这些颜色空间中，颜色的解释与特定设备无关。另请参阅颜色空间、国际照明协会（CIE）。

漫射照明 分散于主体或场景周围的灯光类型。漫射照明会生成低对比度和低细节的照片，阴天户外拍摄的照片就有这种情况。另请参阅对比度、单调。

数码 以1和0序列储存或传输的数据的描述。通常，指的是使用电子或电磁信号来表示的二进制数据。JPEG、PNG、RAW和TIFF文件都是数码文件。另请参阅数码化。

数字相机 与传统胶片相机不同，数字相机是通过图像感应器捕捉图像信息。其图像文件将会传输到计算机上进行处理。

数码图像感应器 位于相机内部图像平面处的计算机芯片，包含上千万个能够捕捉光线的光敏元件。另请参阅相机、电荷耦合器件（CCD）、互补型金属氧化物半导体（CMOS）、百万像素。

数码噪点 由于ISO设置值偏大而被曲解的像素；也称为色度信噪比。随机的亮像素（特别是在单色中）是由数码噪点生成的。另请参阅ISO速度、噪点消除。

数码傻瓜相机 一种轻量级数码相机，内建自动对焦功能，依据摄影师拍摄照片所需的两个步骤而灵活命名。镜头、光圈和快门通常是不可从相机上卸下的组件。另请参阅相机、数码单反相机（DSLR）。

数码单反相机（DSLR） 一种可更换镜头的相机，借助于反射镜，通过棱镜，将镜头创建的图像传输到取景器，而取景器图像对应于实际的图像区域。镜子会反射或上移，以免在快门打开时挡住数码图像感应器。另请参阅相机、数码傻瓜相机。

显示三角形 单击此小三角形可以在Aperture界面中显示或隐藏详细信息。

显示器 计算机的监视器。

变形 执行调整来更改图像的形状或合成。另请参阅效果。

减淡 对图像的局部减少曝光，其反义词是蚀刻。减淡会令图像变亮。

减淡快速笔刷 这种快速笔刷调整可使已刷过调整的图像区域变亮。另请参阅调整、"笔刷"HUD、蚀刻快速笔刷、快速笔刷。

点增益 此打印术语用于描述纸张吸收墨水时半色调圆点的放大过程。点增益会减少从纸张反射的白光量，从而影响图像外观的质量。

每英寸点数 （dpi）打印机分辨率度量，指平方英寸内的最多点数。另请参阅冲印照片、分辨率。

偏差 设备随时间重现颜色的方式的变化。例如，放久的墨水和纸张类型会导致打印机的颜色输出出现偏差。另请参阅设备特征化、色域。

投影 此效果会在图像后面产生人造影子。通常用在网站上及相簿中，以产生三维假象。

灰尘和刮痕移除 此过程以数码方式移除胶片扫描过程中灰尘和刮痕所造成的斑点。另请参阅润饰调整。

热升华 这种打印机生成图像的方式是将彩带加热到气态，使墨水粘合到纸张。另请参阅喷墨打印机、照片打印机、冲印照片、RA-4。

编辑 此过程可排列和删除照片。另请参阅照片编辑。

效果 一个通用术语，用于描述引入不自然视觉元素来增强图像的过程。另请参阅合成、效果预置、过滤器。

效果预置　一组已存储的调整参数设置。您可以创建新的效果预置，以及将现有效果预置重新命名、重新排列现有效果预置的顺序和删除现有效果预置。效果预置显示在"调整"检查器和"检查器"HUD的"调整"面板中的"效果"弹出式菜单中，并且您也可以通过在菜单栏中选择"照片">"添加效果"命令，来访问效果。另请参阅调整、效果。

电子辐射　范围介于伽马射线到无线电波（也包括可见光）之间的一种能量。另请参阅灯光。

嵌入式描述文件　以数码图像文件形式存储的源描述文件。JPEG、TIFF、PNG和PDF文件格式支持嵌入式描述文件。另请参阅设备特征化、描述文件。

感光乳剂　胶片上凝胶的微小层，包含光敏元件。将感光乳剂暴露于光时，会发生化学反应。洗照片后，会出现图像。另请参阅灰尘和刮痕移除、胶片。

EXIF　可交换图像文件（Exchangeable Image File）的缩写。用于储存有关照片拍摄方式的信息（如快门速度、光圈、白平衡、曝光补偿、测光设置、ISO设置、日期和时间）的标准格式。另请参阅IPTC、元数据。

导出　此过程会格式化数据，以便于其他应用程序可以理解数据。在Aperture中，照片可以导出为其原生RAW格式，以及JPEG、TIFF、PNG和PSD格式。与照片相关联的EXIF和IPTC元数据也可以导出。

曝光　照片中的光量。曝光控制方式是限制光的强度（由光圈控制）和光接触到数码图像感应器的时长（由快门控制）。曝光影响照片的总体亮度以及照片的感知对比度。另请参阅调整、光圈、对比度、数码图像感应器、曝光调整、快门。

扩展桌面模式　"系统偏好设置"中的一项设置，可让OS X桌面跨越多台显示器。另请参阅显示器、镜像。

面孔检测　Aperture采用此过程来确定照片中是否出现面孔。另请参阅"面孔"视图。

面孔识别　Aperture采用此过程来跟踪您在照片中识别的面孔，并推荐同一个Aperture资料库中其他可能的匹配面孔。另请参阅"面孔"视图。

"面孔"视图　此Aperture视图显示资料库中照片内人物的快照，或者资料库检查器中所选项目内已被指定姓名的人物的快照。另请参阅面孔检测、面孔识别、"有旗标"视图、"照片"视图、"地点"视图、"项目"视图、浏览。

填充灯光　使用人造光源（如日光灯或闪光灯）来柔化主体或填充阴影。另请参阅散射灯光、色温、白平衡调整。

胶片　涂有感光乳剂的灵活透明胶片，能够录制照片。另请参阅灰尘和刮痕移除、感光乳剂。

"过滤器"HUD　此浮动窗口用于根据条件组合（如调整、关键词、评价和EXIF元数据）在浏览器中快速查找照片。另请参阅EXIF、图像、关键词、评价。

过滤器/滤镜/滤光器　a. 过滤器 – "过滤器"HUD 中使用的可修改搜索条件，用以返回一组特定照片。b. 滤镜 – Photoshop 中应用的效果，会影响效果所应用到的图像的视觉质量。c. 滤光器 – 一块彩色玻璃或塑料，设计为放在相机镜头的前方，用以改变、强调或消除场景中的密度、倒影或区域。另请参阅合成、密度、效果。

加工　此过程就在演示之前将最终的调整应用到数码图像。加工过程可能包括在导出时应用额外的灰度系数调整，或者使用外部编辑器来蚀刻或减淡图像的一部分，再将它发送到打印机。另请参阅导出、外部编辑器。

FireWire IEEE 1394　标准的 Apple 商标名称，FireWire 是一个快速通用接口，用以将外部设备连接到计算机。FireWire非常适合于传输大量数据，诸如硬盘驱动器等FireWire设备，通常用于提供附加的储存空间。Aperture保管库通常储存在外部FireWire硬盘驱动器上。另请参阅网络共享拍摄、USB、保管库。

"有旗标"视图　此Aperture视图会显示资料库中已打上旗标的所有照片、音频片段和视频片段。另请参阅"面孔"视图、旗标、"照片"视图、"地点"视图、"项目"视图。

闪光灯　此设备连接在或附加到相机上，会在"快门线"按钮被按下时发出闪光。闪光灯，与快门同步，在采光不足的情况下用于获取正确曝光的照片。另请参阅曝光、外部闪光灯、填充灯光、热靴插座。

单调　对比度太低时照片不够亮。另请参阅对比度、密度。

焦距　镜头的后节点，到光线穿过镜头而后聚焦于图像平面（数码图像感应器）的点之间的距离。焦距的度量单位为毫米（mm）。

前景　主体和相机之间的图像的区域。另请参阅背景、景深。

面光　从面向主体的相机方向发光的光源。另请参阅背光、侧光。

光圈系数　镜头焦距与光圈开口处的直径的比例。另请参阅光圈。

全屏幕视图　Aperture中的一个工作空间视图，用于全屏幕查看高分辨率照片，用户界面最小，光量和颜色干扰最小。另请参阅浏览器布局、连续画面、HUD、拆分视图布局、检视器布局。

灰度系数　一条曲线，描述图像的中间色调的显示方式。灰度系数是非线性函数，往往会和亮度或对比度混淆。更改灰度系数的值会影响中间色调，但不会改变图像的白场和黑场。灰度系数调整通常用于补偿Mac显卡和显示器与Windows显卡和显示器之间的差异。Mac标准灰度系数是1.8；PC标准是2.2。

色域　个别颜色设备能够重现的颜色范围。能够重现颜色的每个设备均具有由年代、使用频率和其他要素（如墨水和纸张）决定的唯一色域。另请参阅设备特征化、设备相关、色域映射、ICC描述文件。

色域映射　此过程可以识别设备色域之外的颜色，然后计算其色域中与该颜色最接近的颜色。从另一个颜色空间接收颜色信息时会使用色域映射。另请参阅颜色空间、色域。

全球定位系统（GPS）　一个基于美国太空的导航系统，在全世界范围内为民用用户持续地提供可靠的定位、导航和定时服务。Aperture使用具备GPS功能的相机所提供的照片位置信息，在"地点"视图中的地图上绘制每个图像的拍摄位置。另请参阅GPS轨迹日志、"地点"视图。

GPS轨迹日志　此文件包含用于定义路径或路线（即"轨迹"）的数码碎屑，使用的是GPS设备或GPS跟踪iOS应用程序所存储的精确坐标。如果您有具备GPS功能的相机或iOS设备或另一台您用来创建轨迹文件和存储航点的GPS设备，您可以将轨迹文件导入到Aperture中并在"地点"视图中使用它们。另请参阅全球定位系统（GPS）、"地点"视图、航点。

高光　主体或场景的最亮区域。另请参阅对比度、密度、阴影。

直方图　表达图像中像素在不同明暗程度的位置上出现的频率的图表。

热靴插座　相机顶部的一种设备，专门用来固定便携式闪光灯。按下"快门线"按钮时，会通过热靴中的连接来传送电信号，以激活便携式闪光灯。另请参阅外部闪光灯、闪光灯。

HUD　平视显示（heads-up display）的缩写。在Aperture中，HUD是浮动窗口，可让您处理图像。您可以打开HUD，然后根据显示设置将HUD移到任何所需位置。另请参阅全屏幕视图。

色调　颜色感知的属性；也称为色相。例如，红色和蓝色是不同的色调。另请参阅颜色调整。

ICC描述文件　ICC描述文件是由于设备特征化而创建的，包含设备的准确色域的数据。另请参阅设备特征化、色域、国际色彩联盟（ICC）。

导入　在Aperture中，此过程将各种类型的数码图像文件、音频文件和视频文件输入项目中。导入的文件可以在另一个应用程序中创建、从相机或读卡器中下载，或者从另一个Aperture项目中输入。另请参阅项目。

导入箭头　在"导入"对话框中指向资料库或者项目。

导入箭头按钮　单击带有箭头的这个按钮将会打开"导入"对话框。

"导入"按钮　在"导入"对话框右下角的按钮。单击这个按钮就会执行导入操作。

信息检查器　在这里会显示与图像相关的所有细节，包括工业标准的元数据。

"检查器"面板　Aperture主窗口的一个元素，包含"资料库"、"信息"和"调整"检查器。另请参阅"检查器"HUD。

国际色彩联盟（ICC）　成立该组织是为了制定称为ICC描述文件的颜色管理标准。由于ICC描述文件基于开放标准，因此已为软硬件厂商普遍接受。另请参阅ICC描述文件。

IPTC　国际新闻电传通讯委员会（International Press Telecommunications Council）的缩写。摄影师和元数据组织使用IPTC元数据，自行将关键词（这些字词描述图像的特征，包括摄影师的姓名）嵌入图像文件中。大型出版商通常使用图像管理系统，根据图像文件中所嵌入的IPTC信息来快速识别照片。另请参阅EXIF、元数据。

IPTC Core　给元数据栏定义的集合，以Adobe XMP技术为基础构建，主要供摄影师和新闻媒体使用。另请参阅IPTC、元数据、XMPSidecar文件。

ISO速度　由国际标准组织（ISO）提供用作基准的相对胶片感光度。在数码相机中，最低ISO评级是由数码图像感应器的感光度定义的。如果增大相机上的ISO设置值（这将允许摄影师在采光不足的情况下拍照），相机会放大从数码图像感应器上的光敏元件接收到的电压，再将电压信号转换为数码值。另请参阅数码图像感应器、数字噪点。

JPEG　联合图像专家组（Joint Photographic Experts Group）的缩写，JPEG是一种通用的图像文件格式，可让您创建高度压缩的图形文件。使用的压缩量并非保持不变。压缩量越小，图像质量越高。JPEG文件的扩展名为.jpg。另请参阅格式/格式化、RAW + JPEG图像对。

开氏度（K）　一种度量单位，基于以绝对零值开头的温标，用于描述光源的颜色值。另请参阅色温、白平衡调整。关键词照片中主体的描述性字词，添加到照片版本且存储为元数据。另请参阅控制栏、"关键词"HUD、元数据、版本。

"关键词"HUD　此浮动窗口包含可以应用到照片选择的关键词资料库。另请参阅关键词、元数据、照片选择。

实验室绘制　CIE实验室颜色空间的可视化三维表示。另请参阅颜色空间、ColorSync。

镜头　一系列复杂元件（通常是玻璃），其构造是折射场景中的反射光，并将其聚焦于特定点：相机中的数码图像感应器。另请参阅相机、数码图像感应器、微距镜头、定焦镜头、远距镜头、广角镜头、变焦镜头。

资料库　Aperture中的一种容器文件，用以保存项目、文件夹、相簿、原件和版本。您可以使用资料库检查器来整理资料库中的项目、给项目重新命名、对项目进行排序等。默认情况下，Aperture资料库文件位于"图片"文件夹中。另请参阅相簿、文件夹、合并资料库、原件、项目、版本。

资料库检查器　在这里会显示Aperture控制的项目、相簿、智能相簿、幻灯片显示、相册和发布的相簿。

"资料库路径导航器"弹出式菜单　全屏幕视图浏览器模式下屏幕左上角的一组弹出式菜单，用于提供对资料库检查器中所有项目的访问。另请参阅浏览器模式（全屏幕视图）、全屏幕视图、资料库。

举出和粘贴工具　配合"举出和粘贴"HUD使用的一对工具，用以复制（举出）一张照片的属性，如元数据和调整，并粘贴（贴印）到照片选择。另请参阅调整、"举出和粘贴"HUD、元数据、照片选择。

灯光　电磁光谱中的可见能量，波长范围介于400到720纳米。另请参阅电子辐射。

曝光表　此设备能够测量反射光的强度。曝光表有助于在相机上选择正确的曝光设置。大多数相机内部都具有曝光表。另请参阅中央加权测光、评估测光、测光、点测光。

看片台　选择"看片台"相簿时，出现在Aperture主窗口中的区域。看片台提供一个很大的开放空间，您可以在其中放置所选择的照片以便检查、将照片拖到新位置、使照片以不同组合成组以及根据需要调整照片的大小。另请参阅相簿、"导航器"按钮。

放大镜　Aperture中使用此工具来放大放置了照片的区域。

亮度　此值描述构成像素的所有颜色通道的亮度。

LZW压缩　由 Abraham Lempel、Jakob Ziv 和 Terry Welch 在 1984 年研制出的无损数据压缩算法。LZW 压缩算法通常用于 JPEG 和 TIFF 图形文件，可以减小用于归档和传输的文件大小，压缩比例为 2.8:1。另请参阅压缩、JPEG、TIFF。

受管图像　其原件储存在Aperture资料库中。原件的位置是由Aperture数据库管理的。受管图像文件总是联机的。另请参阅资料库、脱机、联机、原件、引用图像。

蒙版　一个图像被遮挡住的区域，该区域会透明，以便透露出图像下面的另外一个图像。

遮罩　使用数字图像中的一个层来置换另外一个图像的效果。遮罩滤镜可以单独用于蒙版某个图像，也可以创建一个alpha通道，以便该图像与其他图像进行合成。

百万像素　一百万个像素。比如，1500000个像素等于1.5百万像素。

元数据　关于数据的数据；元数据描述数据的收集和格式化方式。数据库使用元数据来跟踪特定形式的数据。Aperture支持EXIF和IPTC元数据。另请参阅EXIF、IPTC。

中间色调　图像内介于高光和阴影之间的颜色值。另请参阅对比度、高光、高光与阴影调整、色阶调整、阴影。

镜像　此过程在两台或多台显示器上显示相同的照片。另请参阅扩展桌面模式。

底片　一种已显影的胶片，带有主体或场景的相反色调图像。另请参阅灰尘和刮痕移除、感光乳剂、胶片、正片。

噪点　请参阅数字噪点。噪点消除，此过程可以消除照片中的数码噪点。另请参阅调整、数字噪点、图像、噪点消除调整、噪点消除快速笔刷。

噪点消除调整　Aperture中的一种调整，用以消除图像中的数码噪点。另请参阅调整、数字噪点、图像、噪点消除。

噪点消除快速笔刷　这种快速笔刷调整可以消除已刷过调整的图像区域中的数码噪点。另请参阅调整、"笔刷"HUD、数字噪点、噪点消除、快速笔刷。

非破坏性　表示对一个对象的处理过程并不会改变该对象本身。Aperture是一种非破坏性的图像编辑软件，其导入的原始数字文件不会被修改。

胶印机　这种专业打印机可用于大批量打印，诸如杂志和小册子这样的物品。胶印机以半色调圆点行存放墨水，在页面上制作图像。

不透明度　图像透明度的级别。

原件　从计算机文件系统或相机存储卡复制的源媒体文件。在Aperture中，原件永不被修改。每当更改照片、视频片段或音频片段时，会将该更改应用到版本。以前称为母版。另请参阅存储卡、项目、版本。

原件资料库　保存放置原始图像的位置。默认是在用户个人文件夹的"图片"文件夹中。资料库也可以放在外置硬盘上。

过度曝光　画面曝光时间太长会导致过度曝光。过度曝光的画面看起来太亮，阴影中缺乏足够的细节。另请参阅曝光、曝光不足。

摇动/移动　a. 摇动，沿着移动主体移动相机以保持主体处于框架中。以较慢的快门速度摇摄快速移动的主体，通常会导致主体保持处于相对聚焦状态，而场景的剩余区域在相机移动方向是模糊或拉伸的。b. 在Aperture中，按下空格键并在图像中拖移来查看以100%大小显示的图像的其他部分。另请参阅相机、图像、检视器。

全景　通常指宽高比较宽的风景风光照片。摄影师往往以数码方式合并或"缝合"同一个场景的多张照片，以制作一个连续的全景照片。另请参阅宽高比。

感知　当原始图像中的一种或多种颜色超出目的颜色空间的色域时，这种渲染意图会将一个设备的颜色空间的合计色域，压缩成另一个设备的颜色空间的色域。这将通过收缩整个颜色空间并使所有颜色偏移，来保留颜色之间的视觉关系。然而，色域中的颜色也会偏移。另请参阅色域、相对比色、渲染意图。

照片编辑　在此过程中，从一组照片中选取精选照片，以及拒绝您不计划使用或发布的照片。您越是积极地从工作用的照片群组中剔除不想要的照片，在处理照片以便显示时就越能节省时间。另请参阅评价、"拒绝"评价、"精选"评价。

精选照片　用以表示堆栈的照片。精选照片通常是堆栈中的最佳照片。另请参阅备选、堆栈。

像素　数码图像的最小可识别视觉元素。另请参阅百万像素。

"地点"视图　Aperture中的一个视图，可让您将位置信息应用到照片选择，并使用Google 地图来跟踪每个镜头的位置。使用具备 GPS 功能的相机拍摄的照片会自动提供照片的位置信息。另请参阅"面孔"视图、"有旗标"视图、全球定位系统（GPS）、照片选择、"照片"视图、"地点路径导航器"弹出式菜单、"项目"视图、航点。

PNG　便携式网络图形（Portable Network Graphics）的缩写。PNG 是位图图形文件格式，由万维网联盟核准，用以替换专利型 GIF 文件。PNG 文件免专利、免版权。另请参阅格式/格式化。

偏光快速笔刷 这种快速笔刷调整可以通过让阴影和中间色调变暗，而保留已刷过调整的图像区域中的高光，来加深图像的颜色。偏光快速笔刷调整等效于应用乘法混合。另请参阅调整、"笔刷"HUD、对比度、高光，增强对比度快速笔刷、中间色调、快速笔刷、阴影。

偏光过滤器 放在相机镜头前面的滤镜，可选择性地传输在一个平面上传播的光，而吸收在其他平面上传播的光。偏光滤镜能够减少窗户和闪光表面上不需要的反射。偏光滤镜也用来使天空变暗。另请参阅过滤器/滤镜/滤光器。

正片 一种已显影的胶片，胶片上主体或画面的色调关系与眼睛看到的色调关系相同；也称为幻灯片。另请参阅灰尘和刮痕移除、感光乳剂、底片。

预置 一组已存储的设置，如导出、命名、打印和Web导出设置。预置确定诸如文件格式、文件压缩、文件名称构造、纸张大小和ColorSync描述文件等属性。预置通常是为特定工作流程定义的，可以根据客户规格进行定制。另请参阅ColorSync。

描述文件 特定设备的颜色信息（包括色域、颜色空间和操作模式）上的数据汇编。描述文件表示设备的颜色重现能力，对于有效的颜色管理至关重要。另请参阅设备特征化、色域。

项目 Aperture中的顶级容器，包含与镜头相关的所有原件、版本和元数据。如果是引用图像，则原件储存在其当前位置，而不是储存在资料库文件的项目中。另请参阅相簿、文件夹、资料库、原件、项目模式（全屏幕视图）、"项目"视图、引用图像、版本。

PSD Photoshop 文稿（Photoshop Document）的缩写。PSD 文件是 Adobe Systems Incorporated 的专有图形文件。另请参阅格式/格式化。

量化 此过程可以将得自模拟源的值转换为离散数码值。另请参阅数码化。

快速笔刷 用于将选择性的调整应用到图像，方法是将调整刷到图像的一部分上。另请参阅调整、笔刷调整、笔刷调整叠层、"笔刷"HUD。

QuickTime Apple 开发的跨平台多媒体技术。广泛用于编辑、合成、Web 视频等。

RA-4 这种专业打印机能够在传统相纸上打印数码文件。RA-4 打印机使用一系列彩色光进行相纸曝光；颜色会混合在一起以产生色调连续的打印品。另请参阅热升华、喷墨打印机、照片打印机、冲印照片。

RAID 独立磁盘冗余阵列（Redundant Array of Independent Disks）的缩写。此方法可以通过格式化一组硬盘来用作单一宗卷，向具有大型照片资料库的摄影师提供许多GB的高性能数据储存空间。一组硬盘串在一起构成的RAID在性能上要比单个磁盘的性能高得多。

测距仪 许多相机上都有这种设备，用于帮助聚焦图像。另请参阅相机、取景器。

光栅图像处理器（RIP） 专门的打印机驱动程序，替换打印机随附的驱动程序。RIP接受来自应用程序的输入，并将数据信息转换（光栅化）为打印机能理解的数据，这样打印机就可以在页面上打印圆点。软件RIP通常提供标准打印机驱动程序未提供的功能。

评价 在Aperture中，此过程给照片添加一个值，以指示该照片与选中的其他照片相关的质量。另请参阅照片编辑、"拒绝"评价、"精选"评价。

RAW 相机所拍摄的原始逐位对应的数码图像文件。另请参阅 RAW + JPEG 图像对。

RAW + JPEG 图像对专业数码相机所拍摄并存储为单个 RAW 文件和单个 JPEG 文

件的照片。您可以将Aperture 设定为导入文件对中的一种文件类型或两种文件类型。另请参阅 JPEG、RAW。

红眼 导致照片中人物出现红眼的现象。闪光灯靠近镜头（特别是内建闪光灯）时会导致红眼。另请参阅外部闪光灯、红眼校正调整。

引用图像 其原件储存在Aperture资料库外部的图像。另请参阅资料库、受管图像、脱机、联机、原件。

"拒绝"评价 在Aperture中编辑照片的过程中应用到照片的一种负面评价。另请参阅照片编辑、评价、"精选"评价。

相对比色 适合于打印摄影图像的渲染意图。它将源颜色空间的高光值与目的颜色空间的高光值相比较，并使色域之外的颜色偏移到目的颜色空间中最接近的可重现颜色。这种渲染意图可能会导致在源颜色空间中看起来不同的两种颜色，在目的颜色空间中看起来相同，也称为截断。另请参阅色域、感知、渲染意图。

渲染意图 所选输出设备的超出色域的颜色，根据此方法来映射到该设备的可重现色域。另请参阅色域、感知、相对比色。

修复笔刷 Aperture中的一种润饰笔刷，用于校正和模糊化图像中的瑕疵，方法是从外观类似的图像区域复制像素，并将像素粘贴到包含要替换的像素的区域。除了覆盖像素之外，修复笔刷还会重新采样粘贴的像素以匹配您所替换像素的颜色、纹理和亮度。另请参阅克隆笔刷、润饰调整、润饰。

分辨率 数码图像能够传递的信息量。决定分辨率的因素有文件大小（像素数量）、位深度（像素深度）以及每英寸点数（dpi）。另请参阅位长度、每英寸点数（dpi）、像素。

润饰调整 Aperture中的一种调整，用于对图像中的瑕疵进行更正或模糊化。配合"润饰"HUD（提供克隆笔刷和修复笔刷）使用。另请参阅调整、克隆笔刷、修复笔刷。

RGB 红、绿、蓝（Red, Green, Blue）的缩写。计算机上的常用颜色空间，其中每种颜色均由其红绿蓝分量的强度来描述。此颜色空间直接转换为计算机显示器所使用的红绿蓝元件。RGB颜色空间具有非常大的色域，这意味着它可以重现各种颜色。此范围通常大于打印机可以重现的范围。另请参阅加色。

饱和度 图像中颜色的强度。据观察，饱和的颜色由于缺乏灰色而有着"更纯"的外观。另请参阅调整、去饱和。

缩放 以不同于图像现有宽高比的形式调整图像尺寸。

"精选"评价 在Aperture中编辑照片的过程中可以应用到照片的最高评价。打算显示或分发照片时应用"精选"评价。另请参阅照片编辑、评价、"拒绝"评价。

选择性焦点 此过程使用光圈系数来产生阴影景深，从而将主体隔离。另请参阅景深。

快捷菜单 此菜单可通过按住【Control】键并单击界面区域，或者通过按下右鼠标键来访问。

快门 一种复杂装置，通常包含叶片或帘幕，控制光穿过镜头并保持与数码图像感应器接触的时间长度。另请参阅快门速度。

快门优先 某些相机上的设置，可根据摄影师设定的快门速度来自动设定光圈以获取正确的曝光。另请参阅光圈优先、曝光。

快门速度 快门打开或者数码图像感应器激活或充电的时间长度。快门速度显示为秒钟的分数，如 1/8 或1/250。另请参阅快门。

侧光　从侧面照射到主体的光，垂直于相机角度。另请参阅背光、面光。

剪影　前景是完全深色的形状，背景则非常明亮。比如在日落的时候，放在阳光前的物体即可形成剪影。

单幅打印　Aperture的打印照片的方法，每张照片打印在一张纸上。

浏览　通过在"面孔"视图中代表人物的缩略图上或在"项目"视图中表示项目的缩略图上缓慢拖移，在"面孔"视图中人物的照片之间或"项目"视图中项目内的照片之间快速导航。另请参阅"面孔"视图、"项目"视图。

磨皮快速笔刷　这种快速笔刷调整用于平滑人物的皮肤，方法是精细地模糊化已刷过调整的图像区域中的皱纹和皮肤毛孔。另请参阅调整、"笔刷"HUD、快速笔刷。

幻灯片　请参阅正片。

幻灯片显示　一系列照片的动画表示。在Aperture中，您可以将照片和音乐与视频合并，来创建可以在计算机上播放的多媒体幻灯片显示（使用一到两个显示器）或导出为幻灯片显示影片的多媒体幻灯片显示。

智能相簿　Aperture中的动态相簿，根据搜索条件来搜集版本，从而整理照片、音频片段和视频片段。另请参阅相簿、"智能设置"HUD、版本。

智能Web页面相簿　与智能相簿类似，智能Web页面相簿也通过一组特定的搜索条件过滤得到相应的图像。

柔和照明　请参阅漫射照明。

软打样　在屏幕上模拟显示打印机或印刷机的预期输出。

源描述文件　图像文件在进行颜色转换前的描述文件。

分光光度计　此仪器测量颜色在整个色谱上的波长。因为分光光度计可用来给显示器和打印机创建描述文件，所以它是为设备建立描述文件的首选仪器。

修复和修补调整　Aperture中的一种调整，用于润饰图像中的瑕疵，如感应器灰尘。另请参阅调整。

sRGB　专门用于表示普通PC监视器的通用工作空间。由于其色域较小，因此适用于Web图形，而不适用于印刷品。另请参阅工作空间。

堆栈　Aperture中一组相似的照片，其中只有一张照片是打算使用的。另请参阅备选、精选照片。

"堆栈"按钮　单击该按钮会打开或者关闭一个堆栈。

减色　具有来源于物体表面反射光的颜色元素的图像。CMYK 是常见形式的扣除色。另请参阅 CMYK。

SWOP　卷筒胶印出版规范（Specifications for Web Offset Publications）的缩写，标准印刷机描述文件。Web 这里是指卷筒纸轮转印刷机，而不是互联网。

标签　在Aperture的资料库检查器中选择了多个项目、文件夹或相簿时，可用来在浏览器中描述项目、文件夹或相簿的轮廓的元素。

标签化　一个图像已经被赋予了一种工作空间的描述文件。

目标　用于给扫描仪或数码相机等设备创建描述文件的引用文件。它通常包含其颜色值已被测量的斑点。设备的输出随后会与目标相比。另请参阅设备特征化。

母版　经过专业设计的，在Aperture中可以反复使用的模版。在相册中有母版，在

Web日记和网页中也有母版。

主题　用于相册、网页和幻灯片显示的专业设计布局。另请参阅幻灯片显示。

缩略图大小滑块　在浏览器中用于改变缩略图大小的滑块。

TIFF　标记图像文件格式（Tagged Image File Format）的缩写。TIFF 是一种由 Aldus 和 Microsoft 开发的广泛应用的位图图形文件格式，可处理单色、灰度图像。另请参阅格式/格式化、灰度、单色化。

工具栏　按钮和控制的集合，按功能成组，位于Aperture主窗口顶部。

转场　在幻灯片显示中的照片之间应用的视觉效果。在Aperture中，您可以选取照片之间的过渡的类型和时间长度。另请参阅幻灯片显示。

钨丝灯灯光　这种类型的灯光的色温较低。钨丝灯光源通常包含家用灯，但不要与荧光灯混淆。另请参阅色温、白平衡调整。

曝光不足　画面曝光时间不够长会导致曝光不足。曝光不足的画面看起来很暗。另请参阅曝光、过度曝光。独脚架类似于三脚架；独脚架只有一只脚，用来帮助保持相机稳定。另请参阅相机抖动、曝光。

未标记　缺乏嵌入式描述文件的文稿或图像。

保管库　指定的存储空间，包含Aperture资料库的精确副本（自上次备份以来），通常存储在外置FireWire驱动器。另请参阅FireWire、资料库。

版本　包含图像、视频片段或音频片段的所有元数据和调整信息的文件。Aperture中仅更改版本。Aperture从不更改原件。另请参阅原件。

检视器　Aperture中显示浏览器内当前所选照片的区域。您可以使用检视器对图像执行调整以及比较图像。另请参阅浏览器。

取景器　相机部件，专门用来预览数码图像感应器将拍摄的场景区域。另请参阅相机、数码图像感应器。

渐晕　a. 变暗（也称为衰减），发生于图像边角，原因是有太多的滤镜附加到镜头、镜头罩太大或者镜头设计不良。b. 将晕影应用到图像以获得艺术效果的过程。另请参阅去晕影调整、过滤器/滤镜/滤光镜、镜头、晕影调整。

水印　应用到照片的可视图形或文本叠层，用以指示照片受版权保护。应用水印的目的是提醒用户在未经版权持有者的明确许可下，勿擅自使用照片。

航点　存储在GPS轨迹日志中的坐标，表示特定的地理位置。可以在Aperture的"地点"视图中将航点指定给照片。另请参阅GPS轨迹日志、"地点"视图。

网页　在Aperture中，可以创建网页相簿，用于放置图像。网页最终可以上传到服务器上。

Web日记　在Aperture中，可以创建网页相簿，用于放置图像，并以日记的时间形式进行浏览。

网页编辑器　Aperture中用于编辑网页和Web日记中的内容的界面。

白平衡调整　Aperture中的一种调整，可以更改数码图像的色温和色调。调整图像白平衡的目标是抵消图像中的色偏。例如，如果图像中的白色由于白热的照明而太黄，白平衡就会添加足够的蓝色以使白色呈中性色。也可以使用白平衡调整，通过识别图像中的肤色来抵销色偏。另请参阅色偏、色温、开氏度（K）。

白点　显示器的色温，度量单位为开氏度。白点越高，白色越蓝；白点越低，白色越红。Mac计算机的原生白点是 D50（5000 开氏度）；对于 Windows PC，则为 D65（6500 开氏度）。另请参阅色温、开氏度（K）。

广角镜头　短焦距，拍摄视野较广的镜头。广角镜头的焦距小于胶片平面或数码图像感应器。另请参阅数码图像感应器、镜头。

工作空间　在其中编辑文件的颜色空间。工作空间基于颜色空间描述文件（如Apple RGB）或设备描述文件。

XMP Sidecar文件　一种可扩展标记语言（XML），由Adobe Systems Incorporated 设计，用于给照片编辑应用程序定义元数据集。诸如调整参数等资源可以存储在此文件中，并传递到其他应用程序。另请参阅调整、IPTC、IPTC Core、元数据。

工作界面　Aperture中浏览器、检视器、调整检查器、信息检查器、资料库检查器和其他界面元素的排布。

反侵权盗版声明

电子工业出版社依法对本作品享有专有出版权。任何未经权利人书面许可，复制、销售或通过信息网络传播本作品的行为；歪曲、篡改、剽窃本作品的行为，均违反《中华人民共和国著作权法》，其行为人应承担相应的民事责任和行政责任，构成犯罪的，将被依法追究刑事责任。

为了维护市场秩序，保护权利人的合法权益，我社将依法查处和打击侵权盗版的单位和个人。欢迎社会各界人士积极举报侵权盗版行为，本社将奖励举报有功人员，并保证举报人的信息不被泄露。

举报电话：（010）88254396；（010）88258888

传　真：（010）88254397

E-mail：　dbqq@phei.com.cn

通信地址：北京市万寿路173信箱

电子工业出版社总编办公室

邮　编：100036